国家出版基金项目
NATIONAL PUBLICATION FOUNDATION

"十三五"国家重点出版物出版规划项目

高分辨率对地观测前沿技术丛书

主编 王礼恒

# 机载高分辨率

## 合成孔径雷达技术

胡学成 庄 龙 等编著

国防工业出版社

·北京·

# 内 容 简 介

本书共包括9章,从雷达系统角度论述合成孔径雷达技术,首先介绍了合成孔径雷达原理,接着从系统角度论述了合成孔径成像和动目标检测性能指标设计;针对超高分辨率成像特点,给出了宽带信号实现和POS应用技术;在此基础上介绍了宽带有源相控阵天线设计,包括宽带辐射单元的选型、综合网络、T/R组件、延时器;低功率射频部分介绍了低功率射频主要技术指标、上行链路设计和下行链路设计;信号处理部分介绍了超高分辨率成像、多孔径动目标检测、地面目标识别和实时信号处理技术。

本书适用于从事雷达系统工程和微波成像领域科技人员参考使用,也可作为高等院校电子工程等相关专业的教学和研究资料。

**图书在版编目(CIP)数据**

机载高分辨率合成孔径雷达技术/胡学成等编著. —

北京:国防工业出版社,2021.7

(高分辨率对地观测前沿技术丛书)

ISBN 978 – 7 – 118 – 12372 – 2

Ⅰ.①机… Ⅱ.①胡… Ⅲ.①机载雷达—高分辨率雷

达—合成孔径雷达—研究 Ⅳ.①TN959.73

中国版本图书馆 CIP 数据核字(2021)第 150129 号

※

*国防工业出版社*出版发行

(北京市海淀区紫竹院南路 23 号 邮政编码 100048)

雅迪云印(天津)科技有限公司印刷

新华书店经售

*

开本 710×1000 1/16 插页 4 印张 20 字数 302 千字

2021 年 7 月第 1 版第 1 次印刷 印数 1—2000 册 定价 138.00 元

**(本书如有印装错误,我社负责调换)**

国防书店:(010)88540777 书店传真:(010)88540776

发行业务:(010)88540717 发行传真:(010)88540762

# 丛书学术委员会

# 丛书编审委员会

# 序　言

高分辨率对地观测系统工程是《国家中长期科学和技术发展规划纲要(2006—2020年)》部署的16个重大专项之一,它具有创新引领并形成工程能力的特征,2010年5月开始实施。高分辨率对地观测系统工程实施十年来,成绩斐然,我国已形成全天时、全天候、全球覆盖的对地观测能力,对于引领空间信息与应用技术发展,提升自主创新能力,强化行业应用效能,服务国民经济建设和社会发展,保障国家安全具有重要战略意义。

在高分辨率对地观测系统工程全面建成之际,高分辨率对地观测工程管理办公室、中国科学院高分重大专项管理办公室和国防工业出版社联合组织了《高分辨率对地观测前沿技术》丛书的编著出版工作。丛书见证了我国高分辨率对地观测系统建设发展的光辉历程,极大丰富并促进了我国该领域知识的积累与传承,必将有力推动高分辨率对地观测技术的创新发展。

丛书具有3个特点。一是系统性。丛书整体架构分为系统平台、数据获取、信息处理、运行管控及专项技术5大部分,各分册既体现整体性又各有侧重,有助于从各专业方向上准确理解高分辨率对地观测领域相关的理论方法和工程技术,同时又相互衔接,形成完整体系,有助于提高读者对高分辨率对地观测系统的认识,拓展读者的学术视野。二是创新性。丛书涉及国内外高分辨率对地观测领域基础研究、关键技术攻关和工程研制的全新成果及宝贵经验,吸纳了近年来该领域数百项国内外专利、上千篇学术论文成果,对后续理论研究、科研攻关和技术创新具有指导意义。三是实践性。丛书是在已有专项建设实践成果基础上的创新总结,分册作者均有主持或参与高分专项及其他相关国家重大科技项目的经历,科研功底深厚,实践经验丰富。

丛书5大部分具体内容如下:**系统平台部分**主要介绍了快响卫星、分布式卫星编队与组网、敏捷卫星、高轨微波成像系统、平流层飞艇等新型对地观测平台和系统的工作原理与设计方法,同时从系统总体角度阐述和归纳了我国卫星遥感的现状及其在 6 大典型领域的应用模式和方法。**数据获取部分**主要介绍了新型的星载/机载合成孔径雷达、面阵/线阵测绘相机、低照度可见光相机、成像光谱仪、合成孔径激光成像雷达等载荷的技术体系及发展方向。**信息处理部分**主要介绍了光学、微波等多源遥感数据处理、信息提取等方面的新技术以及地理空间大数据处理、分析与应用的体系架构和应用案例。**运行管控部分**主要介绍了系统需求统筹分析、星地任务协同、接收测控等运控技术及卫星智能化任务规划，并对异构多星多任务综合规划等前沿技术进行了深入探讨和展望。**专项技术部分**主要介绍了平流层飞艇所涉及的能源、囊体结构及材料、推进系统以及位置姿态测量系统等技术，高分辨率光学遥感卫星微振动抑制技术、高分辨率 SAR 有源阵列天线等技术。

丛书的出版作为建党 100 周年的一项献礼工程，凝聚了每一位科研和管理工作者的辛勤付出和劳动，见证了十年来专项建设的每一次进展、技术上的每一次突破、应用上的每一次创新。丛书涉及 30 余个单位，100 多位参编人员，自始至终得到了军委机关、国家部委的关怀和支持。在这里，谨向所有关心和支持丛书出版的领导、专家、作者及相关单位表示衷心的感谢！

高分十年，逐梦十载，在全球变化监测、自然资源调查、生态环境保护、智慧城市建设、灾害应急响应、国防安全建设等方面硕果累累。我相信，随着高分辨率对地观测技术的不断进步，以及与其他学科的交叉融合发展，必将涌现出更广阔的应用前景。高分辨率对地观测系统工程将极大地改变人们的生活，为我们创造更加美好的未来！

王礼恒

2021 年 3 月

# 前　言

合成孔径雷达(Synthetic Aperture Radar,SAR)通过发射宽带信号获得距离向高分辨率,在方位向通过平台的运动,等效在空间形成大的线性阵列,即合成孔径,从而得到二维高分辨率图像。现在高频段 SAR 发射的信号带宽已达 2GHz 以上,再利用方位向长时间合成,已可实现优于 $0.1\,\mathrm{m} \times 0.1\,\mathrm{m}$ 的超高分辨率图像。SAR 除进行高分辨率成像外,目前已拓展到干涉合成孔径雷达(Interferometric SAR,InSAR)实现对地面高程进行测量、多通道对消实现对地面动目标进行检测(Groud Moving Target Indicator,GMTI)等功能。

SAR 自 20 世纪 50 年代诞生以来得到了迅速发展,广泛应用于军事及民用领域,已成为对地观测重要手段之一。SAR 已广泛应用于不同的运动平台,形成了机载 SAR、星载 SAR、弹载 SAR、艇载 SAR 等,由于平台的运动速度、运动稳定性等差异较大,不同平台 SAR 系统设计方法和成像算法差异明显,本书针对机载平台特点,介绍机载 SAR 相关关键技术,也可供其他平台 SAR 设计参考。

目前市面上 SAR 的专著较多,有力地推动了我国 SAR 技术的发展和工程应用,但这些专著大都侧重成像原理与成像算法,而本书针对机载平台的特点,介绍机载 SAR 系统和分系统设计方法,特点是理论分析与工程设计紧密结合。

全书共分 9 章。第 1、2 章介绍了 SAR 原理和国内外机载 SAR 发展趋势。第 3 章介绍了 SAR 成像、GMTI 主要性能指标设计;采用步进频技术或全带宽发射、子带接收与子带拼接技术实现距离向超高分辨率;通过定位和定向系统(Position and Orientation System,POS)高精度测量平台运动误差,用于成像运动补偿,实现方位向超高分辨率。第 4 章介绍宽带有源相控阵天线系统设计,包括辐射单元的选型、宽带馈线设计、T/R 组件的宽带和幅相一致性设计、延时器优化设计。第 5 章分析了低功率射频系统的主要技术指标,上行激励链路聚焦于宽带及超宽带数字波形产生的方法及与之紧密相关的激励源设计;下行接收通道介绍了兼顾宽窄带的多通道数字接收子阵数据对齐处理方法,在超宽带数据采集方面,论述了采用新一代高速串行接口的多通道高速数据采集同步处理技术。第 6 章结合工程研制实际,介绍了形成距离向超高分辨率的宽带信号补偿及合成技术、长孔径时间的运动补偿技术及超高分辨率成像算法和多视角图像融合技术。第 7 章介绍多孔径地面运动目标检测的系统误差校正、快速/慢速运动目标检测技术及运动目标成像技术。第 8 章针对地面敏感目标,基于 SAR 图像对静止目标进行检测和识别;而对于运动目标,军事上由于履带车的威胁更大,因此介绍了基于微动特性的履带车和轮式车分类算法。第 9 章给出实时信号处理软硬件架构和高分辨率成像、地面动目标检测实时处理流程。

本书是集体讨论后分工编写而成的,胡学成研究员编写第 1 章至第 3 章,王金元高级工程师、居军研究员、李树良高级工程师、柯鸣岗高级工程师编写第 4 章,孔祥松研究员编写第 5 章,庄龙研究员编写第 6 章,刘颖研究员编写第 7 章,尹奎英研究员编写第 8 章,李磊高级工程师编写第 9 章,全书由胡学成研究员定稿,代保全高级工程师、仇光锋高级工程师和杨力工程师做了大量文字编辑和校对工作。

本书是中国电子集团公司第十四研究所机载 SAR 团队多年研制工作的技术积累,特别是引用了国家高分专项航空系统“高分辨率 InSAR/GMTI 技术”的研究成果。在本书编写过程中得到中国电子科技集团公司第十四研究所王友林研究员、雷万明研究员、徐戈高级工程师、常文胜高级工程师、何东元高级工程师、武楠研究员、邢小明研究员、陈光荣研究员、余慧高级工程师和于俊鹏高级工程师的帮助,并引用了他们的有关研究成果。团队与北京航空航天大学李春升教授、李景文教授、陈杰教授,西安电子科技大学邢孟道教授、王彤教授,南京航空航天大学朱岱寅教授等的长期合作,受益匪浅。李春升教授审阅了全书,提出了很多宝贵意见,在此向他们表示诚挚的谢意!

在本书的撰写和出版过程中,得到国家高分专项航空系统专家组和国防工业出版社的支持,在此表示感谢!

限于作者水平,书中难免存在不足之处,恳请读者批评指正。

胡学成

2021 年 2 月

# 目　录

## 1.1　合成孔径雷达概述

对于实孔径雷达,角分辨率是由雷达工作波长和天线孔径比决定的,若雷达工作波长为 $\lambda$ ,天线方位向孔径长度为 $D$ ,则雷达天线 3dB 波束宽度约为

$$\theta = \frac{\lambda}{D} \tag{1-1}$$

距雷达距离 $r$ 处的方位向分辨率为

$$\rho_a = r\theta \tag{1-2}$$

由式(1-1)和式(1-2)可知,波束越窄,方位向分辨率越高。通过减小雷达工作波长(即雷达工作在较高频率)可以提高方位向分辨率,但在天线频率很高时,达到和保持允许的天线机械和电气公差是非常困难的。对毫米波及以上频段,受微波功率器件和大气衰减的限制,雷达探测距离往往较近。通过增大天线的方位孔径可以提高方位向分辨率,但对于运动平台搭载雷达来说,受平台空间和重量的限制,雷达天线的尺寸不可能做得很大。

实际上,可通过信号处理的办法提高雷达的方位向分辨率。设雷达平台沿直线做匀速运动,雷达在不同的位置发射并接收雷达回波信号,对接收的回波信号进行相位补偿后合成,从而形成大的虚拟孔径线阵天线,可获得高的方位向分辨率。等效的天线虚拟孔径为 $L_a$ 的合成天线波束宽度可近似地表示为[1]

$$\theta = \frac{\lambda}{2L_a} \tag{1-3}$$

式(1-3)分母中的 2 表示合成孔径天线"阵元"到目标电波往返传播双程

距离。由于双程路径,合成阵列的等间隔阵元之间的相位差等于具有相同阵元间隔的阵列处于单纯接收状态时的两倍。

合成孔径的最大有效长度 $L_a$ 并不是无限制的,其受天线照射时间的制约,该最大有效长度随距离线性增加。

由上述分析不难看出,合成孔径雷达(SAR)能够提升方位向分辨率主要是利用雷达和目标之间的相对运动;同时,发射宽带信号,利用脉冲压缩技术获得距离向高分辨率,从而获得二维地面高分辨率雷达图像。

此外,经典的旋转目标逆合成孔径雷达(ISAR)、SAR/ISAR 混合成像雷达等都是利用这一原理[2],所不同的是,在运用这一原理过程中遇到的问题不同和解决问题的方法有所差异而已。

 ## 1.2 国内外发展现状

### 1.2.1 国外发展现状

1951 年,美国 Goodyear 宇航公司的 Carl Wiley[3] 首次发现利用回波的多普勒频移可以改善侧视雷达的方位分辨率,即多普勒波束锐化的概念,它宣告了 SAR 技术的诞生。经过 70 多年的发展,SAR 技术取得了较大的进步,现已被广泛用于民用和军用领域。由于分辨率的提高能够获得更多的目标信息,使目标的形状和精细结构更加清晰地呈现出来,从而大大提高目标的识别能力,因此,SAR 自诞生以来,就一直积极追求更高的分辨率。从公开发表的文献来看,国外高分辨率机载 SAR 分辨率已达到 0.1m × 0.1m。在高分辨率 SAR 系统研制方面,典型的系统有美国 Sandia 国家实验室研制的 Lynx SAR 系统[4]、法国航空航天中心(ONERA)研制的 RAMSES 系统[5-6]和德国高频物理和雷达技术研究院(FGAN – FHR)研制的 PAMIR(Phased Array Multifunction Imaging Radar)系统[7-8]。

美国机载 SAR 无疑走在世界前列,其超高分辨率 SAR 代表型号是 Lynx 系统,该雷达的军用型号为 AN/APY – 8,由 Sandia 国家实验室研制,质量约为 52.2kg,是一款轻型高分辨率 SAR/GMTI 多模式雷达。Lynx 系统工作在 15.2 ~ 18.3GHz 的 Ku 波段,系统带宽达 3GHz,工作模式可由地面控制站通过链路进行选择,聚束模式的分辨率达 0.1m × 0.1m,条带模式分辨率达 0.3m × 0.3m,作用距离为 30km。采用实时运动补偿技术,即使无人机在转弯或做其他机动飞行动作时也能形成高质量的图像(图 1 - 1)。

图 1 - 1　Lynx 获取的 0.1m×0.1m 高分辨率图像

RAMSES 系统为机载多频段、多通道 SAR 试验系统,其在 X 波段和 Ku 波段的分辨率达到 0.1m×0.1m,它通过发射 5 个 300MHz 带宽的线性调频信号子脉冲串,完成距离大带宽的合成,实现 0.1m 的距离向分辨率,通过获取天线的精确轨迹来实现 0.1m 的方位向分辨率(图 1 - 2)。

图 1 - 2　RAMSES 获取的 0.1m×0.1m 高分辨率图像

德国在多通道 SAR/GMTI 系统研发上起步较晚,但发展步伐非常稳健。1999 年,德国高频物理和雷达技术研究院(FAGN)研制成功采用有源相控阵天线的 4 通道 X 波段 AER - II(Airborne Experimental Radar - II)试验 SAR 系统,具有地图测绘、地形跟踪、GMTI 和 SAR 等功能。为满足未来侦察系统日渐增长的对工作方式的灵活性和多模式的需求,2002 年,FAGN 又在 AER-Ⅱ 的基础上研制成功 PAMIR 试验系统,该系统采用 5 个通道多发多收,每个通道带宽为 380MHz,合成后可达 1.82GHz 的带宽,具有斜视条带 SAR、聚束 SAR、滑动聚束、广域 GMTI、InSAR 和 ISAR 等功能。它的一个最主要功能是实现对大场景动目标的检测。PAMIR 是一种通过相控阵天线来获得大的扫描角度的雷达系统,采用了可重配置、可自主工作的由 T/R 组件构成的子阵和基于可切换真实时延的宽带波束形成网络,满足了未来对探测系统要求的灵活性和多种模式操作的需求。与 AER-Ⅱ 系统相比,PAMIR 系统具有更高的分辨率、更远的作用距离、更宽的角域覆盖范围,最高分辨率可达 0.1m×0.1m。图 1-3 所示为 PAMIR 雷达获得的 0.1m×0.1m SAR 图像。

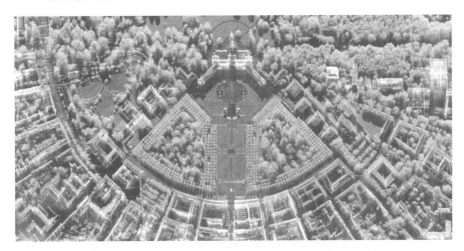

图 1-3  PAMIR 雷达 0.1m×0.1m SAR 图像

据报道,2008 年后,FAGN 对 PAMIR 系统进行改进,获得了 0.05m×0.05m 分辨率的图像,如图 1-4 所示。

图 1-5 所示为 PAMIR 雷达在机载试飞试验过程中得到的地面运动目标检测结果。

由于非侧视成像具有重要的军事应用价值,因而一直是 SAR 领域的研究热点之一。战斗机、轰炸机雷达的天线通常装在机头位置,可进行斜视成像,增强对地功能。最有代表性的 F-35 联合战斗机载 AN/APG-81 雷达,利用斜视 SAR 技术进行远距离成像,最高分辨率达 0.3m×0.3m。在实际使用过程中,该雷达对高分辨率图像降采样显示,对重点区域可直接采用高分辨率显示,图 1-6 所示为 AN/APG-81 雷达试飞 SAR 图像。

图1-4 PAMIR获取的0.05m×0.05m高分辨率图像

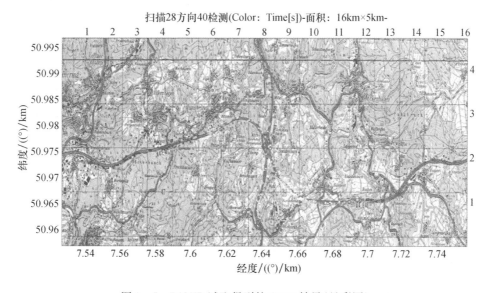

图1-5 PAMIR试飞得到的GMTI结果(见彩图)

在超高分辨率成像算法研究方面,国外率先将波数域Omega-K和线性调频变标(Chirp Scaling,CS)等频域算法工程化应用。以极坐标格式算法(Polar Format Algorithm,PFA)为代表的极坐标类算法在处理大斜视及变波门等条件下的成像具有明显优势,已作为F-35等战斗机SAR成像普遍采用的算法。以后向投影(Back-Projection,BP)为代表的时域类算法,虽然串行计算效率远低于频域算法,但其逐像素点处理的计算结构特点,却使它很适合在图形处理器

图 1 – 6　AN/APG – 81 雷达试飞 SAR 图像

（Graphics Processing Unit，GPU）等具有多线程并行处理架构的计算设备中实现实时处理。

　　国外对 SAR 运动目标检测技术的研究自 20 世纪 70 年代起逐渐深入，最初的 SAR 系统多为单通道，此时的动目标检测技术主要利用运动目标回波的时频特性、多普勒中心频率与多普勒调频率的改变等来检测运动目标，这类单通道方法[9 - 12]主要包括维纳 – 维勒分布时频处理方法、反射特性位移法、截断平均方法和小波变换法等，但此类方法在动目标检测性能、运动参数估计精度等方面都具有局限性。随着 SAR 系统逐步发展到多通道系统后，多通道动目标检测技术[13 - 15]成为主流，相继出现了相位中心偏置天线技术、沿航迹干涉技术、空时自适应处理技术、杂波抑制干涉技术等，此类方法利用多通道的空间自由度和通道间的干涉相位信息，可以获得更优的杂波抑制和动目标检测性能以及更高的运动参数和位置估计精度，此类方法已在 PAMIR 等系统中得到了成功应用。

## 1.2.2　国内发展现状

　　我国于 20 世纪 70 年代中期开始研究机载 SAR 应用技术，1976 年 5 月中国科学院电子所成立信息理论与遥感技术研究室，专门从事 SAR 系统研究。西安电子科技大学、北京航空航天大学、南京航空航天大学、国防科技大学和电子科技大学等高校也积极开展 SAR 成像算法和新体制研究。自 2000 年以来，由于需求牵引，中国电子科技集团公司第十四研究所、中国电子科技集团公司第三十八研究所、中国科学院空天信息创新研究院以及中国航空工业集团第六零七研究所等先后研制了多型 SAR,并进行了较多批次的试飞,录取了大批数据,进一步推动了国内成像算法的研究。研究领域覆盖高分辨率成像、动目标检测、干涉与极化干涉、多极化、叶簇穿透等。近年来还积极开展了多维度 SAR、MI-MO – SAR 等新体制 SAR 研究。

在超高分辨率成像系统研究方面,中国电子科技集团公司 14 所在国家相关部门支持下,研制了 X 波段机载超高分辨率 SAR 样机。发射宽带线性调频信号、接收分 4 个子带,在数字域再合成宽带信号,实现 0.1m×0.1m 的分辨率。2014—2015 年,进行飞行试验,获得了大量试飞数据,突破了超宽带 SAR 系统设计技术、宽带有源相控阵技术、超宽带信号产生技术、幅相误差补偿技术以及超高分辨率成像处理技术,对国内高校共享试飞数据,有力地推动了超高分辨率成像算法研究。图 1 – 7 是试飞获得的 0.1m×0.1m 分辨率 SAR 图像。

图 1 – 7　X 波段 0.1m×0.1m 分辨率 SAR 图像

在 X 波段机载超高分辨率 SAR 研制的基础上,中国电子科技集团公司第十四研究所又研制了 Ku 波段机载超高分辨率 SAR/GMTI 多功能雷达。雷达包括条带 SAR、聚束 SAR、同时 SAR – GMTI、广域监视 GMTI(WAS – GMTI)和 In-SAR 等多种工作模式。在聚束模式,发射宽带线性调频信号,分 4 个子带接收,在数字域再合成宽带信号,实现 0.05m×0.05m 的分辨率;在 GMTI 模式,全孔径发射,分 4 个子孔径接收,四通道进行杂波抑制,实现地面慢动目标检测,动目标最小检测速度小于 10km/h。图 1 – 8 是试飞获得的 0.05m×0.05m 的分辨率 SAR 图像。图 1 – 9 是村庄 SAR 图像局部放大,房顶结构清晰可见。图 1 – 10 是 WAS – GMTI 试飞结果,动目标叠加在 DBS 图像上,沿着道路检测出大量的动目标。图 1 - 11 是 SAR - GMTI 试飞结果,图中标出 3 辆合作车辆,它们被准确定位在道路上。

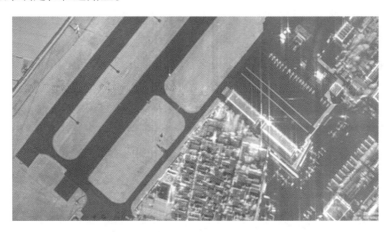

图 1 - 8　0.05m×0.05m 分辨率 SAR 图像

图 1 - 9　0.05m×0.05m 分辨率 SAR 图像

中国科学院空天信息创新研究院也研制了机载超高分辨率 SAR 样机[16],工作在 Ku 波段,系统采用 8 个并行的接收通道,子带带宽为 400MHz,子带脉宽为 1μs,系统工作于正侧视模式,该系统设计了 3.2GHz 的超大带宽,理论上能够获得优于 0.05m 的距离向分辨率。

国内西安电子科技大学、南京航空航天大学、电子科技大学等高校以及中国电子科技集团第十四研究所、中国科学院空天信息创新研究院等单位依托科研试飞数据开展了超高分辨率成像算法研究,相继完成了基于步进频以及基于

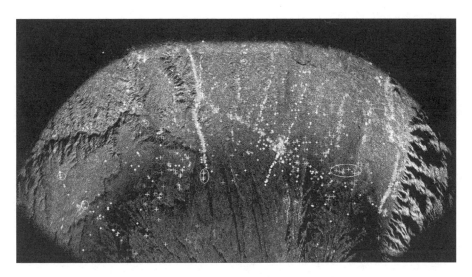

图 1 – 10　WAS – GMTI 试飞结果(见彩图)

图 1 – 11　SAR – GMTI 试飞结果(见彩图)

子带合成的距离超高分辨率合成验证。中国电子科技集团第十四研究所、西安电子科技大学结合工程实践,提出了基于子孔径投影合成的算法,将 Omega – K 与 BP 及子孔径图像结合起来,在保证高成像精度的同时,极大地提高了工程效率[17 – 18]。在超高分辨率成像运动补偿方面,西安电子科技大学等提出了一种联合子带误差估计与宽带误差估计的超高分辨率运动补偿方法,采用单个子带信号对运动误差进行粗估计,利用多子带带宽合成后的宽带信号对运动误差进行精估计[19]。随着机载定位和定向系统(Position and Orientation System, POS)等惯性测量设备的精度越来越高,基于 POS 和回波数据的联合运动补偿技术已逐渐应用到工程中,并取得了较好的效果。

在机载 SAR 地面运动目标检测技术方面,西安电子科技大学、北京航空航天大学、南京航空航天大学、国防科技大学、电子科技大学和清华大学等高校及中国电子科技集团公司第十四研究所、中国电子科技集团第三十八研究所以及航空工业集团第六零七研究所等研究所积极开展相关研究。2000 年,王永良、彭应宁发表空时自适应处理技术专著[20],提出的 1DT、mDT - STAP 等降维 STAP 方法在机载条件下已成功应用;西安电子科技大学提出的 JSP 方法,利用相邻像素联合处理思想进行动目标检测[21],能够在复图像相关性下降引起的杂波自由度增加的情况下,也可对杂波进行很好的抑制,提高了动目标检测性能,且对图像配准误差、杂波去相干以及通道误差均具有较高的稳健性[22],性能优于常规的 DPCA、CSI 等处理算法。

## 1.3 本书的内容安排

本书是中国电子科技集团公司 14 所机载 SAR 团队多年研究工作的技术总结。全书共分 9 章,第 1 章介绍了机载高分辨率 SAR 国内外发展现状和本书内容安排。

第 2 章介绍了 SAR 原理和常用的工作模式,介绍了运动平台杂波特性、基于图像和多普勒域杂波抑制方法。

第 3 章介绍了 SAR 系统设计方法。首先介绍了 SAR 主要性能指标。对于超高分辨率模式,距离向超高分辨率的实现方式有步进频技术和全带宽发射、子带接收与子带拼接技术;方位向高分辨率实现采用聚束或滑动聚束。超高分辨率成像对平台的稳定性要求较高,机载的惯导系统精度远不能满足要求,一般采用高精度 POS,本章对 POS 精度要求进行了分析。

对 GMTI,论述了探测距离、动目标最小检测速度设计、盲速分析和动目标定位精度。

第 4 章阐述宽带有源相控阵天线阵面设计,包括:辐射单元的选型、天线加权技术和工程应用中天线阵面性能优化;综合网络介绍了射频网络、控制网络和供电网络的优化;宽带延时器的设计与工程应用中的优化;宽带 T/R 组件组成、原理和工程应用中的优化。

第 5 章分析了低功率射频的主要技术指标,围绕高分辨率 SAR/GMTI 雷达,介绍了上行激励通道和下行接收通道的设计;介绍了窄带与宽带数字波形产生的需求差异,着重介绍了超宽带数字波形产生的方法及与之紧密相关的激励源设计;低速数据采集方面,介绍了兼顾窄带与一般宽带的数字接收子阵设计及子阵对齐处理;超宽带数据采集方面,重点介绍了多通道高速数据采集的同步处理技术及新一代高速串行接口的高速 AD 设计。

第 6 章分析了系统定时误差、带内幅相误差、通道间幅相误差对子带合成的影响,介绍对子带合成影响比较关键的常数、线性及高次相位误差估计方法。对超宽带子带合成理论及处理方法进行分析介绍,用实测数据验证了误差提取方法及子带合成方法的有效性。

结合实测数据对不同载机平台的运动特性进行分析,介绍了高精度 POS 进行运动补偿理论、方法及处理效果。针对 POS 补偿的残余徘动及误差相位,再在数据域实现误差相位的精确提取及补偿。

对 Omega – k 和 BP 算法进行了原理性说明,对超高分辨率长合成孔径时间成像,采用基于子孔径投影合成处理方法,实现高精度及高处理效率。

多角度成像突破传统二维图像阴影、信息缺失等不足,实现对目标多角度信息及多方向散射特征获取,以提高目标识别率。通过参数化配置方法、优化匹配滤波器,并通过最优准则对各视角子孔径图像融合,实现多角度目标成像。

第 7 章首先介绍同时 SAR – GMTI 模式多孔径 SAR 地面慢速运动目标检测的原理和算法,包括通道均衡、杂波对消、CFAR、动目标测速和辅助定位等技术,分析了 SAR – GMTI 模式对地面快速运动目标检测存在的问题,并给出了解决方法。对广域监视 GMTI 模式,采用空时自适应处理算法。动目标定位精度本质上是测角精度问题,介绍了利用辅助手段进一步提高地面动目标定位精度的方法。

第 8 章针对军事应用介绍了目标分类算法。在军事应用中,需对地面目标进行分类,以确定战场态势和打击对象。地面敏感目标分为移动目标和静止目标两类,对不同的目标采用不同的检测和分类识别手段。对于静止目标的检测和识别,目前常用的手段是基于 SAR 图像来进行;而对于移动目标,军事上由于履带车的威胁更大,本章介绍了采用基于微动多普勒特性的履带车和轮式车分类算法,并展望了地面目标识别的发展方向。

第 9 章介绍了实时信号处理主要技术指标和软件、硬件架构,针对 SAR 高数据通过率、高运算量要求,信号处理机通常采用基于 FPGA 专用处理器和通用 DSP 相结合的混合硬件结构。给出了实时 SAR 成像、同时 SAR – GMTI、WAS – GMTI 处理算法流程、功能划分和算法功能模块设计。

# 第 2 章

# 合成孔径雷达原理

本章论述了合成孔径原理,推导了点目标回波的二维频谱,介绍了 SAR 成像主要模式。在对机载雷达杂波特性进行分析基础上介绍了两种地面动目标检测模式,即雷达进行大范围扫描的广域监视 GMTI(WAS – GMTI)和基于多通道 SAR 图像对消的 GMTI(SAR – GMTI)。最后给出了 SAR 组成原理图。

## 2.1 合成孔径原理

### 2.1.1 合成孔径原理

**1. 合成孔径原理概述**

SAR 通常安装在运动平台上,如飞机、卫星等,平台以速度 $v$ 做匀速直线飞行,雷达同时以脉冲重复周期 $T_r$ 对观测带发射脉冲信号,于是飞行过程中在空间就等效形成了间隔为 $\Delta x = vT_r$ 的均匀直线阵列,而雷达依次接收到的数据序列即为相应顺序阵元的信号。雷达收集信号的几何模型如图 2 – 1 所示。

若时间用 $t$ 表示,距离快时间用 $\hat{t}$ 表示,方位慢时间用 $t_m$ 表示,则快时间 $\hat{t} = t - mT_r$,$m$ 为整数,$T_r$ 为脉冲重复周期,慢时间为 $t_m = mT_r$。载机沿 $x$ 方向飞行,飞行速度为 $v$,轴上的实线段表示采集数据相应的航线段,其慢时间区间为 $[-T_a/2, T_a/2]$,波束中心线扫过目标时的斜距为 $R$,场景中心线到飞行航线的最近距离为 $r_0$,则在 $t$ 时刻散射点 $P_0$ 的斜距 $R(t;r_0)$ 可表示为

$$R(t;r_0) = \sqrt{r_0^2 + (vt)^2} \approx r_0 + \frac{(vt)^2}{2r_0} \qquad (2-1)$$

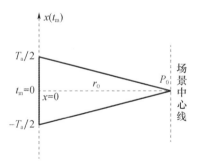

图 2 - 1　雷达收集信号的几何图

为简单起见,暂不考虑距离分辨率,设发射信号为点频信号,即

$$s_t(t) = \text{rect}\left(\frac{t}{T}\right) \exp(\text{j}2\pi f_0 t) \qquad (2-2)$$

式中:$T$ 为发射脉宽;$f_0$ 为载频。经接收机混频后的输出信号为

$$s_r(t) = A\exp\left(-\text{j}\frac{4\pi}{\lambda}R(t;r_0)\right) \qquad (2-3)$$

式中:$A$ 为信号幅度。则回波信号的多普勒频率为

$$f_d(t) = -\frac{1}{2\pi}\frac{\text{d}}{\text{d}t}\phi(t) = -\frac{2}{\lambda}\frac{\text{d}}{\text{d}t}R(t;r_0) = -\frac{2v^2}{\lambda r_0}t \qquad (2-4)$$

令 $k_a = -\dfrac{2v^2}{\lambda r_0}$,则

$$f_d(t) = k_a t \qquad (2-5)$$

由式(2-5)可知,在方位向上,回波信号为调频斜率 $k_a$、时宽 $T_a = L_a/v$ 的线性调频信号,信号带宽为

$$\Delta f_d = |k_a|T_a = \frac{2v^2}{\lambda r_0} \cdot \frac{L_a}{v} = \frac{2vL_a}{\lambda r_0} \qquad (2-6)$$

又天线的方位波束宽度 $\theta = L_a/r_0 = \lambda/D$,$D$ 和 $L_a$ 分别为天线方位向长度和合成孔径长度。于是式(2-6)又可写成

$$\Delta f_d = \frac{2v}{D} \qquad (2-7)$$

回波信号通过匹配滤波器,匹配滤波器的冲激响应为

$$h(t) = \exp(-\text{j}\pi k_a t^2) \qquad (2-8)$$

通过匹配滤波器的输出为

$$S_o(t) = A\frac{\sin(\pi k_a t(T_a - |t|))}{\pi k_a t} \qquad (2-9)$$

式(2-9)的主瓣宽度为

$$\Delta t = \frac{1}{\Delta f_{\mathrm{d}}} = \frac{D}{2v} \qquad (2-10)$$

方位向分辨率为

$$\rho_{\mathrm{a}} = v\Delta t = \frac{D}{2} \qquad (2-11)$$

可见,SAR 方位向分辨率为天线方位向口径的一半。但这不意味着雷达采用无限小的方位向孔径长度 $D$ 就可以使方位向分辨率 $\rho_{\mathrm{a}}$ 无限减小。在上面的分析中,式(2-1)采用了天线波束较窄时的近似;天线进一步缩小,波束随之加宽,当波束宽度比较大时,式(2-1)中的近似就不再成立。在极限情况下方位向波束宽度 $\theta = \pi$,即相当于无方向性天线时,$\Delta f_{\mathrm{d}} = 4v/\lambda$。考虑到 $\rho_{\mathrm{a}} = v\Delta t = v/\Delta f_{\mathrm{d}}$,方位向的极限分辨率为

$$\rho_{\mathrm{a}} = \frac{v}{\Delta f_{\mathrm{d}}} = \frac{\lambda}{4} \qquad (2-12)$$

**2. 距离聚焦深度**

对于 SAR 还存在聚焦深度问题。SAR 的匹配滤波器与目标的距离有关,在实际处理时总是希望用同一匹配滤波器处理尽量多的距离门,在图像质量没有明显下降的情况下,同一匹配滤波器所能处理的距离长度即为聚焦深度[23]。

图 2-2 所示为聚焦深度示意图,如果匹配滤波器对 $r$ 处目标聚焦,则对距离 $r + \Delta r$ 处的目标在合成孔径 $L_{\mathrm{a}}$ 上与匹配滤波器的最大相位差为

$$\frac{4\pi}{\lambda}\left[\sqrt{(r+\Delta r)^2 + \left(\frac{L_{\mathrm{a}}}{2}\right)^2} - \sqrt{r^2 + \left(\frac{L_{\mathrm{a}}}{2}\right)^2}\right] \approx \frac{\pi L_{\mathrm{a}}^2 \cdot \Delta r}{2\lambda r^2} \qquad (2-13)$$

要使距离 $r + \Delta r$ 处的目标分辨率没有明显下降,一般来说要求此最大相位差小于 $\pi/4$,即

$$\frac{\pi L_{\mathrm{a}}^2 \cdot \Delta r}{2\lambda r^2} \leqslant \frac{\pi}{4} \qquad (2-14)$$

可得

$$\Delta r \leqslant \frac{\lambda r^2}{2L_{\mathrm{a}}^2} = \frac{2}{\lambda}\left(\frac{\lambda r}{2L_{\mathrm{a}}}\right)^2 = \frac{2}{\lambda}\rho_{\mathrm{a}}^2 \qquad (2-15)$$

即聚焦深度为

$$\Delta r = \frac{2}{\lambda}\rho_{\mathrm{a}}^2 \qquad (2-16)$$

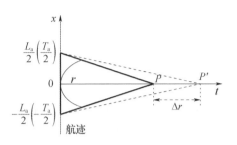

图 2 - 2　聚焦深度示意图

## 2.1.2　目标回波多普勒特性与匹配处理

### 1. 点目标回波二维频谱

2.1.1 节所述发射信号没有考虑距离分辨率。为获得距离高分辨率,要求发射信号为宽带信号,通常为线性调频信号。对发射为线性调频信号的点目标的回波可以表示为

$$s(t_m,\hat{t};r_0) = \sigma w(t_m)m\left(\hat{t} - \frac{2}{c}R(t_m;r_0)\right) \cdot$$

$$\exp\left(\mathrm{j}\pi k_r\left(\hat{t} - \frac{2}{c}R(t_m;r_0)\right)^2 - \mathrm{j}\frac{4\pi}{\lambda}R(t_m;r_0)\right) \qquad (2-17)$$

式中:$\sigma$ 为点目标的后向散射幅度;$m(\cdot)$ 为发射脉冲包络,通常为矩形;$k_r$ 为调频斜率;$w(\cdot)$ 为天线方向性函数;$R(t_m;r_0)$ 为雷达到点目标的斜距;如式(2-18)所示 $r_0$ 为点目标到载机飞行轨迹的最近距离。为使结果具有一般性,考虑有一定的斜视角,数据收集斜视几何关系如图 2-3 所示。

$$R(t_m;r_0) = \sqrt{r_0^2 + (x_0 - vt_m)^2} \qquad (2-18)$$

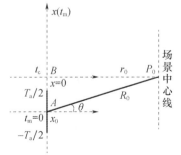

图 2 - 3　数据收集斜视几何图

对式 $(2-17)$ 作距离傅里叶变换,有

$$S(t_{\mathrm{m}},f_{\mathrm{r}};r_0)$$

$$= \int s(t_{\mathrm{m}},\hat{t};r_0)\exp(-\mathrm{j}2\pi f_{\mathrm{r}}\hat{t})\mathrm{d}\hat{t}$$

$$= \sigma\int w(t_{\mathrm{m}})m\left(\hat{t}-\frac{2}{c}R(t_{\mathrm{m}};r_0)\right)\exp\left(\mathrm{j}\pi k_{\mathrm{r}}\left(\hat{t}-\frac{2}{c}R(t_{\mathrm{m}};r_0)\right)^2 - \mathrm{j}\frac{4\pi}{\lambda}R(t_{\mathrm{m}};r_0)\right)\cdot$$

$$\exp(-\mathrm{j}2\pi f_{\mathrm{r}}\hat{t})\mathrm{d}\hat{t} \tag{2-19}$$

令 $\Phi_1(t_{\mathrm{m}},\hat{t};r_0) = \pi k_{\mathrm{r}}\left(\hat{t}-\frac{2}{c}R(t_{\mathrm{m}};r_0)\right)^2 - \frac{4\pi}{\lambda}R(t_{\mathrm{m}};r_0) - 2\pi f_{\mathrm{r}}\hat{t}$,设发射信号

为大时带积信号,根据驻留相位原理(Principle of Stationary Phase)有

$$\frac{\partial}{\partial\hat{t}}\Phi_1(t_{\mathrm{m}},\hat{t};r_0) = 2\pi k_{\mathrm{r}}\left(\hat{t}-\frac{2}{c}R(t_{\mathrm{m}};r_0)\right) - 2\pi f_{\mathrm{r}} \tag{2-20}$$

令式 $(2-20)$ 为 $0$,可求出驻留相位点为

$$\hat{t}^* = \frac{f_{\mathrm{r}}}{k_{\mathrm{r}}} + \frac{2}{c}R(t_{\mathrm{m}};r_0) \tag{2-21}$$

将式 $(2-21)$ 代入式 $(2-19)$,并略去复常数,可得

$$S(t_{\mathrm{m}},f_{\mathrm{r}};r_0) = w(t_{\mathrm{m}})m\left(\frac{f_{\mathrm{r}}}{k_{\mathrm{r}}}\right)\exp\left(-\mathrm{j}\pi\frac{f_{\mathrm{r}}^2}{k_{\mathrm{r}}} - \mathrm{j}\frac{4\pi}{c}(f_{\mathrm{r}}+f_0)R(t_{\mathrm{m}};r_0)\right)$$

$$\tag{2-22}$$

对式 $(2-22)$ 做方位傅里叶变换,并应用驻留相位原理,可得

$$S(f_{\mathrm{a}},f_{\mathrm{r}};r_0) = \int S(t_{\mathrm{m}},f_{\mathrm{r}};r_0)\exp(-\mathrm{j}2\pi f_{\mathrm{a}}t_{\mathrm{m}})\mathrm{d}t_{\mathrm{m}}$$

$$= m\left(\frac{f_{\mathrm{r}}}{k_{\mathrm{r}}}\right)\exp\left(-\mathrm{j}\pi\frac{f_{\mathrm{r}}^2}{k_{\mathrm{r}}}\right)\cdot$$

$$\int w(t_{\mathrm{m}})\exp\left(-\mathrm{j}\frac{4\pi}{c}(f_{\mathrm{r}}+f_0)R(t_{\mathrm{m}};r_0) - \mathrm{j}2\pi f_{\mathrm{a}}t_{\mathrm{m}}\right)\mathrm{d}t_{\mathrm{m}} \tag{2-23}$$

令 $\Phi_2(t_{\mathrm{m}},f_{\mathrm{r}};r_0) = -\frac{4\pi}{c}(f_{\mathrm{r}}+f_0)R(t_{\mathrm{m}};r_0) - 2\pi f_{\mathrm{a}}t_{\mathrm{m}}$,对 $\Phi_2(t_{\mathrm{m}},f_{\mathrm{r}};r_0)$ 求关于 $t_{\mathrm{m}}$

的偏导数,并令该导数为 $0$,再由 $x^* = x_0 - vt_{\mathrm{m}}^*$,解得

$$x^* = \frac{r_0 f_{\mathrm{a}}}{v\sqrt{\left(\dfrac{f_{\mathrm{r}}+f_0}{\dfrac{c}{2}}\right)^2 - \left(\dfrac{f_{\mathrm{a}}}{v}\right)^2}} \tag{2-24}$$

$$R(f_a;r_0) = \sqrt{r_0^2 + (x_0 - vt_m^*)^2} = r_0 \dfrac{\dfrac{f_r + f_0}{\dfrac{c}{2}}}{\sqrt{\left(\dfrac{f_r + f_0}{\dfrac{c}{2}}\right)^2 - \left(\dfrac{f_a}{v}\right)^2}} \qquad (2-25)$$

因为 $f_r \ll f_0$，所以

$$R(f_a;r_0) \approx \dfrac{r_0}{\sqrt{1 - \left(\dfrac{\lambda f_a}{2v}\right)^2}} \qquad (2-26)$$

于是可得

$$\Phi_2(f_a,f_r;r_0) = -2\pi r_0 \sqrt{\left(\dfrac{f_r + f_0}{\dfrac{c}{2}}\right)^2 - \left(\dfrac{f_a}{v}\right)^2} - 2\pi \dfrac{x_0}{v} f_a \qquad (2-27)$$

把式(2-27)代入式(2-23)，得

$$S(f_a,f_r;r_0) = w\left(\dfrac{\lambda r_0 f_a}{2v^2 \sqrt{1 - \left(\dfrac{\lambda f_a}{2v}\right)^2}}\right) m\left(\dfrac{f_r}{k_r}\right) \exp\left(-j\pi \dfrac{f_r^2}{k_r}\right) \cdot$$

$$\exp\left(-j2\pi r_0 \sqrt{\left(\dfrac{f_r + f_0}{\dfrac{c}{2}}\right)^2 - \left(\dfrac{f_a}{v}\right)^2} - j2\pi \dfrac{x_0}{v} f_a\right) \qquad (2-28)$$

式(2-28)的第一相位项在 SAR 处理中是最重要的，它决定了聚焦处理的匹配滤波器，对其关于 $f_r$ 作泰勒展开，即

$$\Phi_3(f_a,f_r;r_0) = -2\pi r_0 \sqrt{\left(\dfrac{f_r + f_0}{\dfrac{c}{2}}\right)^2 - \left(\dfrac{f_a}{v}\right)^2} - 2\pi \dfrac{x_0}{v} f_a$$

$$= \phi_0(f_a;r_0) + \phi_1(f_a;r_0)f_r + \phi_2(f_a;r_0)f_r^2 + \phi_3(f_a;r_0)f_r^3 + \cdots \qquad (2-29)$$

式(2-29)右边第一项对应方位聚焦，第二项对应距离徙动，第三项对应二次距离调频信号，第四项以后为 $f_r$ 的高次项。

对式(2-29)取至 $f_r$ 二次项，再对 $S(f_a,f_r;r_0)$ 做距离逆傅里叶变换，可得点目标响应距离－多普勒域表达式为

$$S(f_a,\hat{t};r_0) = H_a(f_a;r_0) m\left(\dfrac{k_s}{k_r}(\hat{t} - \hat{t}_d)\right) \exp\left(j\pi k_s(\hat{t} - \hat{t}_d)^2\right) \qquad (2-30)$$

式中：$H_a(f_a;r_0)$ 为方位向调频信号，对应式(2-29)中的 $\phi_0(f_a;r_0)$。在距

离 – 多普勒域中,距离延时 $\hat{t}_d(f_a;r_0)$ 随方位频率变化,造成距离徙动,在处理时通过距离单元徙动校正(RCMC)消除。由式(2 – 26)可知,距离徙动和方位频率的关系为

$$\hat{t}_d(f_a;r_0) = \frac{2R(f_a;r_0)}{c} = \frac{2r_0}{c\beta(f_a;r_0)} \qquad (2-31)$$

式中:$\beta(f_a;r_0)$ 为

$$\beta(f_a;r_0) = \sqrt{1 - \left(\frac{\lambda f_a}{2v}\right)^2} \qquad (2-32)$$

$k_s(f_a;r_0)$ 为发射的线性调频信号和二次线性调频信号组合,即

$$\frac{\pi}{k_s(f_a;r_0)} = \frac{\pi}{k_r} + \phi_2(f_a;r_0) \qquad (2-33)$$

$k_s(f_a;r_0)$ 的不同近似影响 SAR 处理算法的性能。经典距离 – 多普勒算法不考虑二次线性调频信号,即 $\phi_2(f_a;r_0) = 0$,当存在斜视角时,性能迅速退化。斜视距离 – 多普勒算法,$k_s(f_a;r_0)$ 被固定在参考距离处,但考虑二次距离压缩(SRC)与方位频率的关系,即 $k_s(f_a;r_0) = k_s(f_a;r_{ref})$,性能有所改善,但随斜视角进一步增大,在图像边沿性能恶化;Chirp Scaling 算法,$k_s(f_a;r_0)$ 的处理同斜视距离 – 多普勒算法,对大斜视角,在图像边沿性能恶化;非线性 Chirp Scaling 算法,同时考虑 SRC 与方位频率和距离的相关性,即 $k_s(f_a;r_0) = k_s(f_a;r_{ref}) + k_s'(f_a)\Delta\hat{t}(f_a,r_0)$,因而在大斜视角仍保持较好的性能。

**2. 点目标回波信号距离 – 多普勒域表达式**

下面将详细推导点目标回波信号距离 – 多普勒域表达式。该推导方法不是直接对式(2 – 17)做方位傅里叶变换,而是按图 2 – 4 所示的流程进行。

令 $P(f_a, f_r) = \sqrt{\left(\dfrac{f_r + f_0}{\dfrac{c}{2}}\right)^2 - \left(\dfrac{f_a}{v}\right)^2}$,对 $P(f_a, f_r)$ 在 $f_r = 0$ 附近进行泰勒展开,

可得

$$P(f_a,0) = \frac{2}{\lambda}\sqrt{1 - \left(\frac{\lambda f_a}{2v}\right)^2} \qquad (2-34)$$

$$P'(f_a,0) = \frac{4(f_r + f_0)}{c^2\sqrt{\left(\dfrac{f_r + f_0}{\dfrac{c}{2}}\right)^2 - \left(\dfrac{f_a}{v}\right)^2}} \qquad (2-35)$$

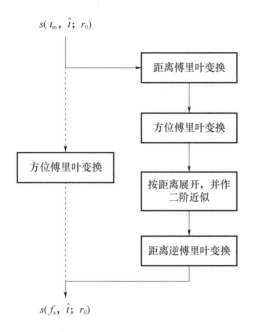

图 2 - 4　点目标回波信号距离 - 多普勒域表达式推导流程

$$P''(f_a,0) = -\frac{2\lambda}{c^2}\frac{\left(\dfrac{\lambda f_a}{2v}\right)^2}{\left(\left(\dfrac{f_r+f_0}{\dfrac{c}{2}}\right)^2 - \left(\dfrac{f_a}{v}\right)^2\right)^{3/2}} \qquad (2-36)$$

$$P^{(3)}(f_a,0) = -\frac{6\lambda}{c^3}\frac{\left(\dfrac{\lambda f_a}{2v}\right)^2}{\left(\left(\dfrac{f_r+f_0}{\dfrac{c}{2}}\right)^2 - \left(\dfrac{f_a}{v}\right)^2\right)^{5/2}} \qquad (2-37)$$

把式(2 - 34)至式(2 - 37)代入式(2 - 27),有

$$\Phi(f_a,f_r;r_0) = -\pi\frac{f_r^2}{k_r} - 2\pi r_0\sqrt{\left(\frac{f_r+f_0}{\dfrac{c}{2}}\right)^2 - \left(\frac{\lambda f_a}{2v}\right)^2} - 2\pi\frac{x_0}{v}f_a$$

$$= -\pi\frac{f_r^2}{k_r} - \frac{4\pi}{\lambda}r_0\sqrt{1 - \left(\frac{\lambda f_a}{2v}\right)^2} - \frac{4\pi}{c}r_0\frac{f_r}{\sqrt{1 - \left(\dfrac{\lambda f_a}{2v}\right)^2}} +$$

$$\frac{4\pi r_0\lambda}{c^2}\frac{\left(\frac{\lambda f_a}{2v}\right)^2}{\left(1-\left(\frac{\lambda f_a}{2v}\right)^2\right)^{3/2}}f_r^2-\frac{2\pi r_0\lambda^2}{c^3}\frac{\left(\frac{\lambda f_a}{2v}\right)^2}{\left(1-\left(\frac{\lambda f_a}{2v}\right)^2\right)^{5/2}}f_r^3-$$

$$2\pi\frac{x_0}{v}f_a+o\left(\left(\frac{f_r}{c}\right)^3\right) \tag{2-38}$$

式(2-38)略去$f_r^2$以上项,并令

$$\beta(f_a)=\sqrt{1-\left(\frac{\lambda f_a}{2v}\right)^2} \tag{2-39}$$

$$\alpha(f_a)=\frac{2\lambda}{c^2}\frac{1-\beta^2(f_a)}{\beta^3(f_a)} \tag{2-40}$$

$$\frac{1}{k_s(f_a,r_0)}=\frac{1}{k_r}+r_0\alpha(f_a) \tag{2-41}$$

$$c_s(f_a)=\frac{1}{\beta(f_a)}-1 \tag{2-42}$$

$$R(f_a,r_0)=r_0(1+c_s(f_a)) \tag{2-43}$$

把式(2-39)~式(2-43)代入式(2-38)和式(2-28),可得

$$S(f_a,f_r;r_0)=w\left(\frac{\lambda r_0 f_a}{2v^2\beta(f_a)}\right)m\left(\frac{f_r}{k_r}\right)\exp\left(-j\pi\frac{f_r^2}{k_s(f_a;r_0)}\right)\exp\left(-j\frac{4\pi f_r}{c}R(f_a,r_0)\right)$$

$$\cdot\exp\left(-j\frac{4\pi}{\lambda}r_0\beta(f_a)\right)\exp\left(-j2\pi\frac{x_0}{v}f_a\right) \tag{2-44}$$

式(2-44)为点目标回波二维频域表达式。每一指数项都有明确的物理意义,第一项对应距离聚焦,包括SRC,SRC是由于斜视使得距离和方位不正交造成;第二项对应目标的真实距离$r_0$和距离徙动$r_0c_s(f_a)$;第三项对应方位聚焦;第四项对应斜视造成方位移动。

对式(2-44)作距离逆傅里叶变换,便得到点目标回波信号距离-多普勒域表达式,即

$$S(f_a,\hat{t};r_0)=w\left(\frac{\lambda r_0 f_a}{2v^2\beta(f_a)}\right)m\left(\hat{t}-\frac{2}{c}R(f_a;r_0)\right)\exp\left(j\pi k_s(f_a;r_0)\left(\hat{t}-\frac{2}{c}R(f_a;r_0)\right)^2\right)\cdot$$

$$\exp\left(-j\frac{4\pi}{\lambda}r_0\beta(f_a)\right)\exp\left(-j2\pi\frac{x_0}{v}f_a\right) \tag{2-45}$$

## ▶▶▶ 2.2 合成孔径雷达主要成像模式

SAR作为重要的军事侦察和遥感设备,要求具有较高的空间分辨率和大的

测绘带宽度,但这两者是相互制约的,不同的应用需求有不同的工作模式,主要工作模式有条带成像模式、聚束成像模式、滑动聚束成像模式、扫描成像模式、TOPS 成像模式、InSAR 高程测量等[24-27]。

### 2.2.1　条带成像

条带成像模式是 SAR 最基本的成像模式,按照雷达波束指向与平台飞行方向之间的角度关系,可分为正侧视条带成像和斜视条带成像。以正侧视条带成像为例,在成像过程中,雷达天线方位波束中心线与平台运动轨迹相互垂直,可以随飞行平台的运动连续地进行左侧视或右侧视条带成像,其成像区域在方位向几乎不受限制,成像区域中的散射点被照射时间为雷达移动天线方位 3dB 波束宽度对应的时间,因此方位向分辨率受限于天线方位 3dB 波束宽度。方位分辨率与目标距离无关,理论上为 $D/2$,$D$ 为天线方位向尺寸。条带成像模式如图 2-5 所示。

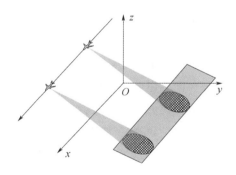

图 2-5　条带成像模式

### 2.2.2　聚束成像

聚束成像模式是通过控制天线的扫描速度使天线始终照射同一区域来提高 SAR 的方位向分辨率。聚束 SAR 在成像过程中,控制波束始终跟踪成像区域的中心,成像区域中的散射点突破雷达波束宽度限制,可以照射较长时间,因此可以实现比条带成像模式更高的方位向分辨率。聚束 SAR 的示意图如图 2-6 所示。

聚束成像模式的方位分辨率为

$$\rho_a = \frac{\lambda}{2\Delta\theta} \tag{2-46}$$

式中:$\lambda$ 为雷达工作波长;$\Delta\theta$ 为雷达天线波束实际转过的角度,一般远大于天线方位波束宽度。但长时间的照射对平台运动状态的测量精度提出了更高的要求,同时距离分辨率的提高要求发射信号的带宽更宽,雷达的射频部分也更为复杂。

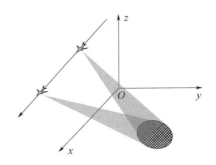

图 2-6　聚束成像模式

### 2.2.3　滑动聚束成像

滑动聚束成像模式是根据方位向高分辨率大观测带宽的需求提出来的,在成像过程中,雷达波束始终照射远离成像区域的地下某个虚拟焦点,因而雷达波束在地面成像区域的方位向上以低于平台方位向移动的速度移动,其虚拟焦点距离成像区域的远近对方位向分辨率和成像区域的大小有很大关系,是介于条带成像模式与聚束成像模式之间的一种成像模式。当虚拟焦点处于场景中心时,退化为聚束成像模式;当虚拟焦点处于无穷远时,退化为条带成像模式,如图 2-7 所示。

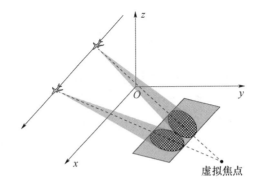

图 2-7　滑动聚束成像模式

如图 2-8 所示,由于滑动聚束成像实际上是对一虚拟焦点进行聚束,滑动聚束模式的波束控制实际上等同于聚束模式的波束控制,关键是确定其虚拟焦点到场景中心线的最短距离 $R_1 = R_{rot} - R_{ref}$,即确定几何关系系数 $\delta_0 = R_1/R_{rot}$,它是决定滑动聚束成像模式成像几何的一个重要常数。设方位向观测带中任意点目标 $P$,当平台在 $A$ 点时,波束前沿照到 $P$ 点,当平台运动到 $B$ 点时,波束后沿刚离开 $P$ 点,平台从 $A$ 点运动到 $B$ 点经过的时间称为点目标 $P$ 的成像相干驻留时间。在此过程中,雷达波束轴线始终指向地下的转动中心 $O$。

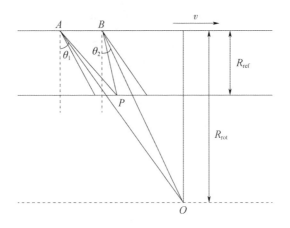

图 2 - 8　滑动聚束成像模式成像几何关系

要实现相同的方位分辨率,方位观测带中点目标 $P$ 位置不同,所要求的相干驻留时间也不同。点目标 $P$ 的波束照射驻留时间为

$$T_P = \frac{R_{rot}}{v}(\tan\theta_1 - \tan\theta_2) \qquad (2-47)$$

通常情况下滑动聚束模式选用合适的 $\delta_0$ 值,方位向分辨率介于条带和聚束之间,即

$$\rho_a = \delta_0 \frac{D}{2} \qquad (2-48)$$

## 2.2.4　扫描成像

扫描成像模式是在成像过程中,雷达波束在距离向依次扫过不同的子条带,可以获得宽的测绘带,但相比条带成像由于每个子带的照射时间变短,方位分辨率下降;同时由于不同方位位置处的天线增益历程不再相同,扫描 SAR 图像中会出现方位向非均匀现象,即通常所称的"扇贝"现象,如图 2 - 9 所示。

扫描成像模式中,天线波束指向需在距离向的几个子观测带方向上周期性快速切换,方位向指向相对于天线阵面固定,即扫描成像需要距离向的一维扫描。

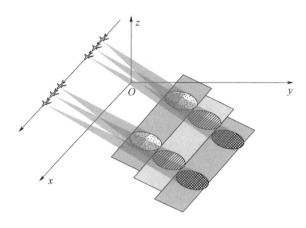

图 2 - 9　扫描成像模式

## 2.2.5　TOPS 成像

TOPS 成像模式也是为了像扫描成像模式那样得到更大的距离成像幅宽,同样也以牺牲方位向分辨率为代价。与扫描成像模式不同的是,TOPS 成像模式通过波束在方位向上的连续渐进扫描,使得 TOPS 模式得到的 SAR 图像中不会明显出现"扇贝"现象,如图 2 - 10 所示。

TOPS 成像模式中,天线波束既有与扫描模式中相同的距离向的扫描,又有与滑动聚束模式中类似但不同的方位向的扫描,即 TOPS 成像模式需要距离向和方位向的二维扫描。距离向扫描是天线波束在距离向子观测带间切换,方位向扫描则是对每个距离向子观测带使波束脚印滑过其方位向上的一段,滑动过程中一般保持方位波束中心指向线的反向延长线相交于雷达斜上方空间中的一点,方位扫描角从后斜视一定角度连续渐进成前斜视一定角度;如果方位扫描角是从前斜视渐变成后斜视,则称为逆 TOPS 成像,逆 TOPS 成像中各方位扫描中心线通常相交于雷达斜下方空间中的一点。

## 2.2.6　InSAR 高程测量

SAR 成像时,地面目标是按照其到雷达的斜距和目标的航迹向位置映射到二维成像平面上的,丢失了目标的高度信息,采用干涉合成孔径雷达( InSAR )技术,则可以在 SAR 成像的基础上,通过干涉处理获取目标场景的高程信息。

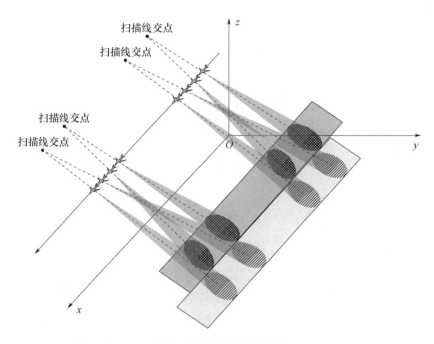

图 2 - 10 TOPS 成像模式

InSAR 高程测量对飞行观测几何提出了要求,即需要在获取目标场景的两幅 SAR 图像对的观测数据时,在垂直航向的方向上要有较小的视角差。为此,可以有单航过方式和重复航过方式。单航过方式下,沿垂直航向的方向放置两副天线,一副天线发射,两副天线同时接收,单次航过获取两幅 SAR 图像;重复航过方式下,同一个 SAR 平台进行两次飞行,形成有一定偏离距离的两条平行航过,两次航过都对同一目标场景获取各自的一幅 SAR 图像。

为保证 SAR 图像对具有较高的相干性,机载 InSAR 通常都采用单航过方式。下面以单航过 InSAR 为例,简要说明 InSAR 高程测量的基本原理,其测高几何关系见图 2 - 11。

如图 2 - 11 所示,单航过双天线的相位中心分别为 $A_1$、$A_2$,形成垂直于航向的基线,垂直基线长度为 $B$,基线倾角为 $\beta$;天线 1 离地面的高度为 $H$,下视角为 $\alpha$;目标 $P$ 处的高程为 $h$,$P$ 到天线 1、天线 2 的斜距分别为 $r_1$、$r_2$。记 $\delta = r_2 - r_1$,单航过双天线的观测图对的干涉相位记为 $\phi$,则有

$$\phi = \phi_2 - \phi_1 = \frac{2\pi(r_2 - r_1)}{\lambda} = \frac{2\pi\delta}{\lambda} \tag{2-49}$$

$$r_2^2 = r_1^2 + B^2 - 2Br_1\cos\left(\frac{\pi}{2} - \alpha + \beta\right) \tag{2-50}$$

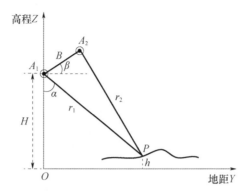

图 2 – 11　InSAR 测高几何图

$$h = H - r_1 \cos\alpha \qquad (2-51)$$

在 InSAR 高程测量中,高度 $H$、斜距 $r_1$、垂直基线长度 $B$、基线倾角 $\beta$ 都精确已知,因此,利用干涉相位 $\phi$(经过解缠绕处理)可以得到很高精度的斜距差 $\delta$,进而得到斜距 $r_2$,再由式(2-50)得到下视角 $\alpha$,最后由式(2-51)得到高程 $h$。斜距差 $\delta$ 对高程误差的影响至关重要,故 InSAR 高程测量过程中并不直接测量斜距 $r_2$,而是由干涉相位得到高精度的斜距差 $\delta$,这是 InSAR 原理的核心所在。

# 2.3　地面动目标检测

机载雷达对地面动目标检测,受地面物体反射的影响,雷达接收机除了接收来自目标回波的信号外,还会接收到地杂波信号,产生地杂波干扰。一般情况下,杂波强度远大于目标回波强度,对目标检测产生较大影响。地面动目标检测常用的方法有基于脉冲多普勒原理的扫描模式地面动目标检测和在 SAR 成像基础上进行的地面动目标检测,不论是哪种检测方式,要得到好的检测性能就必须对地杂波进行有效抑制,因此,在介绍地面目标检测原理之前,先对机载雷达地杂波进行分析。

## 2.3.1　机载雷达杂波[28-30]

### 1. 地杂波统计分布

杂波分布服从随机分布。在不同分辨率或不同工作模式下,其幅度具有不同的统计特性,常用的分布模型有瑞利分布、对数正态分布、韦布尔分布等。

大量的实测数据分析表明,杂波除了具有随机性外,还具有一定的确定性,在时间上表现了一定的相关性,可以用功率谱来进行描述。

1)瑞利分布

瑞利分布是比较常用的一种分布模型,也是最早应用的一种统计模型。研究表明,在距离分辨率不高以及波束入射角较大的情况下,当散射体较多时,雷达所接收到的各类杂波的幅度近似服从瑞利分布。因此,由分布式散射体产生的杂波信号,主要采用瑞利分布模型进行模拟。

对于瑞利分布,杂波概率密度函数为

$$f(u) = \frac{u}{\sigma^2} \exp\left(-\frac{u^2}{2\sigma^2}\right) \quad u \geqslant 0 \qquad (2-52)$$

式中:$\sigma$ 为杂波的均方根。$\sigma$ 的变化会影响瑞利分布的概率密度函数的形状。图 2-12 所示为瑞利分布的概率密度函数曲线。

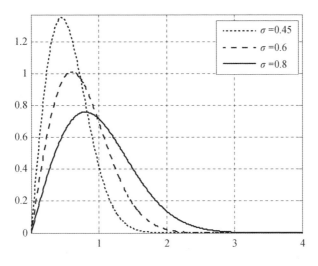

图 2-12　瑞利分布概率密度函数曲线

2)对数正态分布

1968 年,S. F. George 提出了对数正态(Log - Normal)分布模型,用于描述非瑞利分布杂波的一种统计模型。该模型适用于描述高分辨率或低入射角下的非均匀地杂波幅度分布,其概率密度函数为

$$f(u) = \frac{1}{\sqrt{2\pi}\sigma u} \exp\left(-\frac{(\ln u - u_{\mathrm{m}})^2}{2\sigma^2}\right) \qquad (2-53)$$

式中:$\sigma$ 为标准正态分布的标准差;$u_{\mathrm{m}}$ 为 $\ln u$ 的平均值。对数正态分布模型的均值和方差分别为

$$E(u) = \exp\left(u_m + \frac{\sigma^2}{2}\right) \qquad (2-54)$$

$$\mathrm{var}(u) = \exp(2u_m + 2\sigma^2) - \exp(2u_m + \sigma^2) \qquad (2-55)$$

图 2-13 给出了不同 $\sigma$ 的对数正态分布概率密度曲线,由图中可以看出,$\sigma$ 越大,概率密度函数拖尾越长。

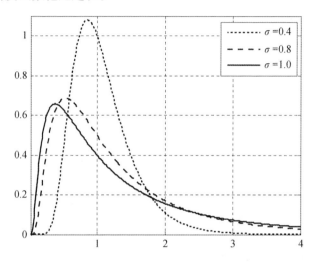

图 2-13　对数正态分布概率密度曲线

3)韦布尔分布

韦布尔分布介于瑞利分布和对数正态分布之间,能在更大范围内表示实际的杂波分布。该模型可用于描述高分辨率雷达接收到的杂波,其概率密度函数为

$$f(|u|) = \frac{a}{2\sigma^2}|u|^{a-1}\exp\left(-\frac{|u|^a}{2\sigma^2}\right) \qquad (2-56)$$

式中:$a$ 为形状参数;$\sigma^2$ 为尺度参数。

韦布尔分布的均值和方差分别为

$$E(u) = \left(\frac{1}{2\sigma^2}\right)^{-\frac{1}{a}}\Gamma(1+a^{-1}) \qquad (2-57)$$

$$\mathrm{var}(u) = \left(\frac{1}{2\sigma^2}\right)^{-\frac{2}{a}}(\Gamma(1+2a^{-1}) - \Gamma^2(1+a^{-1})) \qquad (2-58)$$

式中:$\Gamma(\cdot)$ 为伽马函数。

图 2-14 给出了不同 $\sigma$ 的韦布尔分布概率密度曲线。由图中可以看出,$\sigma$ 越大,概率密度函数的拖尾越长。

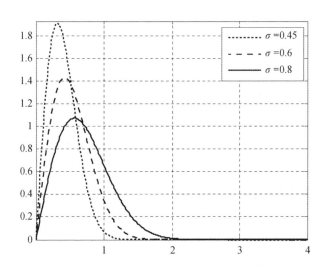

图 2 − 14 韦布尔分布概率密度曲线

### 2. 地杂波相关特性

杂波不同于噪声的一个主要特点是相邻脉冲间的杂波高度相关,而噪声是统计独立的,这一性质可用杂波的功率谱模型来描述。常用的杂波功率谱模型有高斯谱模型和比林斯利谱模型。

1)高斯谱模型

高斯谱模型是最早提出的模型,也是文献中应用最多的杂波功率谱模型,即

$$S(f) = \exp\left(-\frac{(f-f_{\mathrm{d}})^2}{2\sigma_{\mathrm{f}}^2}\right) \qquad (2-59)$$

式中:$f_{\mathrm{d}}$ 为杂波多普勒频率;$\sigma_{\mathrm{f}}$ 为杂波谱的标准差。

2)Billingsley 谱模型

美国林肯实验室开展了大量的杂波测量试验,实测数据分析表明,在某些应用场合下,需要对高斯杂波谱模型进行修正处理,采用以下的双边指数谱模型更为合适,即

$$S(f) = \frac{r}{r+1}\delta(f) + \frac{1}{r+1}\frac{\beta f}{4}\mathrm{e}^{-\frac{\beta\lambda}{2}|f|} \qquad (2-60)$$

式中:$f$ 为风吹动引起的频率,$\delta(\cdot)$ 为 Dirac 函数;$\beta$ 为形状参量;$r$ 为静态分量与起伏分量之比,其中静态分量来自于固定不动的地物散射,起伏分量主要是由风吹动引起的。不同风速条件下的形状参数如表 2 − 1 所列。

表 2 – 1　不同风速条件下的形状参数

| 风级 | 风速/节 | $\beta/(\mathrm{m/s})$ | |
|---|---|---|---|
| | | 典型取值 | 最差情况 |
| 轻风 | 1 ~ 7 | 12 | — |
| 微风 | 7 ~ 15 | 8 | — |
| 大风 | 15 ~ 30 | 5.7 | 5.2 |
| 狂风 | 30 ~ 50 | 4.3 | 3.8 |

系数 $r$ 是载频和风速的函数,即

$$10\lg r = -15.5\lg w - 12.1\lg f_c + 63.2 \qquad (2-61)$$

式中:$w$ 为风速(mile/h,1mile/h≈1.6km/h);$f_c$ 为雷达工作频率(MHz)。

**3. 地杂波频域分布**

机载雷达装于运动平台上,地面静止不动的物体相对于雷达有径向运动速度,再加上相控阵天线的波束形状随波束指向变化而变化,地面杂波的频谱被展宽。通常根据这些情况将地面杂波分为主瓣杂波、副瓣杂波和高度线杂波 3 个部分[32]。

下面以图 2 – 15 所示的机载雷达情况为例来分析地面杂波。假设雷达载机飞行速度为 $v$、雷达主波束宽度为 $\theta_0$、波束方向与飞行方向夹角为 $\phi$。

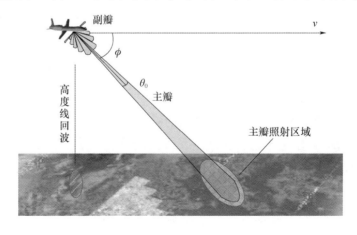

图 2 – 15　机载雷达地物回波

1)主瓣杂波

机载脉冲多普勒雷达的主波束在某一时刻照射地面时,由于受到主瓣波束宽度的限制,只能照射到部分地面区域。在此区域内的不同地块与雷达具有不同的夹角,因此对应不同的径向速度,回波分别产生不同的多普勒频移,这些杂波的总和构成了主瓣杂波。主瓣中心位置的杂波多普勒频率为

$$f_{M,c} = \frac{2v}{\lambda}\cos\phi \qquad (2-62)$$

式中:$\lambda$ 为雷达工作波长。

在机载雷达中,主瓣波束宽度通常较小,故主瓣杂波的频谱宽度可以表示成

$$f_{M,c} \approx \frac{2v}{\lambda}\theta_0\sin\phi \qquad (2-63)$$

机载脉冲多普勒雷达的主瓣杂波与波束形状、天线增益、扫描角度、平台运动速度、雷达工作波长等有关。

2)副瓣杂波

机载脉冲多普勒雷达天线的若干副瓣照射到地面时所产生的回波构成副瓣杂波。副瓣增益比主波束增益低很多,但指向不同方向。副瓣杂波的多普勒频率为

$$f_{s,c} = \frac{2v}{\lambda}\cos\theta \qquad (2-64)$$

式中:$\theta$ 为副瓣指向与载机飞行方向的夹角。

由式(2-64)可知,受天线副瓣影响,副瓣杂波的多普勒频率范围为 $-2v/\lambda \sim +2v/\lambda$。副瓣杂波的形状与雷达天线副瓣形状等因素有关。

3)高度线杂波

载机平飞时,雷达通过副瓣以垂直或近乎垂直角度向下的辐射会引起较强的杂波,这是因为垂直入射地面时,地面反射最强,而且沿飞机高度线的地面距离雷达最近。由于载机平飞时垂直向下的方向相对于地面没有相对径向速度,因此高度线杂波在零多普勒频率附近。一般情况下,高度线杂波频谱宽度相对较窄,但其强度远大于副瓣杂波,如图 2-16 所示。

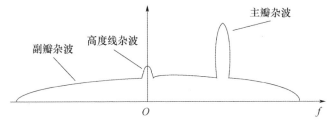

图 2-16 机载雷达杂波频谱

### 4. 杂波空时二维平面分布

对于机载雷达来说,地物杂波存在空时耦合特性,即杂波的空间频率和时间频率存在对应关系。

考虑图 2 – 17 所示矩形均匀相控阵天线,俯仰阵元间距为 $d_e$,方位向阵元间距为 $d_a$。假设雷达载机平台以速度 $v$ 平行于地面匀速飞行,飞行高度为 $H$。

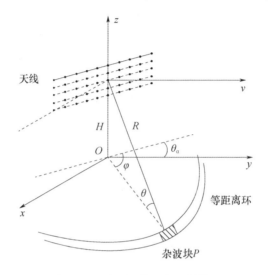

图 2 – 17　阵列天线几何观测模型

假设雷达到地面杂波块 $P$ 的距离为 $R$,其对应的俯仰角为 $\theta$,方位角为 $\varphi$,则该杂波块对应的归一化多普勒频率 $f_d$、方位空间频率 $f_{s,a}$ 及俯仰空间频率 $f_{s,e}$ 分别为

$$f_d = \frac{2v}{\lambda f_r}\cos\theta\cos(\varphi - \theta_\alpha) \tag{2 – 65}$$

$$f_{s,a} = \frac{d_a}{\lambda}\cos\varphi\cos\theta \tag{2 – 66}$$

$$f_{s,e} = \frac{d_e}{\lambda}\sin\theta \tag{2 – 67}$$

式中:$\theta_\alpha$ 为载机飞行方向与阵列天线轴向之间的夹角;$f_r$ 为雷达脉冲重复频率。

将地球等效成一个球体,则俯仰角 $\theta$ 可以表示成关于斜距 $R$ 的函数,即

$$\theta = -\arcsin\left[\frac{H^2 + 2HR_e + R^2}{2(H + R_e)R}\right] \tag{2 – 68}$$

式中：$R_e$ 为地球等效半径，通常等于地球半径的 4/3，即 8493km；在图 2 - 17 所示的几何模型中，俯仰角以载机平台所在的水平面为参考平面，向下为负，向上为正。

将式（2 - 66）和式（2 - 67）代入式（2 - 65）并整理，有

$$\frac{\lambda f_d f_r}{2v} = \frac{\lambda f_{s,a}}{d_a}\cos\theta_\alpha + \sin\theta_\alpha \sqrt{1 - \left(\frac{\lambda f_{s,e}}{d_e}\right)^2 - \left(\frac{\lambda f_{s,a}}{d_a}\right)^2} \qquad (2 - 69)$$

从式（2 - 69）可以看出，当载机平台的飞行方向与雷达天线轴向之间的夹角 $\theta_\alpha$ 不等于零时，杂波的多普勒频率 $f_d$ 是关于杂波方位空间频率 $f_{s,a}$ 以及俯仰空间频率 $f_{s,e}$ 的函数。杂波的多普勒频率 $f_d$ 随着杂波距离的变化而变化。为了更清晰地说明这一点，将式（2 - 69）写为

$$\frac{\lambda f_d f_r}{2v} = \cos\psi\cos\theta_\alpha + \sin\theta_\alpha \sqrt{\cos^2\theta - \cos^2\psi} \qquad (2 - 70)$$

式中：$\psi$ 为雷达天线轴向与当前杂波方向之间的夹角（通常称为锥角），有

$$\cos\psi = \cos\varphi\cos\theta \qquad (2 - 71)$$

将式（2 - 68）代入式（2 - 70）有

$$\frac{\lambda f_d f_r}{2v} = \cos\psi\cos\theta_\alpha + \sin\theta_\alpha \sqrt{1 - \left[\frac{H}{R} + \frac{R^2 - H^2}{2(H + R_e)R}\right]^2 - \cos^2\psi} \qquad (2 - 72)$$

对于机载雷达来说，一般载机平台的飞行高度不超过 10km，雷达可观测到的杂波最远距离不超过 412km，这意味着 $R \ll R_e$，因此有

$$\frac{\lambda f_d f_r}{2v} \approx \cos\psi\cos\theta_\alpha + \sin\theta_\alpha \sqrt{1 - (H/R)^2 - \cos^2\psi} \qquad (2 - 73)$$

当雷达天线正侧视安装（即 $\theta_\alpha = 0°$）时，有

$$f_d = \beta f_{s,a} \qquad (2 - 74)$$

式中：$\beta = 2v/d_a f_r$ 为雷达在一个脉冲重复间隔（PRI）内走过的半阵元间距个数。这说明 $f_d$ 不随距离的变化而变化，杂波是距离平稳的。而当天线非正侧阵安放（即 $\theta_\alpha \neq 0°$）时，$f_d$ 随距离的变化而变化，这时称杂波具有距离依赖性。图 2 - 18 ~ 图 2 - 20 分别给出正侧阵、斜侧阵以及前侧阵雷达杂波在空时平面内的分布情况。

从图 2 - 18(a) 中可以看出，正侧阵雷达的不同距离处杂波在三维空间中位于同一平面中，它们唯一不同之处在于杂波脊的长短，近距离杂波对应的杂波脊长度较短，远距离杂波对应的杂波脊长度较长，这是因为受俯仰角的影响，近距离杂波与天线轴向夹角范围较小，而远距离杂波与天线轴向夹角范围较

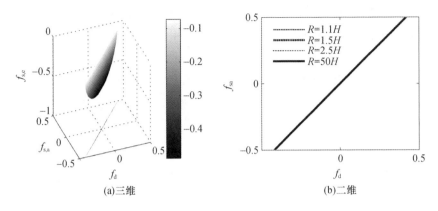

图 2 – 18　正侧阵雷达杂波脊

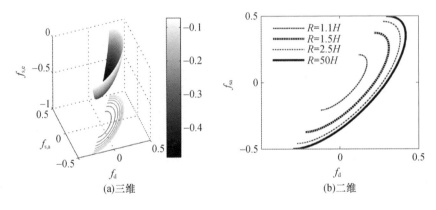

图 2 – 19　斜侧阵雷达杂波脊

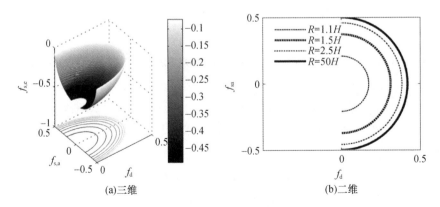

图 2 – 20　前侧阵雷达杂波脊

大。图 2 - 18(b)示出了正侧阵雷达杂波在多普勒 - 方位平面的分布,从图上可以看出杂波的多普勒频率随方位空间频率成线性变化。图 2 - 19 给出了斜侧阵配置( $\theta_\alpha = -45^\circ$ )的杂波脊。从图 2 - 19(a)中可以看出,当 $0° < \theta_\alpha < 90°$ 时,不同距离处杂波的脊在三维空间中形成一曲面,不再是平面,这说明杂波的多普勒频率不仅与方位空间频率 $f_{s,a}$ 有关,而且还与俯仰空间频率 $f_{s,e}$ 有关,即杂波是距离依赖的。图 2 - 19(b)示出了斜侧阵杂波在多普勒 - 方位平面内二维分布。可以看出与正侧阵雷达不同,斜侧阵杂波的多普勒频率与方位空间频率不再是线性分布,而是呈一斜椭圆形状。图 2 - 20 给出了前视阵雷达的杂波脊。从图 2 - 20(a)中可看出杂波在多普勒 - 角度三维空间内呈碗状分布。同斜侧阵情况类似,这时杂波的多普勒频率 $f_d$ 是关于方位空间频率 $f_{s,a}$ 以及俯仰空间频率 $f_{s,e}$ 的函数,将 $\theta_\alpha = 90°$ 代入式(2 - 69),有

$$\left(\frac{\lambda f_{s,e}}{d_e}\right)^2 + \left(\frac{\lambda f_{s,a}}{d_a}\right)^2 + \left(\frac{\lambda f_r f_d}{2v}\right)^2 = 1 \qquad (2 - 75)$$

式(2 - 75)表明,当 $\theta_\alpha = 90°$ 时,杂波在多普勒 - 角度空间内呈正椭圆分布。特别是若阵元间距 $d_a$ 、载机速度 $v$ 以及雷达脉冲重复间隔 $T_r$ ( $T_r = 1/f_r$ )三者之间满足式(2 - 76)时,杂波脊在多普勒 - 方位空间内退化成圆,即

$$d_a = 2vT_r \qquad (2 - 76)$$

图 2 - 20(b)示出了前侧阵杂波在多普勒 - 方位平面内的二维分布。与图 2 - 18(b)及图 2 - 19(b)相比较可以知,随着载机飞行方向与阵列天线轴向之间夹角 $\theta_\alpha$ 的增大,相同距离处杂波的多普勒频率范围逐渐减小,其在多普勒 - 方位平面内的分布由斜线变成斜椭圆再变成正椭圆。

## 2.3.2　广域监视地面动目标检测

广域监视地面动目标检测(WAS - GMTI),又称为广域监视。在该模式下雷达天线扫描方式和对空或对海探测类似,在平台飞行过程中,雷达天线以一定的角速度进行方位扫描或方位 - 俯仰二维扫描,实现对远距离、大范围内的地面动目标探测和跟踪。WAS - GMTI 具有以下特点:一是覆盖范围广,雷达方位 - 俯仰二维大角度扫描,能覆盖大面积的扇形区域;二是分辨率高,由于地面动目标尺寸小,且运动速度慢,与对空探测相比,WAS - GMTI 一般选用相对宽的信号带宽,以减小杂波单元面积,同时也提高了目标距离分辨率。大型 GMTI 雷达大部分选用 X 及以上波段,雷达波束较窄,这使得它能获得较高的测角精度;三是重访率高,雷达系统对感兴趣区域进行高频次重访,可对目标进行跟

踪,形成航迹。

地面动目标速度慢,其回波多普勒频率在地杂波谱主瓣附近,甚至淹没在主瓣杂波里,因此杂波抑制是关键。传统的单通道、单相位中心雷达,杂波抑制能力有限,动目标最小检测速度大,地面动目标探测性能不理想[33]。多孔径系统能够提供比单孔径系统更多的空间自由度,可以实现较好的杂波抑制能力,实际的 GMTI 雷达大都是多孔径系统。对地监视 SAR 天线一般正侧视安装,一方面成像算法简单;另一方面对地面动目标检测时,由上一节地杂波的空时耦合特性可知,杂波与距离是不相依的,杂波抑制也相对容易。

多孔径系统分析中需要用到等效相位中心原理,假设 $A$、$B$ 分别为雷达天线的两个相位中心,$A$ 发射信号,$B$ 接收信号,那么 $A$ 和 $B$ 的连线中点 $C$ 可等效为信号由 $C$ 点发射和接收,$C$ 点为 $A$、$B$ 的等效相位中心,详细推导见参考文献[14]。

多孔径雷达系统 WAS – GMTI 动目标检测早期主要采用偏置相位中心天线(Displaced Phase Center Antenna,DPCA),其运算量小,但 DPCA 条件往往难以满足,且其性能有限。近几年,随着处理算法和数字处理技术的发展,大都采用空时自适应处理(Space Time Adaptive Processing,STAP)等方法。

**1. DPCA 技术**

DPCA 技术要求雷达天线有两个或多个相位中心。设雷达采用全孔径发射,分 3 个子孔径接收,子孔径间距为 $d$,则子孔径间等效相位中心距离为 $d/2$,平台运动速度 $v$,则雷达脉冲重复周期 $T_r$ 须满足以下条件,即

$$vT_r = \frac{md}{2} \qquad (2-77)$$

式中:$m$ 为整数。

如图 2 – 21 所示,天线第一个子孔径接收回波与天线第二个子孔径接收下一个脉冲回波的相位中心在相同的空间位置,两通道相减后,地杂波被对消掉,由于在这段时间内动目标的运动使其两次回波相位发生变化,因而动目标回波保留下来。同样,天线第二个子孔径接收回波与天线第三个子孔径接收下一个脉冲回波的相位中心在相同的空间位置,两通道相减后,地杂波被对消掉,同样动目标回波保留下来。再利用不同通道检测出的目标信号相位进行测速。

DPCA 技术在理想条件下具有较好的地杂波抑制性能,当脉冲重复周期 $T_r$ 不满足上述条件时,DPCA 对消性能变差。对于机载雷达,由于气流的影响,$T_r$ 很难满足上述条件,这就限制了 DPCA 技术的应用。

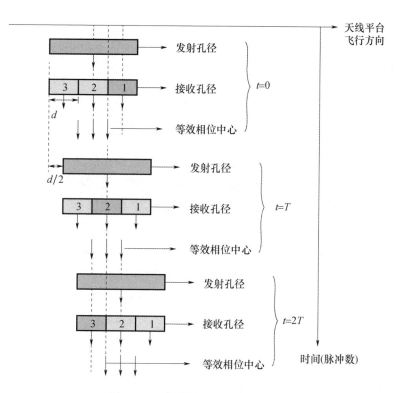

图 2－21　多脉冲相消 DPCA 方法

### 2. STAP 技术

对于机载侧视雷达,固定地物的回波序列在 $f_d - \sin\theta$ 平面内表现为图 2－18所示的斜直线,该直线相当于地杂波的支撑区,即地杂波的二维谱只能落在该斜直线所限定的范围内。假设地面是均匀的,发射天线方向图对斜直线的均匀地杂波强度起调制作用。该二维杂波谱在多普勒维的投影即一般机载雷达回波的多普勒谱。

二维地杂波谱在二维平面里为斜直线,是一种理想的说法。为了滤除地杂波,可以根据二维地杂波谱的特性设计杂波空时二维滤波器,杂波抑制可以通过空时二维权值矢量 $\boldsymbol{w}$ 与雷达空时二维信号矢量 $\boldsymbol{x}$ 的内积来实现,即

$$y = \boldsymbol{w}^{\mathrm{H}} \boldsymbol{x} \tag{2－78}$$

信号的空时二维导向矢量为 $\boldsymbol{s}$ ,因此在均方误差最小条件下的最优权矢量 $\boldsymbol{w}_{\mathrm{opt}}$ 满足下列约束条件,即

$$\begin{cases} \min_{\boldsymbol{w}} \mathrm{E}\left(\left|y\right|^2\right) \\ \mathrm{s.\,t.}\ \ \boldsymbol{w}^{\mathrm{H}} \boldsymbol{s} = 1 \end{cases} \tag{2－79}$$

式中：$(\cdot)^{\mathrm{H}}$ 为共轭转置。

这个约束保证加权使目标的能量不变，而杂波的能量最小。这个约束条件下最优权矢量 $\boldsymbol{w}_{\mathrm{opt}}$ 为

$$\boldsymbol{w}_{\mathrm{opt}} = \frac{\boldsymbol{R}_{\mathrm{c}}^{-1}}{\boldsymbol{s}^{\mathrm{H}} \boldsymbol{R}_{\mathrm{c}} \boldsymbol{s}} \qquad (2-80)$$

式中：$\boldsymbol{R}_{\mathrm{c}} = E(\boldsymbol{X}\boldsymbol{X}^{\mathrm{H}})$ 为杂波相关矩阵。这是全空时处理的基本原理。

全空时自适应处理具有最优的杂波抑制性能，但是在实际应用中，计算量和设备量惊人，难以实现，为了能够实际应用，必须降维。降维可以在空域或其对应的波束域进行，也可以在时域或其对应的多普勒域进行，考虑到目前实际运用中接收通道一般较少，因此一般采用时域或其对应的多普勒域降维，且通常选择在多普勒域降维，其原因在于固定地物回波的多普勒 $f_{\mathrm{d}}$ 与视角有着确定的对应关系，每一个多普勒通道输出的地杂波被限制在一个很小的角域范围里，众多的多普勒输出相当于将主杂波照射范围分割成多个很小的角域，每一路多普勒输出所对应的杂波角域均是不同的。动目标在其相对应的多普勒通道输出，但由于其径向速度的存在，它在该通道里与杂波所对应的角域是不同的。这样做的目的是每路多普勒输出只是整个杂波谱的一部分，从而使输出的信杂比得到很大的提升。将每个接收通道的信号各自作多普勒滤波后，将不同子孔径里同一编号的一组多普勒输出再作空域自适应处理。下面给出在多普勒域降维的 STAP 法。

设雷达天线由沿航向相邻放置的两个子孔径组成，所谓"空域局域化"就是将两个子孔径的时域信号分别作 FFT 处理，得到不同的多普勒输出（图 2－22）。由于固定地物回波多普勒 $f_{\mathrm{d}}$ 与视角 $\theta$ 有对应关系，每个多普勒输出对应地杂波的一个较窄的视角范围，众多的多普勒输出相当于将主杂波照射范围分割成许多很窄的角域，这就是"空域局域化"。为了使空域的分割受其他区域影响小，作 FFT 时应先做较大的幅度锥削加权，以降低多普勒滤波器的副瓣影响。

如果仅仅做多普勒滤波器组处理，其结果是每路多普勒输出只是整个杂波谱的一小部分，从而使输出的杂波降低。用 SAR 的话说，这相当于用减小横向分辨单元长度来减小杂波，通常还是不够的，这也只是做了时域处理。

这里介绍的"空域局域化"方法，是在两个子孔径的信号各自作 FFT 的多普勒滤波后，再将两个子孔径里同一编号的一对多普勒输出再作空域处理。众所周知，同一多普勒输出对应主波束照射固定场景中同一个窄的角域。图 2－22将第 $k$ 个多普勒滤波器的工作状况放大画出，在脉冲数 $K$ 比较大的情况下，每

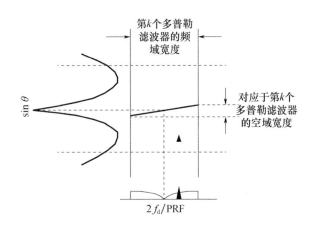

图 2 – 22　第 $k$ 个多普勒通道的杂波抑制示意图

个多普勒滤波器所对应的地杂波谱的宽度是很窄的,图中主波束中的动目标 (▲)与这一滤波器的地杂波并不处于同一窄的角域,而是由于动目标自身的径向速度从其他窄的角域偏移过来的,它和地杂波在角域里是分开的。利用两个子孔径形成的差波束,依靠权向量调整差波束零点的指向,使之与该多普勒所对应的地杂波的指向重合,从而可使地杂波进一步得到较大的抑制。

前面是以第 $k$ 个多普勒滤波器为例说明的,不同的多普勒滤波器,其工作原理相同,只是所对应的地杂波在指向方向上略有差异,在形成两子孔径的差波束时,要用不同零点指向,也就是要用不同的权矢量,将差波束的零点对准所处理多普勒单元相对应的方向。由此可见,即使不考虑系统误差等因素的影响,它也只是对该多普勒单元中心点的杂波能完全相消,而离开中心点越远,相消性能就越差。实际上,上述方法只是用多普勒处理将空间分割后用空域处理(空间差波束)来抑制杂波。由于地杂波有很强的空时耦合性,用空时联合处理可得到更好的效果。考虑到工程实现问题,通常采用 3DT 方法,采用相邻的 3 个多普勒通道作为时域自由度,两通道作为空域自由度,这样共有 5 个自由度来完成相消,以抑制主多普勒通道里的杂波。3DT 空时自适应处理器的结构如图 2 – 23 所示。

### 2.3.3　SAR – GMTI 地面动目标检测

地面动目标检测还有一种模式,就是雷达采用宽带信号,全孔径发射,多子孔径接收,首先对子孔径数据进行成像,在图像基础上进行对消,以抑制地杂波,检测地面运动目标,这种模式即为 SAR – GMTI[34 – 35]。由于图像距离 – 方位二维分

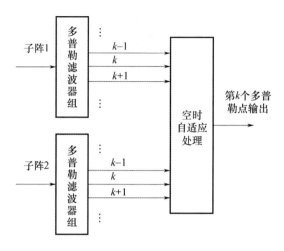

图 2 – 23　3DT 空时自适应处理器结构

辨率较高,因此杂波单元小,对低速目标检测性能好。但是当动目标运动速度快时,在合成孔径时间内目标运动越过图像分辨单元,造成动目标积累损失。

目前,SAR – GMTI 系统主要采用 3 个或 4 个子孔径,两孔径对消是基础,因此下面介绍双通道 SAR – GMTI 的处理原理。假设天线两子孔径相距为 $d$ ,子孔径 2 发射线性调频信号,子孔径 1 和子孔径 2 同时接收回波信号,子孔径 1 的等效相位中心在点 P 处,平台速度为 $v$ ,双通道 SAR – GMTI 的几何示意图如图 2 – 24 所示。

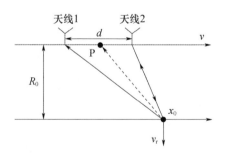

图 2 – 24　双通道 SAR – GMTI 的几何示意图

在 $t_{\mathrm{m}} = 0$ 时刻,动目标真实方位位置为 $x_0$ ,到航迹方向的最近斜距为 $R_0$ ,斜距平面内距离向速度为 $v_r$ 。为简单起见,设方位向速度为零(实际上主要是利用动目标的径向速度检测运动目标的,方位向速度只是引起动目标方位上的散焦),对消主要涉及方位向的处理,因此以下推导过程公式中仅涉及方位向信号形式。则子孔径 1 接收到的信号为

$$S_1(t_m) = \exp\left(-j\frac{4\pi}{\lambda}\left(R_0 + v_r t_m + \frac{v^2 t_m^2}{2R_0}\right)\right) \tag{2-81}$$

子孔径 2 接收到的信号为

$$S_2(t_m) = \exp\left(-j\frac{4\pi}{\lambda}\left(R_0 + v_r t_m + \frac{\left(vt_m - \dfrac{d}{2}\right)^2}{2R_0}\right)\right) \tag{2-82}$$

对于 $S_1(t_m)$、$S_2(t_m)$，用静止目标的参考函数作匹配滤波处理，得到

$$S'_1(t_m) = \exp\left(j\pi\Delta f_d\left(t_m + R_0\frac{v_r}{v^2}\right)\right) \tag{2-83}$$

$$S'_2(t_m) = \exp\left(j\pi\Delta f_d\left(t_m + R_0\frac{v_r}{v^2} - \frac{d}{2v}\right)\right)\exp\left(j2\pi f_{d0}\frac{d}{2v}\right) \tag{2-84}$$

式(2-84)中，$f_{d0} = \dfrac{2v_r}{\lambda}$，将式(2-83)消除第 2 个指数项，变为

$$S''_1(t_m) = \exp\left(j\pi\Delta f_d\left(t_m + R_0\frac{v_r}{v^2} - \frac{d}{2v}\right)\right) \tag{2-85}$$

式(2-84)与式(2-85)相减，可得

$$S_m(t_m) = \exp\left(j\pi\Delta f_d\left(t_m + R_0\frac{v_r}{v^2} - \frac{d}{2v}\right)\right)\left(1 - \exp\left(j2\pi\frac{dv_r}{\lambda v}\right)\right) \tag{2-86}$$

从式(2-86)可以看出，对于静止目标而言，$v_r = 0$，式(2-86)等于零，即地杂波被消除，但是如果目标的径向速度分量满足

$$2\pi\frac{dv_r}{\lambda v} = k \cdot 2\pi \tag{2-87}$$

即距离向速度 $v_r = k\lambda v/d$ 时，式(2-86)也等于零，这时也检测不到目标。此时 $v_r = k\lambda v/d$ 就是盲速。

此外，还需要考虑由脉冲重复频率 $f_r$ 引起的盲速，即

$$v_{ramb} = \frac{k \cdot f_r \cdot \lambda}{2} \tag{2-88}$$

# ▶▶▶ 2.4　合成孔径雷达组成与工作原理

SAR/GMTI 雷达组成和其他类型的雷达相似，图 2-25 给出了有源相控阵体制 SAR/GMTI 雷达组成原理图，主要由天线单元、低功率射频单元和处理单元组成。由于雷达的要求不一样，故各单元特点也不一样。

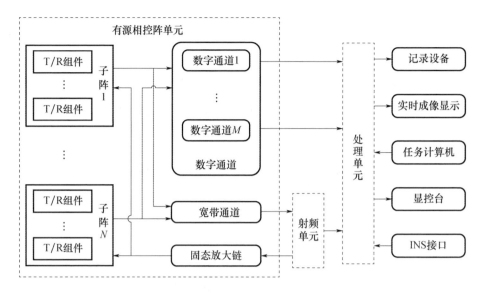

图2-25　SAR/GMTI雷达原理框图

天线单元主要由天线辐射单元、T/R组件、综合网络、宽带延时线、天线框架和电缆等组成。对于0.1m×0.1m分辨率SAR,考虑到加权展宽,要求系统带宽在1.8GHz以上,从而天线辐射单元、T/R组件和综合网络都必须是宽带的;对斜视成像、补偿载机的偏流角来说,还要求天线有宽带宽角扫描能力,这就会带来相控阵天线的色散现象,因此根据消除色散的要求,把天线划分为合适大小的子阵,每个子阵后加延迟线(详见第4章)。SAR-GMTI模式一般设计3～4个子孔径。WAS-GMTI需要更多的通道,以消除地杂波。就目前的技术水平来说,SAR/GMTI雷达通常设计一个宽带通道实现高分辨率SAR成像,4个以上通道实现地面动目标检测。

射频单元由宽带接收通道、数字采样、激励源、本振源、频率基准模块、控制接口等组成,完成上行激励信号的产生和下行接收信号下变频、数字采样。

处理单元包括信号处理模块和数据处理模块。主要完成以下任务。

(1)接收航电系统传送来的雷达控制指令和飞行参数。

(2)依据惯性导航参数,完成雷达波束指向稳定。

(3)实时监测雷达内部各单元的工作状态。

(4)依据飞行参数和回波数据,完成实时成像、同时SAR-GMTI、WAS-GMTI等处理。

SAR/GMTI雷达通常设计有数据记录设备,记录雷达原始回波数据,用于算法研究和目标特性数据积累。

雷达信号通路分为控制通路、发射通路和接收通路。

**1. 控制通路——雷达资源管理调度**

雷达系统在雷达主控计算机的统一管理下,实现对不同单元的资源调度和控制。依据工作方式不同,根据实时惯导载机姿态信息,控制有源相控阵天线灵活调度天线波束,实现二维相扫;控制射频单元产生相应模式要求的探测波形,以获得最佳目标检测效果;对于新型雷达,依据雷达对自然环境和电磁环境的感知结果,智能化配置系统工作参数,以发挥雷达最佳效能。

**2. 发射通路——高功率信号辐射**

有源相控阵天线内的子阵和 T/R 组件对来自固态功放的射频激励信号进行功率放大,经辐射单元实现射频信号发射,并在空间实现能量合成,形成具备指向性的发射波束,对位于发射波束内的目标进行照射。

**3. 接收通路——回波信号接收和处理**

高功率射频信号遇到目标时,产生后向散射的回波信号,被天线截获的回波信号,经天线接收、放大、下变频和数字化,输出至处理单元进行回波信息处理。

第 3 章

# 系统设计

本章介绍了 SAR 成像设计主要性能指标和二维超高分辨率设计技术。针对超高分辨率成像对平台的稳定性要求较高,引入了高精度 POS 技术在高分辨率 SAR 成像模式中的应用。对 SAR – GMTI、WAS – GMTI 分别论述了探测距离、动目标最小检测速度设计、盲速分析和动目标定位精度。

## 3.1 合成孔径成像指标设计

### 3.1.1 地面后向散射特性

SAR 以地面场景作为观测对象,它利用地物不同场景的后向散射回波强度不同形成雷达图像,因此研究 SAR 首先必须了解地物散射特性。

地物散射主要决定于介质的电磁特性,特别是表面粗糙度的影响。粗糙度必须达到雷达波长的 1/10,才能提供充实的后向散射。当表面粗糙度相比波长较小时,雷达的后向散射系数一般都比较小,这在很多情况下得到了证实。地面后向散射与电磁波的频率、极化和入射角有关。图 3 – 1 给出地面后向散射系数与雷达工作频率的关系,同一地面、相同的入射角,不同工作频率散射系数有明显的差异[30]。通常情况下,较长的波长降低了雷达目标背景的后向散射系数。后向散射系数与入射角的关系较大,当入射角余角与目标高度较小时,这种影响表现得更加明显,如图 3 – 2 所示,这些都是进行雷达系统设计需要考虑的。

### 3.1.2 系统灵敏度

系统灵敏度反映雷达成像距离的远近,和其他类型雷达一样,可用雷达方程

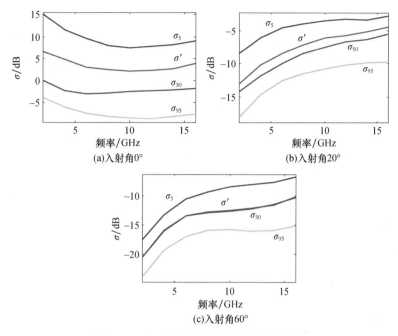

图 3-1 地面后向散射系数与频率的关系

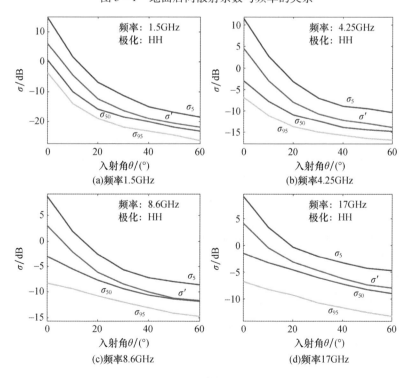

图 3-2 地面后向散射系数与入射角的关系

来描述,SAR 雷达和普通雷达的差别在于"地物杂波"。对普通雷达,"地物杂波"是干扰回波,要想办法抑制掉;而对 SAR 雷达,"地物杂波"是有用信号,雷达方程中目标 RCS 是分辨单元内回波能量,参照相参雷达方程,可推导 SAR 成像的距离方程为

$$R^3 = \frac{\sqrt{M} P_{av} G_t G_r \lambda^3 \sigma^0 \rho_r}{2 \times (4\pi)^3 v k T_0 N_F L_S \sin\phi (\text{SNR})} \tag{3-1}$$

式中:$R$ 为雷达作用距离;$M$ 为图像视数;$P_{av}$ 为平均发射功率;$G_t$ 为天线发射增益;$G_r$ 为天线接收增益;$\lambda$ 为雷达工作波长;$\sigma^0$ 为地物后向散射系数;$\rho_r$ 为斜距分辨率;$v$ 为平台飞行速度;$k$ 为玻尔兹曼常数,等于 $1.38054 \times 10^{-23} \text{J/K}$;$T_0$ 为标准大气噪声温度,取 290K;$N_F$ 为系统噪声系数;$L_S$ 为系统损耗;$\phi$ 为波束入射角;SNR 为图像信噪比。

由式(3-1)可见,SAR 的功率孔径积与距离的 3 次方成正比,而不是一般搜索雷达与距离的 4 次方成正比;相同的雷达工作参数,平台速度慢成像距离远,使得雷达积累时间变长;成像距离与方位分辨率没有关系,方位分辨率高,分辨单元 RCS 变小,但积累时间成比例加长,两者相互抵消;远距离波束入射角变大,其余角变小,使得地物后向散射系数 $\sigma^0$ 也变小,太小的入射角余角要求雷达功率孔径积大幅度增加,而地形起伏造成的遮挡,会使图像大部分是无回波的阴影区,没有有效信息,机载 SAR 的成像入射角余角一般不小于 5°。

由于地物反射系数 $\sigma^0$ 随地形的变化较大,引入 SAR 噪声等效后向散射系数 $\text{NE}\sigma^0$ 的概念能更清晰地反映系统灵敏度,将 $\text{NE}\sigma^0$ 定义为地面回波和噪声相等时对应的后向散射系数。式(3-1)中,令 SNR 为 1,可得

$$\text{NE}\sigma^0 = \frac{2 \times (4\pi)^3 v R^3 k T_0 N_F L_S \sin\phi}{\sqrt{M} P_{av} G_t G_r \lambda^3 \rho_r} \tag{3-2}$$

### 3.1.3 脉冲重复频率与天线最小面积

设回波信号的方位多普勒带宽为 $\Delta f_d$,根据在方位波束内任何一个点目标的回波信号的最大多普勒频偏可得以下关系,即

$$\Delta f_d = \frac{4v\sin\left(\dfrac{\theta_a}{2}\right)}{\lambda} \approx \frac{2v}{D_a} \tag{3-3}$$

式中:$\theta_a$ 为方位波束宽度;$v$ 为载机地速;$D_a$ 为天线方位向孔径长度。

为避免频谱折叠造成方位模糊,雷达脉冲重复频率(Pulse Repetition Frequency,PRF)必须大于信号方位向的瞬时带宽,即

$$\text{PRF} \geqslant 2\frac{v}{D_a} \tag{3-4}$$

对机载 SAR 来说,由于平台飞行速度较卫星、高超声速导弹相对较低,因此 PRF 选择余地较大,条件允许时,PRF 大于天线回波方位多普勒频谱 3dB 宽度的 1.5 倍以上,以减小方位模糊。

为使观察区域幅宽不模糊,需要雷达脉冲重复周期(Pulse Repetition Interval,PRI)大于观察区域电波双程传播时间,因此有

$$\text{PRF} \leqslant \frac{c}{(2W\sin\phi)} \tag{3-5}$$

式中:$W$ 为俯仰波束照射宽度;$\phi$ 为入射角。距离 $R$ 处,有

$$W = \frac{R\theta_e}{\cos\phi} \tag{3-6}$$

式中:$\theta_e$ 为天线俯仰波束宽度。由式(3-5)和式(3-6),可得

$$\text{PRF} \leqslant \frac{cD_e}{(2R\lambda\tan\phi)} \tag{3-7}$$

式中:$D_e$ 为俯仰口径,满足 $D_e = \lambda/\theta_e$。

由式(3-4)和式(3-7),可得出在模糊性条件下天线必须具有的最小面积,即

$$A_{\min} = D_a D_e \geqslant \frac{4\lambda\tan\phi Rv}{c} \tag{3-8}$$

式(3-8)是以最高重复频率和最低重复频率相等计算的,俯仰和方位波束宽度以半功率点计算,实际波束宽度应更宽。另外,脉冲宽度也没有计算在内,所以应考虑对天线最小面积公式乘以天线照射因子 $k$,$k$ 取 1.5 以上,这样天线最小面积为

$$A_{\min} = \frac{4k\lambda\tan\phi Rv}{c} \tag{3-9}$$

对常规机载平台,载机飞行高度低于 20000m,入射角余角不小于 5° 时,最大成像距离约 230km,载机地速小于 250m/s,对工作在 X 波段 SAR,天线最小面积约 0.003m²;对 P 波段(载频 400MHz),天线最小面积约 0.08m²,因此天线最小面积限制可忽略。

### 3.1.4　空间分辨率

空间分辨率定义为冲激响应函数主瓣 3dB 宽度,如图 3-3 所示,方位向 3dB 宽度定义为方位向空间分辨率,距离向 3dB 宽度定义为距离向空间分辨率。

空间分辨率表示图像中区分相邻点目标的能力,反映 SAR 系统在方位向和距离向的聚焦性能。该定义只是一种理论尺度,不能完全等同于人眼对实际目标的分辨能力。相邻目标回波之间存在的相位差会对实际的分辨能力造成影响。

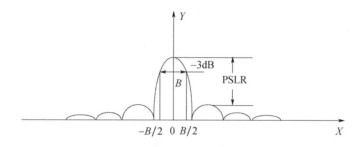

图 3-3　SAR 系统距离向(或方位向)脉冲响应函数

信号带宽决定了 SAR 距离分辨率,有

$$\rho_g = \frac{\rho_r}{\sin\phi} = \frac{k_r c}{(2B\sin\phi)} \qquad (3-10)$$

式中:$\rho_g$ 为地距分辨率;$\rho_r$ 为斜距分辨率;$B$ 为发射信号带宽;$k_r$ 为加权展宽系数;$\phi$ 为波束入射角。

由式(3-10)可确定发射带宽为

$$B = \frac{k_r c}{(2\rho_g \sin\phi)} \qquad (3-11)$$

对于给定的地距分辨率,发射信号带宽选择越宽,分辨率的余量越大,并且允许较重的加权处理,减小旁瓣,但是频带越宽,要求的采样率越高,数据量变大,因此在选择带宽时要加以综合权衡。当入射角变化较大时,为实现同样的分辨率,要发射不同的带宽信号,如当入射角由 85°变化到 30°,信号带宽要提高 1 倍。在工程设计上,为减少实现难度,一般分距离段设计相应的带宽,不可能连续变带宽。对机载平台,可以通过改变平台飞行高度来减小入射角变化范围,一般最大入射角不大于 85°,最小入射角不要小于 60°,这样信号带宽变化有限。要注意的是,入射角变化范围越大,天线俯仰扫描能力要求越高,会显著增加相控阵天线成本。

测量空间分辨率,需要获得雷达系统的冲激响应,一般用点目标作为 SAR 系统的输入,其输出近似为系统的冲激响应。选取符合测量要求的点目标是测量的关键。所用的点目标可以分为人工设计的点目标和自然界的点目标。相比较而言,人工设计的点目标,如角反射器、有源雷达转发器等,由于它的背景和目标强度可控,可以得到精确测量,因此首选的点目标是人工点目标。将人工点目标放置在合适的背景中,控制点目标的强度使其响应主瓣不饱和、旁瓣不截止,从图像上可以精确重建点目标的响应。在某些场景下,不方便布设点目标,此时只能通过在图像中寻找合适的具有点目标特性的区域进行计算。

### 3.1.5　峰值旁瓣比和积分旁瓣比

SAR 系统对点目标的二维图像响应应该是一个点,但在实际中,主瓣的宽度不可能无限窄,而且还存在旁瓣,旁瓣会影响附近目标图像,尤其对弱目标的影响较大。通常雷达系统中通过加权处理以降低旁瓣电平,旁瓣对图像的影响用峰值旁瓣比(Peak SideLobe Ratio,PSLR)和积分旁瓣比(Integrated SideLobe Ratio,ISLR)来表示。

峰值旁瓣比定义为冲激响应的最大旁瓣功率与主瓣峰值功率之比。距离向最大旁瓣功率与主瓣峰值功率之比为距离向峰值旁瓣比。方位向最大旁瓣功率与主瓣峰值功率之比为方位向峰值旁瓣比。

积分旁瓣比定义为脉冲响应的旁瓣能量与主瓣能量之比。相应地,有距离向积分旁瓣比和方位向积分旁瓣比。距离向积分旁瓣比为距离向脉冲响应的旁瓣能量与主瓣能量之比。方位向积分旁瓣比为方位向脉冲响应的旁瓣能量与主瓣能量之比。

通常,旁瓣是指冲激响应两个第一零点以外的区域,由于加权,这两个零点相对标准的 SINC 函数零点位置有移动。为了计算方便,常常规定一个固定值作为主瓣和旁瓣的交界。因此,也可以定义积分旁瓣(如距离向积分旁瓣比或方位向积分旁瓣比)为

$$\mathrm{ISLR} = 10\lg\left(\frac{\int_{-\infty}^{-0.5B}|S(x)|\mathrm{d}x + \int_{+0.5B}^{+\infty}|S(x)|\mathrm{d}x}{\int_{-0.5B}^{+0.5B}|S(x)|\mathrm{d}x}\right) \tag{3-12}$$

式中: $B$ 为主瓣宽度; $S(x)$ 为冲激响应函数。

峰值旁瓣比和积分旁瓣比测量途径与空间分辨率测量途径相同,关键是精确测量点目标响应。它对点目标及其所处的背景要求更高,特别是积分旁瓣比的测量更是如此。

### 3.1.6 模糊度

距离模糊是由 SAR 脉冲工作体制造成的。如果斜距 $R$ 及其附近区域的回波延迟时间和测绘带内的回波延迟时间正好相差整数个脉冲重复周期,则该区域回波信号将会与测绘带内的回波信号重叠,造成对测绘带的干扰,通常把它称为距离模糊,如图 3-4 所示。

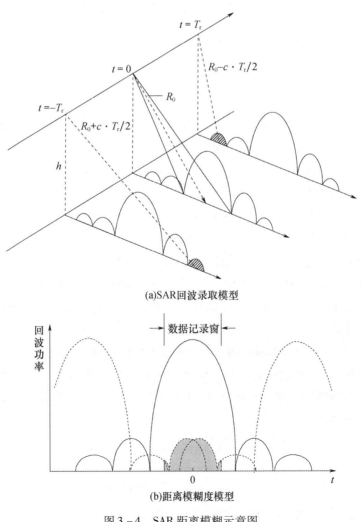

(a)SAR回波录取模型

(b)距离模糊度模型

图 3-4　SAR 距离模糊示意图

通常将所有距离模糊区的回波信号输出总功率与测绘带内回波信号的输出功率之比,称为距离模糊度,用于衡量 SAR 距离向图像的质量。

距离模糊度可表示为

$$\mathrm{RASR} = \frac{\sum\limits_{\substack{m=-\infty \\ m\neq 0}}^{m=+\infty} \int_{\phi_{mn}}^{\phi_{mf}} \dfrac{\sigma^0(\phi)G_t(\phi)G_r(\phi)}{R^3(\phi)\cos\phi}\mathrm{d}\phi}{\int_{\phi_n}^{\phi_f} \dfrac{\sigma^0(\phi)G_t(\phi)G_r(\phi)}{R^3(\phi)\cos\phi}\mathrm{d}\phi} \tag{3-13}$$

式中:$\sigma^0(\phi)$ 为俯仰角 $\phi$ 处的后向散射系数;$G_t(\phi)$、$G_r(\phi)$、$R(\phi)$ 分别为俯仰角 $\phi$ 处天线发射增益、接收增益和距离;$\phi_n$、$\phi_f$ 分别为测绘带近端和远端对应的俯仰角;$\phi_{mn}$、$\phi_{mf}$ 分别为第 $m$ 个模糊带近端和远端对应的俯仰角。

以上分析的是整个测绘带的距离模糊度,实际上测绘带内距离向每一点的距离模糊是不同的,即观测点处的距离模糊度随俯仰角 $\phi$ 而变化。将式(3-13)中的计算不取积分,即可求得每一俯仰角 $\phi$ 对应的观测点处的距离模糊度。

由于天线方向图存在旁瓣,SAR 方位向回波信号频谱是很宽的。这样,当以脉冲重复频率 PRF 对回波信号进行有限采样时,就会造成频谱的混叠,形成方位模糊。通常,将处理带宽 $B_a$ 内模糊信号与有用信号功率之比称为方位向模糊度,这一比值通常用于衡量 SAR 方位向回波信号的质量。SAR 方位向模糊的形成如图 3-5 所示。

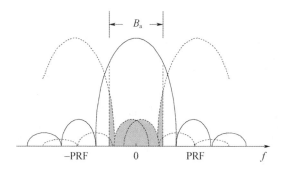

图 3-5　方位向模糊示意图

对条带模式 SAR 来说,若假定目标的散射率在整个天线方向图辐射带近似均匀一致,则方位模糊度 AASR 为

$$\text{AASR} = \frac{\sum\limits_{\substack{m=-\infty \\ m\neq 0}}^{m=+\infty} \int_{-B_a/2}^{+B_a/2} G_t(f_a + m \cdot \text{PRF}) G_r(f_a + m \cdot \text{PRF}) \mathrm{d}f_a}{\int_{-B_a/2}^{+B_a/2} G_t(f_a) G_r(f_a) \mathrm{d}f_a} \qquad (3-14)$$

式中：$G_t$、$G_r$分别为天线发射增益和接收增益。

聚束模式下，雷达与成像目标间的相对运动不能再等效为天线方向图与成像目标间的运动，对于成像区域中某一固定点而言，其方向图增益因子基本保持不变，因此，聚束模式下，成像区域内每一点的方位模糊度均不同，某一点 $P$ 的方位模糊度 AASR 为

$$\text{AASR} = \frac{\sum\limits_{\substack{m=-\infty \\ m\neq 0}}^{m=+\infty} G_t(f_a + m \cdot \text{PRF}) \cdot G_r(f_a + m \cdot \text{PRF})}{G_t(f_a) \cdot G_r(f_a)} \qquad (3-15)$$

滑动聚束模式介于条带模式与聚束模式之间，对于场景区域中的每一点而言，既类似于条带模式，经历了完整的波束历程，又不同于条带模式，因为每一点经历的波束历程均对应于天线的不同扫描角，因此滑动聚束模式下的方位模糊度 AASR 为

$$\text{AASR} = \frac{\sum\limits_{\substack{m=-\infty \\ m\neq 0}}^{m=+\infty} \int_{-B_a/2}^{+B_a/2} G_t(\theta,f_a + m \cdot \text{PRF}) G_r(\theta,f_a + m \cdot \text{PRF}) \mathrm{d}f_a}{\int_{-B_a/2}^{+B_a/2} G_t(\theta,f_a) G_r(\theta,f_a) \mathrm{d}f_a} \qquad (3-16)$$

由于距离模糊度主要受距离模糊区目标和天线方向图的影响，而距离模糊区不在成像区域内，模糊区的目标未知，因此不能在图像上直接测量距离模糊度。而方位模糊区是在成像区域内，因此可以在图像上直接测量方位模糊度。对于图像质量参数测量来说，模糊度测量主要是指方位模糊度的测量。有以下两种测量方位模糊度的方法：

（1）用强的点目标来测量，要求图像上能够分辨出点目标的方位模糊图像，并要求该模糊图像相对应的背景具有低的反射特性。

（2）可以选择陆地、海洋或湖泊的图像混合区域来测量方位模糊度。

### 3.1.7 辐射分辨率

辐射分辨率用于衡量地物微波散射率的精确测量程度，广义上可以理解为一个分辨单元内的反射信号相对于平均值的绝对偏差与平均值间的比值，用于表示能以足够的确定度区分出的信号强度差。由于相干斑是造成 SAR 不确定

度测量的主要因素,故辐射分辨率也用于 SAR 相干斑的度量,可以按下式计算一幅图像的辐射分辨率,即

$$\gamma = 10 \lg\left(1 + \frac{\sigma}{\mu}\right) \tag{3-17}$$

式中:$\mu$ 和 $\sigma$ 分别为图像中均匀目标区域的功率数据的均值和标准差。

辐射分辨率的测量是寻找均匀分布的目标区域。所选分布目标可以为人工分布目标和自然分布目标,像农田、沙漠、草地、热带雨林等均为较理想的均匀分布目标。均匀分布目标选定后,利用式(3-17)即可求得图像的辐射分辨率。

### 3.1.8 辐射精度

在 SAR 的有效应用场合,要求能够根据图像每个像素的数据精确测量出该像素对应的地物目标的散射系数 $\sigma^0$。雷达系统接收目标回波能量,经成像处理,输出 SAR 图像,它们之间的关系由 SAR 系统总传递函数 $H$ 严格确定,即

$$P = H\sigma^0 \tag{3-18}$$

由于 SAR 系统的整个信号流程中存在着许多误差源,雷达参数和成像参数的不确定性及其随机变化,使 SAR 系统总体传递函数 $H$ 具有不确定性,这样就使得未经定标处理的雷达图像不能精确反映实际地物目标的回波特性。也就是说,未经定标的 SAR 不能实现对地物的定量观测,为解决这一问题,必须对 SAR 进行定标。

SAR 定标技术是用内定标系统监测 SAR 系统的参数变化;用外定标技术测量和监视从地面目标到成像处理器输出端的总传递函数的变化和不确定性。利用内定标和外定标数据,结合 SAR 系统参数和平台姿态参数,在成像处理过程中作辐射和几何精密校准,计算定标常数,从而得到精确测量的地物目标回波参数。

辐射精度定义为目标的雷达截面积 $\sigma$(或散射系数 $\sigma^0$)测量值与实际值的一致性,可表示为

$$R = \sqrt{\frac{\sum_{i=0}^{N-1} (\hat{\sigma}_i^0 - \sigma_c^0)^2}{N}} \tag{3-19}$$

式中:$\sigma_c^0$ 为已知目标对应的散射系数;$\hat{\sigma}_i^0$ 为测量值,$\sigma_c^0$ 和 $\hat{\sigma}_i^0$ 均以 dB 表示;$N$ 为测量样本数。

辐射精度测量对于定标的 SAR 图像才有意义,要求地面配置一组已知雷达截面积的目标,从图像上提取这些目标的功率数据,用定标方程求出目标的雷达截面积,便可计算出辐射精度。

### 3.1.9 定位精度

根据 SAR 的成像机理,图像中像素的位置在距离向是由回波信号的延迟时间决定的,方位向则取决于系统的多普勒响应函数。通常情况下,SAR 图像存在着较为严重的几何失真,它主要是由以下几个方面引起的:①地表起伏引起的雷达成像距离的不确定性;②SAR 姿态参数的不确定性;③成像多普勒参数的估计偏差引起的图像位移。为提高 SAR 图像的质量,通常要对回波数据进行几何校正。SAR 图像经几何校正后,像素的地面坐标与对应地面点真实位置坐标偏差的均方根值通常被定义为几何精度。

根据 SAR 成像基本原理,空间点目标在航迹上的回波有着特定的相位关系,结合高精度的导航测量设备和 DEM 数据,可以反演确定点目标的空间位置,实现高精度定位。

SAR 目标定位空间几何关系如图 3 - 6 所示。

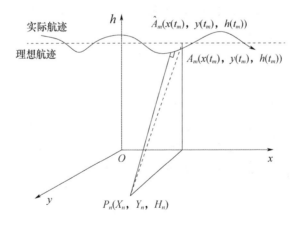

图 3 - 6    SAR 目标定位空间几何关系

图 3 - 6 中定义坐标原点 $O$ 为在航迹中心点到地表水平面的投影点,$x$ 为理想航线航迹方向,$y$ 为在地表水平面上垂直于航迹方向,也是地距的视线方向,$h$ 为垂直于地表水平面,用来表示平台高度的垂直方向。平台的运动速度在这 3 个方向上分解为 $(v_x, v_y, v_h)$。场景中第 $n$ 个散射点 $P_n$ 的坐标为 $(X_n, Y_n, H_n)$。根据 SAR 成像原理,SAR 图像中目标像元的方位位置对应于目标回

波的多普勒中心点,假设 $P_n$ 点的回波对应着在 $t_m$ 时刻的多普勒中心,此时平台的位置为 $A_m(x_m, y_m, h_m)$ ,瞬时速度为 $(v_{xm}, v_{ym}, v_{hm})$ 。由 F. Leberl 公式可得距离–多普勒方程[36]为

$$\begin{cases} R_n = \sqrt{(x_m - X_n)^2 + (y_m - Y_n)^2 + (h_m - H_n)^2} \\ f_{dc} = -\dfrac{2}{\lambda} \dfrac{v_{xm}(x_m - X_n) + v_{ym}(y_m - Y_n) + v_{hm}(h_m - H_n)}{R_n} \end{cases} \quad (3-20)$$

式中: $R_n$ 为雷达到目标的距离; $f_{dc}$ 为目标的多普勒频率。

对于 SAR 图像中的每个像素点,假设目标在航迹的左侧,求解距离–多普勒方程可以得到点目标 $P_n$ 在 $X-Y$ 平面上的坐标为

$$\begin{cases} X_n = x_m + \dfrac{2v_{ym}(y_m - Y_n) + 2v_{hm}(h_m - H_n) + f_{dc}\lambda R_n}{2v_{xm}} \\ Y_n = y_m + \sqrt{R_n^2 - (x_m - X_n)^2 - (h_m - H_n)^2} \end{cases} \quad (3-21)$$

迭代求解式(3–21)就可以实现 SAR 图像的精确定位。

受气流影响,机载平台实际飞行航迹并非理想直线,导航设备测量精度的限制不但制约成像分辨率,对图像定位精度也有较大影响。根据 SAR 定位模型可以总结出各运动分量测量误差对正侧视 SAR 定位精度的影响,如表 3–1 所列[36]。

表 3–1　运动测量误差与正侧视 SAR 定位精度的关系

| 航迹误差 | | 定位偏差 | |
|---|---|---|---|
| | | 方位 $\Delta X_n$ | 距离 $\Delta Y_n$ |
| 位置误差 | 航迹向 $\delta_x$ | $\delta_x$ | $\delta_x^2 / 2Y_n$ |
| | 视线向 $\delta_y$ | $v_{ym}\delta_y / v_{xm}$ | $\delta_y$ |
| | 垂直向 $\delta_h$ | $v_{hm}\delta_h / v_{xm}$ | $(2h_m\delta_h - \delta_h^2)/(2Y_n)$ |
| 航迹速度误差 | 航迹向 $\delta_{vx}$ | $\dfrac{v_{ym}\delta_{vx}Y_n - v_h\delta_{vx}h_m}{v_{xm}(v_{xm} + \delta_{vx})}$ | $\dfrac{-\Delta X_n(2X_n + \Delta X_n)}{2Y_n}$ |
| | 视线向 $\delta_{vy}$ | $-\delta_{vy}Y_n / v_{xm}$ | $\delta_{vy}^2 Y_n / 2v_{xm}^2$ |
| | 垂直向 $\delta_{vh}$ | $-\delta_{vh}h_m / v_{xm}$ | $-(\delta_{vh}h_m)^2 / 2v_{xm}^2 Y_n$ |

在成像区域内选取若干个有代表性的点目标组成一组测量点阵,使用 GPS 系统可以对这些点目标位置进行精确测量。在 SAR 图像中找到这些点目标的对应像素,根据成像前后点目标的对应位置,即可计算出图像的几何精度。

## 3.2 超高分辨率指标设计

### 3.2.1 距离超高分辨率

由第 2 章可知,要得到距离高分辨率,必须发射宽带信号,如要得到 0.1m 分辨率,考虑到对接收信号脉冲压缩时进行加权以降低副瓣,信号带宽要在 1.8GHz 以上。要实现这么宽的带宽信号,有两种技术途径,一种是脉冲间发射频率步进信号,接收后合成超宽带信号;另一种是发射超宽带信号,超宽带的信号直接采样受模数变换器件的限制,工程实现比较困难,但对接收信号可以进行子带分割后再进行采样,对采样后的数字信号进行合成。

**1. 步进频率信号合成**

步进频率合成宽带技术的思想是发射两个或多个具有一定子带宽的线性调频脉冲信号,其中心频率以一定的频率步长变化,使用数字信号处理技术,将各个回波信号的子带宽合成,得到一个宽带宽的信号,从而实现高距离分辨。

图 3 - 7 示出了带宽为 $B$ 的带限信号的时频曲线。$f_c$ 为宽带信号的中心频率,$B$ 为带宽,$T$ 为时宽。把宽带信号分割成 $N$ 个子脉冲,于是每个脉冲的带宽变为 $B_n$($B_n = B/N$),雷达以不同的载频 $f_c(k)$($k = 0,1,2,\cdots,N-1$)和固定的时间间隔将一系列子脉冲发射出去,发射的脉冲信号被目标反射,然后被雷达接收,经过下变频、采样变为数字信号,最后对这些数字信号进行处理,合成一个宽带宽信号。

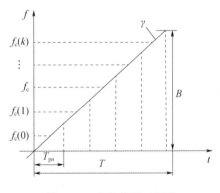

图 3 - 7　宽带信号时频图

设 $f_c$ 为全带宽线性调频信号的中心频率,$N$ 为子脉冲个数,$T$ 为子脉冲宽

度，$T_r$ 为调频步进信号的脉冲重复周期，$\Delta f$ 为频率步进量，则第 $k$ 个子脉冲的中心频率为

$$f_c(k) = f_c + \left(k + \frac{1}{2} - \frac{N}{2}\right) \cdot \Delta f \qquad (3-22)$$

式中：$k = 0,1,2,\cdots,N-1$。

第 $k$ 个子脉冲的发射信号为

$$S_x(\hat{t},k) = \text{rect}\left(\frac{\hat{t}}{T}\right)\exp(\text{j}2\pi f_c(k)\hat{t})\exp(\text{j}\pi k_r\hat{t}^2) \qquad (3-23)$$

在距离 $R_0$ 处的回波信号为

$$S_1(\hat{t},k) = \text{rect}\left(\frac{\hat{t} - \dfrac{2R_0}{c}}{T}\right)\exp\left(\text{j}2\pi f_c(k)\left(\hat{t} - \frac{2R_0}{c}\right)\right)\exp\left(\text{j}\pi\gamma\left(\hat{t} - \frac{2R_0}{c}\right)^2\right)$$

$$(3-24)$$

接收参考信号为

$$S_{\text{ref}}(\hat{t},k) = \exp(\text{j}2\pi f_c(k)\hat{t}) \qquad (3-25)$$

则用回波信号乘参考信号的共轭可得到回波基带信号，即

$$S_2(\hat{t},k) = \text{rect}\left(\frac{\hat{t} - \dfrac{2R_0}{c}}{T}\right)\exp\left(-\text{j}4\pi f_c(k)\frac{R_0}{c}\right)\exp\left(\text{j}\pi\gamma\left(\hat{t} - \frac{2R_0}{c}\right)^2\right)$$

$$(3-26)$$

以 5 点频率步进为例，其时频图如图 3-8(a)所示，相位图如图 3-8(b)所示，子脉冲合成宽带信号的处理步骤包括过采样、频移、相位校正、时移和叠加。通过这些步骤调整各个子脉冲信号波形，使其成为合成带宽信号中的对应部分，最后在时域进行拼接。拼接后信号的时频图和相位图分别如图 3-8(g)和图 3-8(h)所示。从图 3-8 可以看出，合成的信号已经跟一个完整的宽带线性调频信号没有区别。

图 3-9 所示为点目标分别对应带宽为 180MHz 单个子脉冲和 5 个子脉冲合成带宽 820MHz 的脉压响应，仿真参数如表 3-2 所列。脉压时没有加权，第一副瓣 13.2dB，子脉冲的分辨率为 0.83m，合成后的分辨率为 0.18m。图 3-10 是 3 个相距 0.6m 点目标性能仿真。图 3-10(a)是子脉冲脉压响应，相邻两目标的间距小于分辨率，分辨不出来；头尾目标间距为 1.2m，大于分辨率，所以 3 个目标只能分辨出有两个目标，经带宽合成后，可以实现 3 个目标的有效分辨，如图 3-10(b)所示。

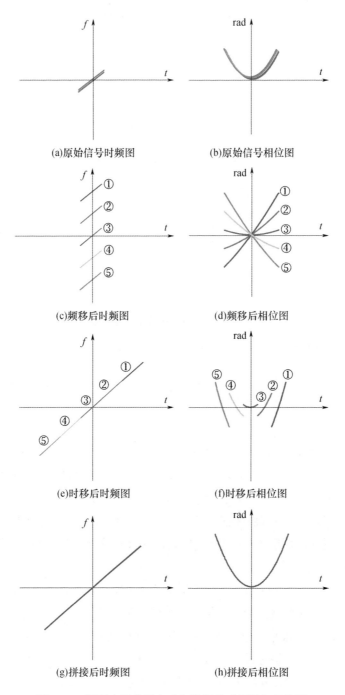

(a)原始信号时频图      (b)原始信号相位图

(c)频移后时频图      (d)频移后相位图

(e)时移后时频图      (f)时移后相位图

(g)拼接后时频图      (h)拼接后相位图

图3-8 调频步进信号合成各阶段的时频图和相位图

表 3 - 2　仿真参数设置

| 子脉冲个数 | 5 |
| --- | --- |
| 子脉冲采样频率/MHz | 200 |
| 子脉冲带宽/MHz | 180 |
| 子脉冲频率步进量/MHz | 160 |
| 子脉冲脉冲宽度/μs | 20 |

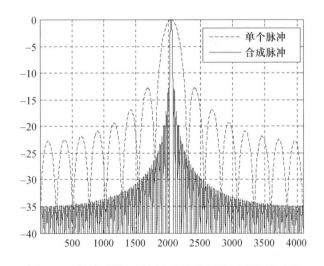

图 3 - 9　单个子脉冲脉压和合成信号脉压后结果对比

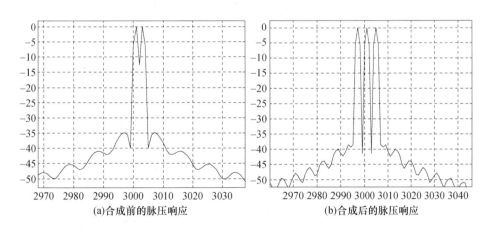

(a)合成前的脉压响应　　　　　　　　(b)合成后的脉压响应

图 3 - 10　间距为 0.6m 的 3 个目标仿真

采用调频步进信号多子脉冲合成,等效提高了脉冲重复频率,从而限制了测绘带宽,对远距离成像易存在距离模糊。因此,脉冲重复频率的设计要采用星载 SAR 波位设计思想；为抑制相邻频带信号相互干扰，跳频顺序也有讲究，如发射频率可以按 1、3、5、2、4 的顺序变化，相邻载频至少隔一个频率步长，通道的带外抑制度一般在 60dB 以上，可较好地滤除本接收频带外混叠进来的回波信号。

**2. 全带宽发射多通道分频接收技术**

从理论上讲，调频步进 SAR 可以实现远距离成像，但从上节分析可知，在同时实现超高分辨率、远距离和宽幅成像方面与常规 SAR 相比，系统重频设计更困难。因此调频步进信号大量用在幅宽要求较小的高分辨率 ISAR 上。同时满足超高分辨率、远距离和宽幅成像，采用全带宽发射、并行多通道接收技术更为合适。

目前的技术可以产生带宽高达 4GHz 的信号，X 波段有源相控阵天线的带宽已可以做到 4GHz 甚至更高，但目前 A/D 的采样速率要达到这么高要求在技术上还有难度。因此，对远距离高分辨率 SAR 成像，可采用全带宽发射、多通道分频接收的模式，如图 3 - 11 所示。

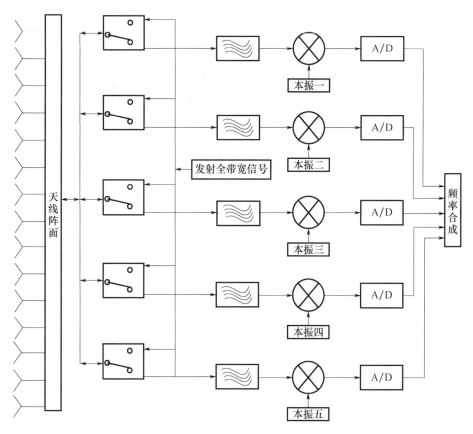

图 3 - 11　多通道接收合成示意图

德国 FGAN – FHR 研制的 PAMIR 系统实现了天线阵面发射 1820MHz 信号,接收信号经功分器分为 5 路信号,5 个通道并行接收,接收后按 5 个中心频率滤波,相邻中心频率相差 360MHz,滤波器的带宽为 380MHz,相邻子带重叠 20MHz,然后与其相对应的本振混频到中频,本振信号频率依次相差 360MHz,经中频采样后,变为数字信号,对数字信号进行合成,得到 1820MHz 带宽信号,从而实现 0.1m 距离分辨率。

### 3.2.2　方位超高分辨率

第 2 章在论述合成孔径原理时,假设平台做匀速直线运动,实际上是不可能做到的,特别是机载平台,受大气运动的扰动,飞机在空间的运动误差可以分解为 3 个平动自由度和 3 个转动自由度的运动误差,其中平动误差的影响表现为天线相位中心在空间中的位置变化,它影响雷达到目标的瞬时距离,而瞬时距离的变化将会引起雷达回波信号包络和相位的变化。转动分量主要对 SAR 雷达的波束指向、回波的包络和多普勒相位进行调制。总体来说,这些运动误差对 SAR 成像的影响分为以下 3 种形式。

(1)沿航向速度变化。它会引起多普勒调频率的变化,造成 SAR 图像散焦;同时造成沿航向空间采样不均匀,使得 SAR 成像所假设的方位向等距线阵条件不成立。

(2)天线视线方向(沿径向)存在速度和加速度分量。视线向速度误差会引起回波的多普勒中心频率的变化,造成图像方位向平移;视线向加速度误差会引起方位调频率的变化,导致方位匹配滤波失配,影响 SAR 图像的方位向聚焦质量。同时在视线方向产生的距离误差,会造成 SAR 图像在距离向的几何形变。

(3)平台姿态的变化。载机的偏航、横滚和俯仰等姿态变化会引起天线波束的照射偏移,在图像上表现为图像灰度和信噪比的变化,但对图像的聚焦影响不大。

对第三类误差,现有的雷达天线伺服系统(相控阵天线采用相位扫描)已能够较准确地控制天线的波束指向,因而运动补偿时可以不考虑该误差。对第一、二类误差,产生的一次相位误差将造成图像的平移,影响目标的精确定位;二次相位误差将造成主瓣展宽及旁瓣电平升高,使得图像模糊、分辨率下降;三次及更高次的相位误差将使压缩波形产生非对称畸变,旁瓣电平升高,形成虚假目标。

运动补偿方法通常可分为两类：第一类是基于运动传感器的运动补偿，这类方法主要依靠安装在平台上的各种传感器(包括组合惯性导航系统INS和位置姿态测量系统POS)来直接测量各种运动参数，从而计算出平台的运动误差。这类方法的最大优点在于适合高速实时处理，但缺点是对传感器的测量精度有严格的要求，且增加载荷成本和重量。第二类是基于数据的运动补偿，即平台的运动误差最终反映在回波信号幅度和相位的变化上，通过回波数据估计平台的运动误差，进行运动补偿。该方法的优点是估计精度高、对传感器的测量精度要求低；但缺点是算法复杂、与地形有关且运算量大、实时处理难度大。

下面分析高分辨率成像对测量精度的要求。载机飞行速度 $v$、雷达工作中心波长为 $\lambda$、方位分辨率为 $\rho_a$，成像距离 $R$ 处的单视图像合成孔径时间 $T_a$ 为

$$T_a = \frac{\lambda R}{2v \cdot \rho_a} \qquad (3-27)$$

对 X 波段雷达，设载机飞行速度为 150m/s，典型分辨率和成像距离下的合成孔径时间如表 3-3 所列。

表 3-3 成像合成孔径时间要求

| 分辨率/m | 成像距离/km | 合成孔径时间/s |
| --- | --- | --- |
| 0.5×0.5 | 150 | 30 |
| 0.3×0.3 | 120 | 40 |
| 0.1×0.1 | 80 | 80 |

对这么长的合成孔径时间，载机的运动误差不能忽略，主要是前向速度误差对距离徙动校正和聚焦影响尤其大。

**1. 距离徙动校正对前向速度误差的要求**

存在前向运动误差 $\Delta v$ 时，由正侧视斜距表达式可得距离单元徙动校正剩余可以表示为

$$\Delta R(t_m) \approx \frac{v \cdot \Delta v}{R} t_m^2 \qquad (3-28)$$

从式(3-28)可以看出，在同样的前向速度误差情况下，距离徙动校正剩余与合成孔径时间的平方成正比。假设前向速度误差 $\Delta v = 0.1$m/s，不同模式对应的距离徙动校正剩余如表 3-4 所列。

表3-4 距离徙动校正剩余

| 分辨率/m | 成像距离/km | 合成孔径时间/s | 距离徙动校正剩余/m |
|---|---|---|---|
| 0.5×0.5 | 150 | 30 | 0.09 |
| 0.3×0.3 | 120 | 40 | 0.2 |
| 0.1×0.1 | 80 | 80 | 1.20 |

从表3-4可见,存在0.1m/s的速度误差时,X波段0.3m和0.1m分辨率成像均不能实现很好的聚焦。

**2. 方位聚焦对前向速度误差的要求**

斜距误差对应的相位误差为

$$\Delta\varphi = \frac{4\pi}{\lambda}\Delta R = \frac{4\pi v \cdot \Delta v}{\lambda R}t_{\mathrm{m}}^2 \qquad (3-29)$$

在合成孔径两端,即 $t_{\mathrm{m}} = T_{\mathrm{a}}/2$ 时,相位误差最大,有

$$\Delta\varphi_{\max} = \frac{4\pi v \cdot \Delta v}{\lambda R}\left(\frac{T_{\mathrm{a}}}{2}\right)^2 = \frac{\pi\lambda R}{4v\rho_{\mathrm{a}}^2}\Delta v \qquad (3-30)$$

一般要求 $\Delta\varphi_{\max} \leqslant \pi/4$ ,则有

$$\Delta v \leqslant \frac{\rho_{\mathrm{a}}^2}{\lambda R}v \qquad (3-31)$$

是X波段雷达在不同分辨率下典型成像距离处对载机速度测量精度要求如表3-5所列。从表3-5中可看出,满足150km处0.5m×0.5m分辨率成像,要求载机速度误差不大于0.0083m/s;满足80km处0.1m×0.1m分辨率成像,要求载机速度误差不大于 $6.25\times10^{-4}$ m/s。而目前惯性导航系统的测速精度在0.1m/s,远不能满足成像对载机运动参数测量精度的要求。基于回波数据的参数估计方法运算量大,且算法稳健性与地形有关,在工程应用中,结合高精度POS对回波数据进行运动补偿是实现远距离高分辨率成像的有效技术手段。

表3-5 方位调频率对前向速度误差的要求

| 分辨率/m | 成像距离/km | 前向速度误差/(m/s) |
|---|---|---|
| 0.5×0.5 | 150 | 0.0083 |
| 0.3×0.3 | 120 | 0.0037 |
| 0.1×0.1 | 80 | $6.25\times10^{-4}$ |

POS系统由惯性测量单元IMU、GNSS系统和处理机组成,可为雷达提供高精度位置、姿态等平台运动参数,国外很多高分辨率成像雷达都带有高精度

POS 系统。

AV610 是加拿大 Applanix 公司研发的一型高性能 POS 系统,其主要技术参数见表 3-6。

表 3-6　AV610 主要技术参数

| 名称 | 单站 GPS 定位 | 差分 GPS 定位 | RTK | 后处理 |
|---|---|---|---|---|
| 位置精度/m | 1.5～3.0 | 0.5～2.0 | 0.1～0.5 | 0.05～0.30 |
| 速度精度/(m/s) | 0.030 | 0.020 | 0.010 | 0.005 |
| 航向方位精度/(°) | 0.030 | 0.030 | 0.020 | 0.0050 |
| 姿态精度/(°) | 0.005 | 0.005 | 0.005 | 0.0025 |
| 数据率/Hz | 200～250 | | | |
| 质量/kg | 6.9 | | | |
| 功耗/W | 59.0 | | | |

北京航空航天大学惯导学院、立得空间公司等单位对 POS 系统进行多年研制,目前技术水平已接近国际水平,表 3-7 是北京航空航天大学惯导学院研制的高精度光纤陀螺 POS 系统(TX-F610C)的主要性能指标[37]。

表 3-7　高精度光纤型 POS 主要技术参数

| 名称 | 单站 GPS | RTK | 后处理 |
|---|---|---|---|
| 位置精度/m | 3～5 | 0.2 | 0.05 |
| 速度精度/(m/s) | 0.03 | 0.03 | 0.005 |
| 俯仰/横滚精度/(°) | 0.008 | 0.008 | 0.005 |
| 航向精度/(°) | 0.07 | 0.04 | 0.008 |
| 数据率/Hz | 200～400 | | |
| 质量/kg | 7.3 | | |
| 功耗/W | 30 | | |

国内已经在开发轻小型 POS 系统,质量仅 100g,具有较高的测量精度(表 3-8)。随着技术的发展,会有越来越多的高分辨率 SAR 使用 POS 系统。

表 3-8　轻小型 POS 主要技术参数

| 名称 | 单站 GPS | RTK | 后处理 |
|---|---|---|---|
| 位置精度/m | 1.5～3 | 0.5～2 | 0.02～0.05 |
| 速度精度/(m/s) | 0.05 | 0.05 | 0.015 |
| 俯仰/横滚精度/(°) | 0.04 | 0.03 | 0.025 |

续表

| 名称 | 单站 GPS | RTK | 后处理 |
|---|---|---|---|
| 航向精度/(°) | 0.2 | 0.2 | 0.08 |
| 数据率/Hz | 200~400 | | |
| 质量/kg | 0.1 | | |
| 功耗/W | 10 | | |

　　POS 系统主要用于平台运动状态的精确测量,其精度和数据率高于惯导系统,虽然其精度不能满足远距离高分辨率成像要求,但先使用 POS 系统数据进行初步运动补偿,再采用基于数据的运动补偿会容易得多。采用 POS 系统数据补偿技术,IMU 应安装在天线上,以准确感应天线相位中心的变化,GPS 或北斗天线和雷达天线间的距离对测量的影响要折算到测量数据中;POS 系统的数据率要高,一般可达到 200~1000Hz,这样才能实时反映天线相位中心高频运动分量;POS 系统测量数据和雷达 A/D 变换采样数据要在时间上对齐,最好用雷达定时信号去同步 POS 数据。

　　POS 系统数据不仅可用于成像运动补偿,速度和位置精度的提高还可大幅度提高图像目标定位精度。对于未知区域进行 SAR 成像,在没有地面控制点或其他信息的支撑时,实现对目标位置的绝对定位,主要的制约因素是平台的运动测量误差。

　　对目标绝对位置的反演需要利用平台的位置和速度等运动数据,平台运动参数测量的误差会影响到目标定位结果。由于 SAR 是对目标进行二维成像,载机水平速度二维分量的测量精度,对 SAR 目标绝对位置定位的影响尤其大。

# ▶▶▶ 3.3　同时 SAR-GMTI 指标设计

## 3.3.1　探测距离

　　同时 SAR-GMTI 模式是在 SAR 图像上对动目标进行检测,需要保证一定的杂噪比,首先使得背景能够成像,即噪声等效后向散射系数 $NE\sigma_0$ 满足成像要求。SAR-GMTI 模式检测动目标信杂噪比要求和常规目标探测雷达是一致的,首先进行杂波对消,以改善信杂噪比。工程设计中常用的方法是雷达天线分为 3~4 个子阵,全阵面发射,分子阵同时接收,对每个子阵成像后的复图像

进行杂波对消。对消前杂噪比为

$$CNR = (B \cdot \tau) \cdot \left( \frac{\lambda}{L_a} \cdot \frac{R}{v} \cdot PRF \right) \frac{P_t G_t G_r \lambda^2 \sigma^0 \cos\phi \cdot \rho_a \cdot \frac{\rho_r}{\sin\phi}}{(4\pi)^3 R^4 k T_0 F_n B_n L_s} \qquad (3-32)$$

信杂比为

$$SCR = \frac{\sigma_t \sin\phi}{\sigma^0 \cos\phi \rho_a \rho_r} \cdot \frac{1}{L_{s\_t}} \qquad (3-33)$$

式中:$\sigma_t$ 为动目标 RCS;$L_{s\_t}$ 为动目标积累损耗。考虑到动目标在长的合成孔径时间会越分辨单元走动,造成积累损耗,一般情况下设计 SAR – GMTI 模式图像分辨率为 3~5m,图 3 – 12 是图像分辨率为 5m×5m、动目标 $\sigma_t = 10$dBsm、地面反射系数 $\sigma^0 = -10$dB、动目标积累损 $L_{s\_t} = 6$dB 时杂噪比、信杂比曲线,两幅图像对消的改善因子为 20dB,对消后杂波低于噪声,最终是噪声中信号检测。这个结论在物理上也是容易理解的,二维成像后杂波单元仅有一个分辨像素,对 SAR 分辨率为 5m×5m,$\sigma^0 = -10$dB,擦地角小于 10°,一个分辨像素的杂波 RCS 约为 – 3.5dBsm,尽管动目标长时间积累会有较大的距离跨越损失,但对消前信噪比大于 0dB。

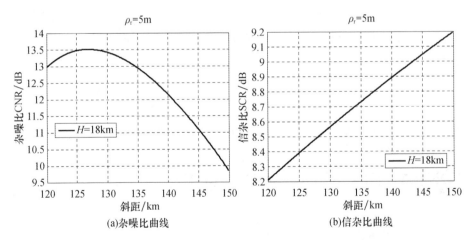

(a)杂噪比曲线      (b)信杂比曲线

图 3 – 12   动目标杂噪比、信杂比曲线

## 3.3.2   动目标最小可检测速度

关于动目标最小可检测速度(Minimum Detectable Velocity,MDV)的定义,通常有以下几种方式。

**1. 基于主杂波带外检测定义的 MDV**

设天线的方位孔径为 $D_a$ ,第一个零点波束宽度为 $\theta_a$ ,则有

$$\theta_a = \frac{2\lambda}{D_a} \qquad (3-34)$$

对于没有采取杂波抑制处理的雷达系统,主瓣的零点位置决定了目标的最小可检测速度,主瓣零点波束宽度为 $[-\lambda/D_a, \lambda/D_a]$ ,最小可检测速度为

$$v_{\text{MDV}} = \frac{\lambda v}{D_a} \qquad (3-35)$$

在实际系统中,天线往往要加权抑制副瓣电平,方向图展宽;成像处理时,方位加窗抑制频谱旁瓣,也使频谱展宽;最小可检测速度还要受信噪比、信杂比等因素的影响,因此,一般将最小可检测速度定义在主瓣零点的两倍处,如图 3 – 13 所示,即

$$v_{\text{MDV}} = \frac{2\lambda v}{D_a} \qquad (3-36)$$

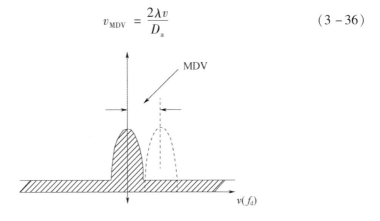

图 3 – 13　基于主杂波带外检测定义的 MDV

**2. 依据多通道相消处理对目标信号的损失定义的 MDV**

对全孔径发射、分子阵接收的多通道 SAR – GMTI 体制,定义多通道相消处理引起的目标信号的损失为 3dB 时对应的动目标速度为 MDV,如图 3 – 14 所示。这时动目标运动引起的相位为 $\pi/2$ ,则有

$$\frac{4\pi}{\lambda} \frac{v_{\text{MDV}}}{\text{PRF}} = \frac{\pi}{2} \qquad (3-37)$$

雷达的脉冲重复频率 PRF 要满足 DPCA 条件,即在一个脉冲重复周期内平台移动的距离是天线等效相位中心的整数倍,因此雷达脉冲重复频率应满足

$$\frac{v}{\text{PRF}} = d \qquad (3-38)$$

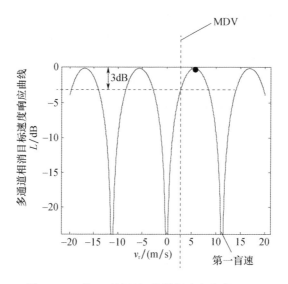

图 3 - 14　基于对消目标信号损失定义的 MDV

由式(3 - 37)和式(3 - 38),可得

$$v_{\mathrm{MDV}} = \frac{\lambda v}{8d} \qquad (3-39)$$

对于方位孔径为 $D_{\mathrm{a}}$ 的天线,划分为两个大小一样的子阵,全阵面发射,两子阵同时接收,两子阵的等效相位中心间距为 $D_{\mathrm{a}}/4$ ,如图 3 - 15 所示,则动目标最小可检测速度为

$$v_{\mathrm{MDV}} = \frac{\lambda v}{2D_{\mathrm{a}}} \qquad (3-40)$$

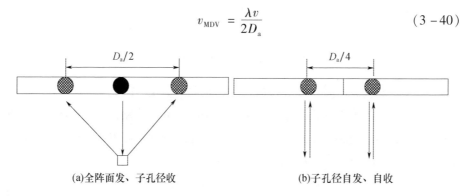

(a)全阵面发、子孔径收　　　　　(b)子孔径自发、自收

图 3 - 15　全阵面发射两子阵接收天线等效相位中心示意图

用同样的方法,对于方位孔径为 $D_{\mathrm{a}}$ 的天线,划分为 3 个大小一样的子阵,全阵面发射,3 个子阵同时接收,两边的两子阵的等效相位中心间距为 $D_{\mathrm{a}}/3$ ,对消后动目标最小可检测速度为

$$v_{MDV} = \frac{3\lambda v}{8D_a} \qquad (3-41)$$

基于单孔径"主杂波带外"检测的 MDV 较大,即对低速目标速度检测性能差。例如,天线方位向孔径长度为 1m 时,当波长为 0.03m、雷达平台速度为 150m/s 时,MDV 为 9m/s;采用全孔径发射,两子孔径接收,MDV 大约为 2.25m/s;若增加天线阵划分的子孔径数目,如分为 3 个子孔径接收,此时可得到最长的一条基线长度为 $d = 0.33m$,MDV 约为 1.7m/s,这表明增加子孔径的个数可以提高速度响应的性能。也应注意到,当子阵数量增加时,接收天线增益下降,影响雷达的作用距离。

**3. 基于"多通道处理后的信噪比"定义的 MDV**

MDV 可以定义为在一定的虚警概率和检测概率下,输出信杂噪比不小于检测所需信噪比时的最小速度。如图 3 - 16 所示,输出信杂噪比曲线与某特定的输出信噪比值的两个"交点"对应的径向速度差值的一半即为 MDV,即

$$v_{MDV} = \frac{(v_r - v_l)}{2} \qquad (3-42)$$

式中:$v_r$ 为图 3 - 16 中右边交点所对应的速度;$v_l$ 为图 3 - 16 中左边交点所对应的速度。

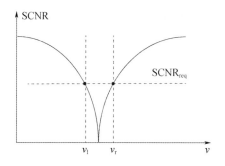

图 3 - 16　基于信杂噪比定义的 MDV

对于给定的目标参数、杂波条件和雷达系统参数,通过计算容易得到信杂噪比 $SCNR_{out}$ 与径向速度 $v$ 的关系 $SCNR_{out}(v)$。利用虚警概率、检测概率和信杂噪比三者之间的关系,可以计算出在不同概率分布杂波、一定虚警概率条件下,为了维持一定的检测概率所需要的 $SCNR_{req}$ 值。根据要求的 $SCNR_{req}$ 值和输出信杂噪比 $SCNR_{out}$ 的交点对应径向速度的差值,即可求出最小可检测速度。要注意的是,不同距离处的雷达输出信杂噪比不同,因此不同距离的最小可检测速度也是不同的。

### 3.3.3 盲速分析

SAR – GMTI 模式无论是 DPCA 还是 ATI(Along Track Interferometry),本质上都是两脉冲对消,其性能要受到两脉冲相消的限制,即盲速问题。如图 3 – 17 所示,当 $2\pi d\sin\theta/\lambda = 2k\pi$ ( $k$ 为自然数)时,即 $\sin\theta = k\lambda/d$ 方向和零方向一样被消除,此方向多普勒频率 $f_d = 2v\sin\theta/\lambda$ ,径向速度 $v_r$ 目标的多普勒频率 $f_{dr} = 2v_r/\lambda$ ,当 $f_{dr} = f_d$ 时,求得目标盲速,这时的盲速称为子阵栅瓣盲速,即

$$v_r = v\sin\theta = k\frac{\lambda v}{d} \tag{3-43}$$

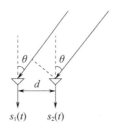

图 3 – 17　两子阵波程差示意图

注意: $d$ 是天线两子阵的相位中心间距,是 3.3.2 节所描述的天线等效相位中心间距的两倍。

克服动目标盲速问题是系统设计所要考虑的,当子阵间距较小时,第一盲速增大;当子阵间距变大时,第一盲速减小。可以采用天线子阵间距参差、变频等方法克服子阵栅瓣盲速问题。

对脉冲雷达而言,天线发射时不能接收。正侧视情况下,重复频率 $f_r$ 对应的盲速为

$$v_r = \frac{\lambda}{2}f_r \tag{3-44}$$

### 3.3.4 动目标定位精度

如图 3 – 17 所示,在三维情况下两子阵的动目标回波信号 $s_1(t)$ 和 $s_2(t)$ 的关系为

$$s_1(t) = s_2(t)\exp\left(\frac{-\mathrm{j}2\pi d\sin(\theta + \Delta\theta)\cos\varphi}{\lambda}\right) \tag{3-45}$$

式中: $\varphi$ 为波束俯仰角; $\theta$ 为波束方位角; $\Delta\theta$ 为目标方位误差角。将两子阵输

出信号共轭相乘,得

$$S = s_2(t) \cdot s_1^*(t)$$

$$= |s_1(t)|^2 \exp\left(j\frac{2\pi d\sin(\theta + \Delta\theta)\cos\varphi}{\lambda}\right) \qquad (3-46)$$

式(3-46)中相位会出现模糊,不能直接得到其相位,补偿 $\theta$ 指向的相位,即式(3-46)乘以 $\exp(-j2\pi d\sin\theta\cos\varphi/\lambda)$,可得

$$S' = |s_1(t)|^2 \exp\left(j\frac{2\pi d\cos\varphi}{\lambda}(\sin(\theta + \Delta\theta) - \sin\theta)\right)$$

$$= |s_1(t)|^2 \exp\left(j\frac{2\pi d\cos\varphi}{\lambda}2\cos\left(\theta + \frac{\Delta\theta}{2}\right)\sin\left(\frac{\Delta\theta}{2}\right)\right)$$

$$\approx |s_1(t)|^2 \exp\left(j\frac{2\pi d\cos\varphi}{\lambda}\Delta\theta\cos\theta\right) \qquad (3-47)$$

设斜距为 $R_s$,则目标定位误差为

$$\sigma_X = R_s\Delta\theta = \frac{R_s\lambda \arg[S']}{2\pi d\cos\varphi\cos\theta} \qquad (3-48)$$

式中:$\arg(\cdot)$ 表示取相位。

从式(3-48)可以看出,目标定位误差与雷达天线子阵相位中心间距、视角、波长、作用距离有关。

## 3.4　WAS-GMTI 指标设计

WAS-GMTI 模式若采用偏置相位中心天线(DPCA)、杂波抑制干涉(CSI)、沿航迹干涉(ATI)处理技术,雷达脉冲重复频率、盲速和 SAR-GMTI 原理上是一样的。这些处理方法存在的共同问题是接收天线的增益是天线子阵的增益,影响探测距离。近年来,随着微电子技术的发展,WAS-GMTI 模式大都采用空时自适应处理技术,本节按采用空时自适应处理方法分析 WAS-GMTI 相关性能。

### 3.4.1　探测距离

在 WAS-GMTI 模式下,雷达的作用距离方程为

$$R^4 = \frac{P_{av}G_tG_r\lambda^2\sigma_t}{(4\pi)^3 KT_0 N_F B_a L_S(SCNR)} \qquad (3-49)$$

式中:$R$ 为雷达作用距离;$P_{av}$ 为平均发射功率;$G_t$ 为天线发射增益;$G_r$ 为天

线接收增益；$\lambda$ 为雷达工作波长；$\sigma_t$ 为目标 RCS；$K$ 为玻尔兹曼常数，等于 $1.38054 \times 10^{-23}$ J/K；$T_0$ 为标准大气噪声温度，取 $290K$；$N_F$ 为系统噪声系数；$B_a$ 为多普勒分辨率；$L_s$ 为系统损耗；SCNR 为检测所需的目标信杂噪比。

### 3.4.2 动目标最小可检测速度

动目标最小可检测速度分析同 3.3.2 节。

### 3.4.3 重频选择与盲区分析

大型 SAR 大都工作在 X 或 Ku 频段，常采用中脉冲重复频率，目标距离和速度都存在模糊，可采用多重参差重复频率解目标距离和速度二维模糊。地面车辆目标尺寸为 5~10m，且目标运动速度低，因此和机载雷达探测空中目标相比，信号带宽由 1~5MHz 提高到 10~20MHz，积累时间也由几十毫秒提高到几百毫秒，目标距离分辨率和速度分辨率较高，而速度分辨率与方位角分辨率有关，距离和方位二维分辨率的提高减少了分辨单元内的杂波能量，提高了信杂噪比，改善对动目标的检测性能。地面目标数量多、密度大，解模糊时会产生大量虚假目标，可采用单一距离不模糊重复频率，变载频解速度模糊；也可选用相对较高的重复频率，满足要求的测速范围内不解速度模糊，仅解距离模糊，以尽量避免解二维模糊。

一旦重复频率选定，探测盲区也就定了，分析方法同中重复频率机载脉冲多普勒雷达盲区分析方法，这里不再叙述，读者可参考相关参考文献。

### 3.4.4 测量精度

WAS – GMTI 模式下的运动目标的测量精度主要指雷达的测距精度和测角精度。

**1. 测距精度**

影响距离测量精度的因素主要有以下几项。

（1）脉冲抖动，即

$$\sigma_d = \frac{c\Delta t_s}{2\sqrt{12}} \tag{3-50}$$

式中：$\Delta t_s$ 为最大脉冲抖动量；$c$ 为光速。

（2）距离时钟，即

$$\sigma_c = \frac{c}{2\sqrt{12}f_c} \tag{3-51}$$

式中：$f_c$ 为定时时钟频率。

（3）调频波形。由于目标的多普勒频率在匹配滤波器中引起相应的时间漂移，导致产生距离误差，对线性调频波形，该项误差为

$$\sigma_{FM} = \frac{T_0 v_m f_0}{\sqrt{12}\Delta f} \tag{3-52}$$

式中：$T_0$ 为信号发射时宽；$v_m$ 为平台与目标间的最大相对速度；$f_0$ 为发射频率；$\Delta f$ 为信号带宽。

（4）A/D 变换。在数字电路中，由电路和接点引起的模拟抽样误差。

（5）杂波和噪声。目标距离可按距离门宽度量化处理得到，对被跟踪的目标也可利用目标回波在相邻距离门上的输出作进一步处理以得到更精确的距离，可用下式估计这两种情况下的杂波和噪声引起的误差，即

$$\sigma_{TR} = \frac{c\tau_e}{2\sqrt{2n \cdot SCNR}} \tag{3-53}$$

式中：$\tau_e$ 为等效脉冲宽度；SCNR 为处理后的信杂噪比；$n$ 为平滑的脉冲数。

（6）多路径，即

$$\sigma_{MR} = \frac{c\sigma^0 \tau_e}{2\sqrt{8G_{SL}}} \tag{3-54}$$

式中：$\sigma^0$ 为地面反射系数；$G_{SL}$ 为天线副瓣电平。

（7）目标闪烁，即

$$\sigma_G = 0.35 L_R \tag{3-55}$$

式中：$L_R$ 为目标径向跨度。

综合以上各项误差后，总距离误差 $\delta R$ 为

$$\delta R = \sqrt{\sigma_d^2 + \sigma_c^2 + \sigma_{FM}^2 + \sigma_{AD}^2 + \sigma_{TR}^2 + \sigma_{MR}^2 + \sigma_G^2} \tag{3-56}$$

**2. 测角误差**

影响角度测量精度的因素主要有以下几项。

（1）杂波和噪声的影响，即

$$\sigma_{CN} = \frac{\theta_{3dB}}{K_M \sqrt{2n \cdot SCNR}} \tag{3-57}$$

式中：$K_M$ 为归一化单脉冲斜率，取 1.6；$\theta_{3dB}$ 为半功率波束宽度。

（2）天线指向误差。由制造公差（机械的和电气的）、温度、风力、太阳、重力和阵面的变形等因素引起，即

$$\sigma_B = \frac{\xi\theta_{3B}}{2\sqrt{N_e}} \qquad (3-58)$$

式中：$\xi$ 为等效到天线单元的总相位误差的均方根值；$N_e$ 为总单元数。

（3）目标闪烁，即

$$\sigma_G = \frac{0.35L}{R} \qquad (3-59)$$

式中：$L$ 为目标横向跨度；$R$ 为目标距离。

（4）扫描误差。单脉冲斜率随偏离阵列法线的扫描角而变化所产生的误差，在最小均方拟合的基础上，产生一个零交叉误差，总的误差 $\sigma_S$ 在 1/50 ~ 1/20 波束宽度内。

综合以上各项误差后，角度总误差 $\Delta\theta$ 为

$$\Delta\theta = \sqrt{\sigma_{CN}^2 + \sigma_b^2 + \sigma_G^2 + \sigma_S^2} \qquad (3-60)$$

# 第 4 章

# 有源相控阵天线

机载 SAR 的最高分辨率目前已达 $0.05\text{m} \times 0.05\text{m}$，这意味着信号的瞬时带宽要大于 3GHz，这对有源相控阵天线的工作带宽特别是瞬时工作带宽提出了高要求。本章将重点阐述高分辨率 SAR 的有源相控阵天线设计，包括辐射单元的选型、阵列设计、综合馈电设计、延时器设计和 T/R 组件设计等，并给出工程应用中的性能优化实例。

## 4.1 有源相控阵天线阵面

宽带天线阵面有两种含义：一是天线工作的系统带宽较大，需要研制宽带辐射天线单元、宽带馈电系统等；二是大瞬时信号带宽工作能力，这要求在宽角扫描下，解决时间延迟的波束控制问题。宽带有源相控阵天线阵面的设计是宽带雷达系统技术难题之一，宽带天线除满足辐射效率和大带宽的要求外，还需满足高方向性和高信号保真度等性能参数要求，色散控制也是宽带相控阵天线系统设计的重要方面。

### 4.1.1 天线辐射单元设计

单元设计工作分成两类，即电气设计与非电气设计。电气设计取决于阻抗匹配、栅瓣抑制、极化控制和功率容量等因素。阻抗匹配通常需考虑某一频段和扫描空域，单元阻抗匹配时辐射功率最大。功率容量也是至关重要的因素，在大功率情况下，要选择合适的单元材料，还需注意对非常细的单元可能造成电弧放电。非电气设计与电气设计具有同等重要性，环境和价格都是影响要素。例如，在飞机上应用的阵列，要求重量轻和体积小。大型平面相控阵价格几乎直接与组成阵列的单元数目有关,对于有源相控阵天线,单元数目也决定了 T/R 组件的个数。天线设计目标是尽可能减少单元个数,有时采用稀疏阵;在圆锥扫描空域内满足栅瓣抑制条件的较佳选择是三角形栅格阵列。

超宽带天线指具有倍频程级辐射方向图带宽、阻抗带宽、极化特性等电磁波辐射单元,其本质是在带宽内具有缓变或者恒定的微波端口到自由空间的阻抗变换传输。宽带天线通常有对数周期天线、螺旋天线、TEM 喇叭双锥天线、V 锥天线或其他行波天线和阵列天线。理论上,宽频带天线应可以无失真地发射和接收很窄的脉冲,考虑到波形的不失真和良好的杂波抑制性能,要求天线是低旁瓣的,且在所确定的频率范围内保持相对恒定的波束宽度和增益。另外,为了在最低的频率端提供合适的角度分辨率和低旁瓣,要求天线的孔径至少为 6~10 个波长。

目前研究比较多的宽带天线阵列是基于槽线天线的密集天线阵,如图 4-1 所示。槽线天线是由角锥天线变异而来,由于其宽带性能优异且工程适应性强,形成一种特别的类别,并且衍生出很多变异和改进形式,如直线缝隙开槽(LTSA)、部分恒宽开槽(CWSA)、双指数渐变开槽(DETSA)和兔耳天线(BETSA)等。

图 4-1 槽线宽带天线阵

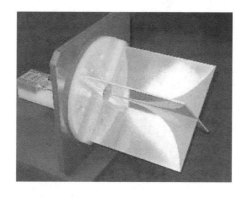

图 4-2 槽线单元

　　槽线天线除了可以作为单天线使用外,还可以作为天线阵列中的单元
(图 4 - 2)。通过优化天线单元的结构和尺寸,可以使天线具有良好的扫描驻
波特性。单极化槽线天线阵如图 4 - 3 所示,槽线天线单元有源驻波如图 4 - 4
所示。

图 4 - 3　单极化槽线天线阵(见彩图)

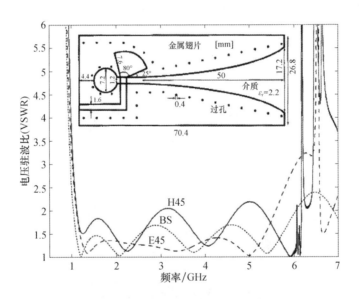

图 4 - 4　槽线天线单元有源驻波

　　阶梯开槽天线是渐变开槽天线的一种变形,但是处于阵列环境中的阶梯开
槽天线的设计可以依据滤波器理论,并可以证明该天线可以获得更好的驻波性
能。天线单元采用阶梯槽线形式是为了获得良好的匹配特性[38]。天线单元中
每一节不同宽度的槽线都具有不同的特性阻抗,而多节不同特性阻抗的传输线
依次连接在一起,可以实现宽带阻抗匹配。根据滤波器理论,阶梯形式的多支

节阻抗变换线,可以在很宽的带宽内实现非常良好的匹配特性。阶梯开槽天线阵已经应用到机载有源电扫天线阵中。

## 4.1.2 超宽带阵列天线设计

超宽带天线阵列相对于单天线而言,除了具备倍频层级辐射方向图带宽、阻抗带宽、极化等特性外,还需关注其宽带内的扫描特性。

**1. 超宽带天线阵列类型**

目前典型的超宽带天线阵列类型如下。

(1)平面宽带阵列。平面宽带阵列主要包含采用多谐振模式、宽角阻抗匹配、改进型馈电等措施的多种扩频方式的平面贴片单元组成的阵列,如图4-5所示。传统贴片天线辐射是由贴片边缘与金属地平面之间的等效窄缝形成的,由于沿传输线方向相距半个线上波长的两缝上电场等幅反向,因而对应的面磁流等幅同向,根据二元阵的理论,其辐射场在贴片的法线方向呈最大值。目前贴片大线的宽频带技术大致有以下几类:①采用低介电常数厚基板;②采用多谐振模式,实现多谐振模式的方法可对贴片进行开槽设计、多贴片寄生设计或者多层贴片设计;③改进常规的馈电方式,如附加阻抗匹配网络、电磁耦合馈电、孔径耦合馈电、L形或者折叠式探针馈电等。

图4-5 平面宽带阵列

(2)槽线阵列天线及其变异。目前工程中采用最为常见的一种宽带形式,其特点是大带宽、驻波特性和扫描特性好等。由于其性能佳、加工设计方便,其改进形式也特别多样,属于行波天线,通过涂覆于介质衬底层的金属板上开槽而成,根据开槽形状,可分为指数渐变槽天线(槽线)、线性渐变槽天线、阶梯槽天线等形式。渐变槽天线辐射单元为一种宽带单元,采用双极化方式可进一步扩展带宽。根据不同的系统需求,可在阵面上增加极化一维自由度,使阵面多功能适应性更强(图4-6)。

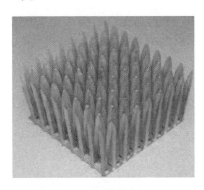

图4-6 槽线阵列天线

(3)强耦合阵列天线及其变异。强耦合阵列天线是一种新型的超宽带天线,它利用阵中单元之间的紧耦合实现一种等效加载,从而有效扩展带宽,对于特定的应用场合具有特定的优势(图4-7)。强互耦效应的超宽带相控阵天线直接利用天线单元间的强互耦效应拓展相控阵工作频带,可大幅提高相控阵的扫描带宽,且具有低剖面的特征;缺点主要是与同口径面积的传统宽带相控阵相比,由于阵元数目增多,所需的 T/R 组件数目也较多,因此整个天线的造价较高。

图4-7 强耦合阵列天线

(4)宽带长缝阵列天线。与强耦合偶极子一样,实现了连续电流带模型(图4-8)。长缝由工作频段上限频率上间距半个波长的阵子激励。这种天线阵面的阻抗比较高(为 300~400Ω),可以使结构与自由空间的波导电阻匹配。用这种方法可以获得频率覆盖4:1。如果在结构中加入铁氧体负载(屏蔽板之上),可以获得工作频带10:1。然而,使用铁氧体负载的缺点是有插入损耗,整个工作频带损耗大约在 2dB 以上。

图 4 – 8   宽带长缝阵列天线

**2. 周期边界条件**

宽带宽角度扫描功能一直是超宽带阵列天线所希望达到的性能,但由于天线单元之间的耦合以及物理尺寸的限制,实现相控阵天线的宽带宽角度扫描具有较大难度[39-40]。Knittel 概括了用于振子和波导阵列阻抗匹配的方法,把宽角阻抗匹配技术划分为改善宽角匹配的传输线区技术和自由空间区技术。传输线区技术通过采用无源电路在口径控制高次模,通过各单元之间分别互连或通过使用有源调谐电路来改善阻抗匹配,实现不同程度的宽角匹配。Knittel 还提出 5 种自由空间技术,其中最重要的是减小单元间距。由 Knittel 评述的两种加载方法是金属隔板和阵列地板的周期加载,其他技术包括介质薄板和作为覆盖层(天线罩)用的介质板技术。

一个包含 $N$ 个天线单元的天线阵如图 4 – 9 所示,每个天线单元后面接微波传输线,并由传输线为每个天线单元提供入射电磁波激励,则该天线阵的端口特性可以认为是一个 $N$ 端口网络,并用 $S$ 参数矩阵描述,即

$$\boldsymbol{S} = \begin{bmatrix} S_{11} & S_{12} & \cdots & S_{1N} \\ S_{21} & S_{22} & \cdots & S_{2N} \\ \vdots & \vdots & \ddots & \vdots \\ S_{N1} & S_{N2} & \cdots & S_{NN} \end{bmatrix} \tag{4 – 1}$$

有源反射系数是相控阵天线单元设计的关键,可以通过电磁计算获取全阵列的 $S$ 参数。但是每次这样的计算都需要耗费大量的时间用于求解整个天线阵的电磁特性(即使小规模的天线阵的电磁计算问题也很复杂),所以不适用于天线单元的设计和优化。因此,在实际的相控阵天线单元设计中,周期边界条件方法是主要的分析手段。

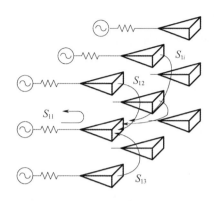

图 4 - 9　天线单元间耦合的示意图

一个无限大的平面天线阵,天线单元结构相同,且按规则栅格排列。阵面口径是一个二维周期结构。该周期结构的空间周期为阵列相邻单元之间的距离。由于周期结构的空间平移对称性,只需要分析其中一个周期单元内的场分布,而根据弗洛奎(Floquet)定理,其他单元的场分布只需要依次增加一个相位。而对于天线阵,也只需要分析周期波导中的单个天线单元,如图 4 - 10 所示,从而大大降低工作量。

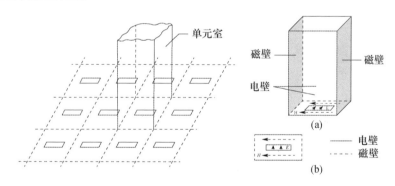

图 4 - 10　周期波导法(谱域法)

这样以周期边界条件围成的波导可以传播若干模式的电磁波,其中的基模对应于天线阵波束的主瓣,而高次模对应于天线阵的栅瓣。

由于天线阵列中单元间存在耦合,使得设计宽带宽角扫描天线单元成为相控阵天线设计中的难点。为了克服耦合的影响,直观的设计思路是采取措施降低天线单元之间的耦合,包括增加天线单元间距或者采用电磁场带隙(EBG)等手段,但是有时减小天线单元间距增加天线单元之间的耦合却能获得意想不到的效果。位于单元室内的天线单元能够同时激励基模和高次模,天线单元辐射特性也会随频率的变化而变化。因此,减少天线单元间距,增加高次模的截止深度,减少高次模的场对频率的敏感度以及在总的辐射场中所占比例,能够有效扩大天线单元的带宽。

超宽带阵列天线需要解决的一个重要问题是巴伦(Balun)和匹配设计。巴伦是平衡非平衡转变器,它在平衡天线馈电网络、微波平衡混频器以及推挽放大器等多种微波射频器件中具有重要的作用。巴伦用于实现单端电路和双端电路的信号转换,如图4-11为一种超宽带天线的巴伦示意图。匹配则是用于实现馈电接口与辐射空间的阻抗变换,使得天线的电磁波信号有效向空间辐射。超宽带天线需要在宽带范围内实现上述两种功能的结合。

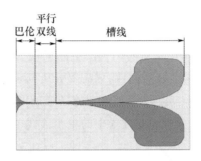

图4-11 超宽带天线巴伦示意图

超宽带阵列天线的另一个重要问题是补偿与加载。宽带天线在整个工作带宽内的响应是频率的函数,有些情况下,需要针对某一段频率进行天线输入电抗补偿,以实现接近于频率无关的特性。而加载是指在天线适当的位置插入某种元件或者网络(集中/分布),以改变天线中的电流分布,改善天线的电特性。常用的加载方法包含电阻加载、电容加载、连续加载、网络加载、介质加载等。补偿和加载在改善天线性能的同时,会产生一定的副作用,需折中考虑。

综上所述,超宽带阵列天线的设计主要步骤如下。

(1)根据系统指标要求和边界条件(体积、重量、构型)等进行选型,选择合适的单元形式,使其满足系统要求。

(2)进行单元优化,同时进行巴伦和匹配设计。

(3)进行补偿和加载优化,使得天线满足驻波、扫描、宽带等要求。

(4)阵列仿真验证。

(5)工程设计和实验验证。

## 4.1.3　阵列波束赋形设计

阵列天线通过幅度或相位加权可以实现一般抛物面天线或连续口径天线所难以达到的低副瓣和特殊波瓣。对于阵列天线,传统的副瓣加权方式有海明权、切比雪夫权、泰勒权、贝利斯权和埃里奥特权等。随着计算机技术的发展,基于优化算法可以实现更加复杂的口径加权和特殊的天线方向图[41]。

### 1. 交替投影法

交替投影法最早应用于图像处理,后应用于各类阵列综合,是一种非常灵活和强大的方法。交替投影法基于集合相交的理论,运用于阵列方向图综合,通常在方向图的集合中定义两个集合。一个集合 $B$ 定义为该阵列能辐射的所有方向图。另一个集合 $M$ 定义为满足目标的方向图。解集即为两个集合的交集。交替投影法的优点是效率很高,缺点是受初值的选取影响较大。

### 2. 全局优化算法

阵列综合可以看作最优化的问题,优化的目标通常包括极大化增益、极小化副瓣或与指定的参考方向图有最小的偏移等。这些目标函数通常非凸或不可微,或存在大量的局部最优值,这样的问题很难用经典的基于梯度信息的优化算法求解,用这些方法往往只能得到靠近初值的局部最优解。近年来,一类优化算法在这类问题上取得进展,如基因算法(GA)、模拟退火算法(SA)、粒子群算法(PSO)、差分演化策略(DES)等,它们以不同方式引入随机性,使算法收敛于局部最优的可能性大大降低,能有效地在整个变量空间中搜索,因而被称为全局优化算法。

有源相控阵单元数动辄数千上万,波位数量越来越多,为了能在工程实践中应用前面所述的算法,有必要缩短算法运行的时间。计算机能力的迅速提升有利于数值综合算法处理越来越大的阵列。计算机正向多处理器并行工作的趋势发展,基于群体的全局优化算法非常适合并行化,将获得越来越广泛的应用。

更重要的是算法本身的研究。当自由度越来越大时,如何保证优化算法有较好的性能,仍是需要研究的课题。另一种途径是降低自由度,即不去直接优化单元的幅相,而是预先选取一组基,通过优化基的系数来得到最终的幅相分布。基的数目如果能远小于阵元数目,该方法将十分有效。在不同阵列构型下如何选取合适的基还有待研究。

另外,对于大型阵列,直接计算方向图与用快速算法计算存在数量级的差别,因此有必要在综合过程中快速计算阵列方向图。

估算一般情况下阵列方向图的计算复杂度:设 $N = k_{max}R$ ( $R$ 为包围阵列的最小球体的半径, $k_{max}$ 为最高频的波数),阵列单元分布在曲面(或平面)上,单元数目为 $O(N^2)$ ,为了能表达方向图,空间采样点的数目也为 $O(N^2)$ ,因此,直接计算方向图的计算复杂度为 $O(N^4)$ 。对于平面均匀阵列,通常采用快速傅里叶变换(FFT)来计算方向图,计算复杂度降低为 $O(N^2\log N)$ 。需要指出的是,对于平面非均匀阵或共形阵,也存在 $O(N^2\log N)$ 的计算方法。

设有平面均匀阵如图 4 – 12(a)所示,单元网格为正三角形,边长为 $0.6\lambda$ 。阵列轮廓为圆形,直径为 $30\lambda$ ,单元数为 2266,单元设为各向同性。希望保持幅度权为全 1,仅用相位加权的方式,压低阵列的下半空间副瓣。可使用 SFFT 法,定义方向图下半空间除去主瓣的部分上限为 – 45dB,经过 200 次迭代,可以得到图 4 – 12(b)所示的方向图。可以发现,除了最靠近主瓣的旁瓣达到 – 37dB 外,下半空域的大部分副瓣均低于 – 43dB。考虑到恒定幅相权的平面圆阵旁瓣为 – 17dB,可看到 SFFT 仅相位加权压低区域副瓣得到很好的效果。

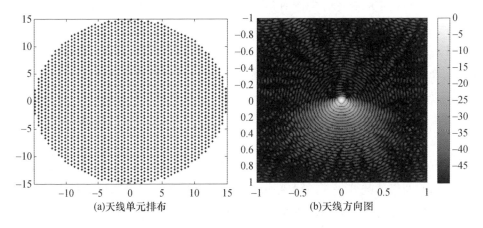

(a)天线单元排布          (b)天线方向图

图 4 – 12    平面圆形天线阵与赋形方向图

## 4.1.4    工程应用中的天线性能优化设计

相控阵天线近场校准的目的是尽量减小各通道之间幅度和相位误差,也就是排除天线阵面所有的相关误差,使得剩余的误差都是由于受元件极限精度限制而产生的剩余、非相关的幅相误差,最后剩下的误差常当作随机误差来处理。

除了随机幅相误差外,相关误差的影响对阵列设计也非常重要,因为它们会产生高电平的峰值副瓣。由移相器引起的周期性相位误差就是相关误差的典型示例。相控阵天线出于成本考虑,常采用子阵形式,对于子阵间距相等、均匀照射但每个子阵具有不同幅度加权的相控阵,其栅瓣位于子阵方向图的零点。如果整个阵列均匀激励,则其波束宽度变窄,子阵方向图的零点彻底消除栅瓣。为降低阵列因子的副瓣而对子阵输入端激励幅度进行加权时,波束宽度变宽,并且在栅瓣角度上使波束分裂(类似单脉冲差波束),波束分裂是由子阵方向图的零点引起的。栅瓣的上限可用下式估计[41],即

$$P_{\mathrm{gl}} < 20\log\left(\frac{B_{\mathrm{b}}}{MN_{\mathrm{s}}}\right) \tag{4-2}$$

式中:$M$ 为子阵个数;$N_{\mathrm{s}}$ 为子阵单元数;$B_{\mathrm{b}}$ 为波束展宽系数。

**1. 旋转矢量法**

旋转矢量法[42]是一种用于检测天线阵每个天线单元幅度和相位的方法。与简单的打开或关断 T/R 组件的监测方法相比,旋转矢量法有以下优点。

(1)能有效隔离被测天线单元与非测试天线单元的信号。在阵面监测校准中,通过开关可以将非测量单元或 T/R 组件关断,但是由于开关的隔离度有限,仍然有弱信号泄漏到合成网络中。相控阵天线中包含成千上万个天线单元,泄漏信号的总功率和被测 T/R 通道的信号功率可比拟,给校准带来误差。

旋转矢量法通过移相器对被测天线单元的相位进行调制,并通过算法将该调制信号从非调制的干扰信号中提取出来,极大提高了测量精度。

(2)能消除测试系统自身的相位漂移和误差。在监测系统中,其射频链路可能出现缓慢地随时间变化的微小幅相漂移,这种漂移会引入到每个天线单元和 T/R 通道的测量结果中,给测试结果带来误差。

旋转矢量法能够同时测量天线阵面中两个天线单元的信号,并通过解析相位调制规律将其区分出来。通过两个单元的信号相比较,可以消除测量结果中系统漂移引入的公共误差。

图 4-13 显示了相控阵天线的结构示意图。监测天线接收到的和信号是各个单元发射信号的叠加。当某个天线单元的相位随移相器改变时,和信号也随单元信号的旋转而变化,如图 4-14 所示。

考虑阵面上两个天线单元同时发射信号,即两个复信号 $A_1\exp(\mathrm{j}\phi_1)$ 和 $A_2\exp(\mathrm{j}\phi_2)$,则监测喇叭上收到的信号是这两个信号的合成,记为 $A\exp(\mathrm{j}\phi)$,如图 4-15 所示。

设由移相器对 $A_2\exp(\mathrm{j}\phi_2)$ 引入的额外相移为 $\Delta$,根据平行四边形法则,有

$$A^2 = A_1^2 + A_2^2 + 2A_1A_2\cos(\phi_2 - \phi_1 + \Delta) \tag{4-3}$$

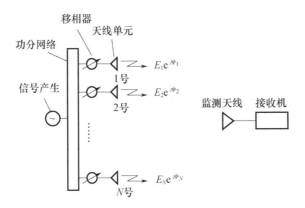

图 4-13　相控阵天线结构示意图

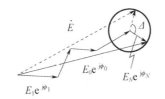

图 4-14　各个天线单元的信号与和信号矢量

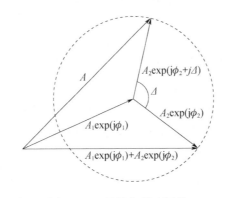

图 4-15　旋转矢量法原理

当移相器是 $n$ 位离散移相器时,移相器能够提供的相位状态为 $M = 2^n$ 个。令其相位分辨率 $\delta = 2\pi/M$,当移相器为第 $i$ 个相位状态时 $\Delta = i\delta$ ( $i = 0,1,2,\cdots,M-1$ )。所以式(4-3)可以改写为

$$A^2(i) = A_1^2 + A_2^2 + 2A_1A_2\cos(\phi_2 - \phi_1 + i\delta) \tag{4-4}$$

这个表达式是余弦函数的形式。这说明当移相器的相位状态改变的时候,合成信号的功率按余弦函数变化,而且在 $i$ 从 0 变化到 $M-1$ 的过程中,正好完成一

个周期的变化。可用傅里叶分析方法从测量得到序列 $\{A_2(i)\}$ 中求出 $A_1^2 + A_2^2$、$A_1 A_2$ 和 $\phi_2 - \phi_1$。

当移相器的相位状态依次改变时,通过测量获得和信号的功率序列 $\{A_2(i)\}$,可以先求出

$$I = \sum_{i=0}^{M-1} A^2(i) \cos(i\delta) \tag{4-5}$$

$$Q = \sum_{i=0}^{M-1} A^2(i) \sin(i\delta) \tag{4-6}$$

得到

$$\begin{cases} A_1^2 + A_2^2 = \dfrac{1}{M} \sum_{i=0}^{M-1} A^2(i) \\ A_1 A_2 = \dfrac{1}{M}(I^2 + Q^2)^{1/2} \\ \phi_2 - \phi_1 = \arg(I - jQ) \end{cases} \tag{4-7}$$

实际上就是求解序列 $\{A_2(i)\}$ 中直流成分和一次谐波成分的过程。

在得到 $A_1^2 + A_2^2$ 和 $A_1 A_2$ 后,记 $A_1^2 + A_2^2 = C$,$A_1 A_2 = D$,可以求出

$$\begin{cases} A_1 = \dfrac{(\sqrt{C+2D} + \sqrt{C-2D})}{2} \\ A_2 = \dfrac{(\sqrt{C+2D} - \sqrt{C-2D})}{2} \end{cases} \text{或} \begin{cases} A_1 = \dfrac{(\sqrt{C+2D} - \sqrt{C-2D})}{2} \\ A_2 = \dfrac{(\sqrt{C+2D} + \sqrt{C-2D})}{2} \end{cases}$$

$$\tag{4-8}$$

然后以其中一个单元的信号为参考,可以求出另一天线单元相对于参考天线单元的幅度和相位差 $Z$,即

$$Z = \frac{A_2 \exp(j\phi_2)}{A_1 \exp(j\phi_1)} \tag{4-9}$$

根据旋转矢量法的基本原理,可以通过一次测量得出阵面上的天线单元相对于某个参考单元的幅度和相位差。由于测量结果均为相对于某个参考单元的幅度和相位差,因此用此方法可以有效消除整个外监测系统中射频链路的漂移,从而降低了对系统稳定性的要求。

**2. 黄金定标法**

黄金定标法是通过比较的方法确定天线阵面 T/R 组件的幅相误差。具体步骤如下。

(1)通过近场扫描架等手段,对天线阵面进行初次修正,保证天线阵面的幅

相一致性。

（2）用监测天线接收天线阵面的信号，通过旋转矢量法逐个测量在此幅相一致状态下，各个天线单元到监测天线信号的幅度和相位，并记录作为标准。

（3）当天线阵面幅相特性恶化后，同样通过旋转矢量法逐个测量此状态下天线单元到监测天线信号的幅度和相位。

（4）将二次测量的数据与初始标准数据相比较，确定幅相偏差，并生成补偿码。

### 3. 相位量化效应

采用数字式移相器来实现相控阵扫描所要求的阵内连续步进相位时，数字移相器提供的离散相移值与连续的阵内相位步进之间存在相位误差，称之为相位量化误差。这种离散化导致对阵列所需的连续步进相位进行阶梯形近似，阶梯形相位波前导致周期性三角形相位误差，由此产生相位量化瓣（又称为寄生瓣或栅瓣）、波束指向偏离和增益下降等，这就是相位量化效应。

对于 $b$ 位数字移相器，其相位状态都是最小位 $\Delta$ 的倍数，有

$$\Delta = \frac{2\pi}{2^b} \qquad (4-10)$$

相位量化时，最大相位误差为 $\psi_{\max} = \pm\delta = \pm\Delta/2$ ，相位误差的均方根值按均匀分布计算应为

$$\sigma_\psi = \frac{\delta}{\sqrt{3}} \qquad (4-11)$$

通过假定阵列的电流分布是连续函数（而不是离散单元的集合）的方法，可计算出这种相位误差分布形成的第一个量化瓣峰值功率电平，即

$$P_{gl} \approx -6.02b \quad \mathrm{dB} \qquad (4-12)$$

对于具有子阵结构的阵列，Mailloux 给出量化瓣电平估计公式[41]

$$P_{gl} = \left[ \frac{\pi}{2^b} / N_s \sin\left(\frac{p'\pi}{N_s}\right) \right]^2 \qquad (4-13)$$

式中：$N_s$ 为子阵单元数；$p' = p + 1/2^b$（$p$ 为非零整数）。当 $N_s$ 较大时，其结果与式（4-12）几乎一致（$p = \pm 1$）；当 $N_s$ 较小时，式（4-13）的估计结果偏低。

由于相位量化引入周期性相位误差，从而导致相位量化瓣的出现。尽管不能降低平均相位误差，但可采用随机方法打乱相位量化误差的周期性，从而达到降低或抑制量化瓣的目的，称之为"随机相位量化"，或简称为"随机馈相"。相位量化引起的波束指向误差推导过程较为复杂，但可以引用幅相误差对波束

指向误差影响的分析结果。对于均匀照射线阵,在假定相位量化误差的概率密度函数为偶函数时,Crrod 等[43]给出了指向误差的均方差,即

$$\sigma_\theta = \frac{2\sqrt{3}\,\sigma_\psi}{(kd\cos\theta_0)\,\sqrt{(N-1)^3}}$$

(4 – 14)

式中:$N$ 为单元数;$\theta_0$ 为扫描角。

### 4. 虚位技术

当采用 $b$ 位数字式移相器时,移相器的最小相移值为 $\Delta$,线阵天线波束的最大值指向取决于阵内相邻单元之间的相位步进 $\phi_q$,它只能是 $\Delta$ 的整数倍,即

$$\phi_q = q\Delta$$

(4 – 15)

对于天线阵可实现的第 $q$(整数)个波束指向 $\theta_q$,满足下列关系式,即

$$kd\sin\theta_q = \phi_q$$

(4 – 16)

即

$$\theta_q = \arcsin\left(q\,\frac{\lambda}{d}\,\frac{1}{2^b}\right)$$

(4 – 17)

当阵内相邻单元之间的相位步进由 $(q-1)\Delta$ 变到 $q\Delta$ 时,波束指向由 $\theta_{q-1}$ 变到 $\theta_q$,其角度增量简称为"波束跃度"。可求得波束跃度为[44]

$$\delta\theta_q \approx \frac{1}{\cos\theta_{q-1}}\frac{\lambda}{2^b d} = \frac{1}{\cos\theta_{q-1}}\delta\theta_1$$

(4 – 18)

式中:$\delta\theta_1$ 为天线波束用阵列法向侧边扫一个波束位置,即 $q$ 由 0 变为 1 时的波束跃度。以上分析说明,采用数字式移相器后,相控阵天线的波束指向是离散的,随着扫描角度的增大,相邻波束之间的角距(波束跃度)按比例增大。这与天线波束随扫描角增加而展宽是一致的。为实现小的波束跃度,虚位技术应运而生。

当计算 $b$ 位移相器所需要的相移值时,按 $K = b + p$ 位进行运算,再舍去低 $p$ 位,取高 $b$ 位控制移相器,这就是虚位技术。在节省数字式移相器位数的同时,保证相控阵天线所需要的小波束跃度[45]。

采用虚位技术计算的最小相移值为

$$\Delta_K = \frac{2\pi}{2^K}$$

(4 – 19)

第 $q$ 个波束的指向 $\phi'_q$,满足下列关系式,即

$$kd\sin\theta'_q = \phi'_q = q\Delta_K$$

(4 – 20)

即

$$\theta'_q = \arcsin\left(q\,\frac{\lambda}{d}\,\frac{1}{2^K}\right) \tag{4-21}$$

可求得波束跃度为

$$\delta\theta'_q \approx \frac{1}{\cos\theta'_{q-1}}\frac{\lambda}{2^K d} = \frac{1}{\cos\theta'_{q-1}}\delta\theta'_1 \tag{4-22}$$

可以看出,波束跃度约可以减小至原有波束跃度的 1/2。但式(4-22)计算出的波束跃度有误差。对于第 $q=1$ 个波束,按 $K=b+p$ 位计算出的 $N$ 元线阵的阵内相位矩阵应为

$$[n\boldsymbol{\phi}'_1]_N = \boldsymbol{\Delta}_K [\,0\ 1\ 2\ 3\ 4\ \cdots\ (N-1)\,] \tag{4-23}$$

而舍去了移相器的低 $p$ 位后,实际上能实现的阵内相位矩阵为

$$[n\boldsymbol{\phi}'_1]'_N = \boldsymbol{\Delta}\,[\,0\ 0\ \cdots\ 1\ 1\ \cdots\ 2\ 2\ \cdots\,] \tag{4-24}$$

式中 0 的个数为 $2^p$ 个,1 的个数为 $2^p$ 个,…。于是,阵内误差相位矩阵为

$$[n\boldsymbol{\phi}'_1]'_N - [n\boldsymbol{\phi}'_1]_N = \boldsymbol{\Delta}\,[\,0\ 1\ \cdots\ 2^p-1\ 0\ 1\ \cdots\ 2^p-1\ \cdots\,] \tag{4-25}$$

从以上公式可以看出,采用虚位技术舍去移相器的最低 $p$ 位以后,相当于将 $2^p$ 个单元组成一个天线子阵,每个子阵内各单元相位相同,因此子阵波束并没有扫描,其波束指向仍然是线阵的法线方向。若将每个子阵看成一个新的天线单元,它们所形成的阵因子称为综合因子方向图,则综合因子方向图将扫描一个波束跃度( $\delta\theta'_1$ ),而子阵方向图则保持不变。两个方向图相乘以后,波束指向(主瓣)将略有偏移,其影响一般不严重,但是综合因子方向图栅瓣所引起的副瓣电平将抬高,它又可以称为量化瓣。

当 $q=2,3,\cdots,2^p-1$ 时,波束指向的偏离和栅瓣引起的副瓣电平的升高将没有第 1 个波束严重。以 $q=2$ 为例,相当于将 $2^{p-1}$ 个单元组成一个天线子阵,子阵单元数目减半,子阵波束宽度也增大,综合因子方向图栅瓣之间的间隔也将拉开一倍。$q=m\cdot 2^p$ ($m$ 为整数)对应于不虚位时的第 $m$ 个波束;$q=m\cdot 2^p+1$ 与 $q=1$ 的情况相同,存在同样的阵内误差相位分布;$q=m\cdot 2^p+2$ 与 $q=2$ 的情况相同,存在同样的阵内误差相位分布,以此类推。

## ▶▶▶ 4.2　综合馈电网络

综合馈电网络采用混合微波电路技术,将微波网络、波束控制网络和电源网络等各类传输信号进行整体考虑和一体化综合设计,以多层印制板形式,通

过印制板板间垂直互连实现各类信号大容量、高效率和高可靠地传输,最大限度地提高雷达阵面集成度,减小天线的体积和重量,提高雷达系统的可靠性。不同于传统的各分机间通过众多的射频、低频电缆连接的有引线阵面连接方式,综合馈电网络实现天线单元、T/R 组件与波控、电源盲插对接,形成无引线阵面,这种无引线连接方式,是未来雷达系统设计的趋势。国外在 20 世纪 90 年代已开展该技术研究,图 4 – 16 是欧洲研制的 X 波段有源智能蒙皮[46],共 36 个独立单元,其中 16 个为有源单元。

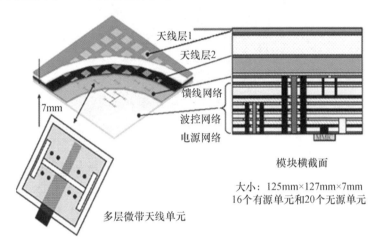

图 4 – 16　高集成度有源智能蒙皮(叠层示意)

近年来,中国电子科技集团第十四研究所的综合网络技术持续向高频段、高集成度、轻量化方向发展。在某机载高分辨率 SAR 中首次研制了 Ku 频段综合网络,该综合网络共 20 层,厚 6.5mm,内含 +8V/ +5V/ −5V 电源层、波控控制走线层以及 6 个宽带 1∶5 分配网络,工作频段为 14 ~ 18GHz,如图 4 – 17 所示,可以实现 30 个四单元组件微波激励、波束形成与波束控制和电源馈电。

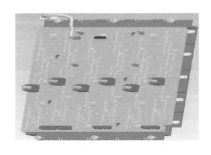

图 4 – 17　Ku 频段综合网络

在某微型 SAR 系统中,综合母板印制板上集成了天线、馈电、监测、电源和控制等各类高低频网络,TR 组件、电源模块、控制芯片、电容和电阻等各类元器件表贴在综合母板上。如图 4 - 18 所示,共集成 192 个天线单元、射频网络、48 个 TR 组件、48 个电源模块和一套控制网络,成品尺寸 197mm × 136mm × 15.8mm,含结构围框的总质量为 760g。

图 4 - 18   基于微型 SAR 系统的综合母板

综合馈电网络技术包含高频微波电路、高速数字电路及大电流分配电路的综合设计及制造,其关键技术有以下几个。

(1)三维微波电路设计技术。通过宽带射频网络设计技术、多层印制板层间射频宽带电路垂直互联技术、无引线盲插技术等,将传统平面电路向三维空间拓展。

(2)复杂信号综合电路设计技术。解决微波信号、数字信号、电源信号之间的电磁兼容问题。

(3)微波多层印制板制造技术。微波多层印制板生产工艺水平的提升,涵盖功能基板多层化制造技术、层间绝缘介质厚度控制技术、多层微波印制板各层间图形高重合度技术、各类微波介质材料孔金属化互连制造技术以及三维数控加工技术等。

(4)微组装工艺技术。包括 T/R 组件、各类波控芯片、电源芯片与综合网络板间 BGA 互连、QFN 互联技术等。

一个典型的综合馈电网络的多层印制板叠层关系如图 4 - 19 所示(图中未标出介质层)。

为了保证高集成信号传输网络的电讯性能,设计中应遵循以下原则。

(1)不同种类的信号传输网络应分置于不同的叠层,且不相互交叉。

(2)不同信号垂直互连结构之间的距离应尽量大,以降低电磁干扰效应。

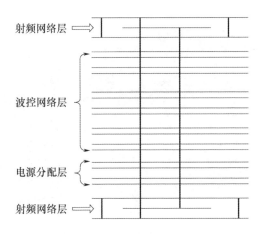

图 4 - 19　综合馈电网络的典型叠层结构

（3）为了保证电源完整性，不同信号传输网络应设置独立的接地层。

（4）为了保证信号完整性，应尽量避免传输线平行布置。

（5）应对垂直互连结构等关键位置进行电磁屏蔽设计。

下面重点介绍综合馈电网络的优化设计。

## 4.2.1　射频网络的优化

综合馈电网络中射频网络的主要功能是为相控阵雷达阵面中的每个单元或子阵进行微波功率分配/合成，为子阵内的 T/R 组件提供子阵级的功率监测。射频网络层主要由功率分配器/合成器和功率耦合器等微波器件组成。其中，前者用于微波功率的分配和合成，后者用于监测功率的耦合输出。可用于微波多层印制板电路设计的传输线类型有微带线、带状线、槽线和共面波导等形式[47]，典型的射频电路仿真模型如图 4 - 20 所示。

不同层间的信号由垂直互连结构传输，典型的层间互连形式如图 4 - 21 所示。

运用 Design、HFSS、CST 等仿真软件对射频电路、层间垂直互连、板间互连以及级联后的模型进行优化仿真是确保馈电网络层整体性能的关键。运用 HFSS 仿真软件建立级联优化仿真的模型如图 4 - 22 所示，运用 CST 仿真软件建立级联优化仿真的模型如图 4 - 23 所示。进行射频电路级联仿真，能最大限度地模拟并优化所设计的射频电路性能。

## 4.2.2　波束控制网络的优化

高集成信号传输网络中波束控制网络层的主要功能是为相控阵雷达阵面

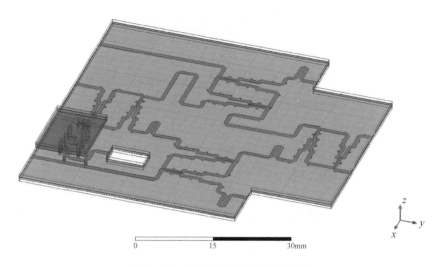

图4-20 典型的射频电路仿真模型

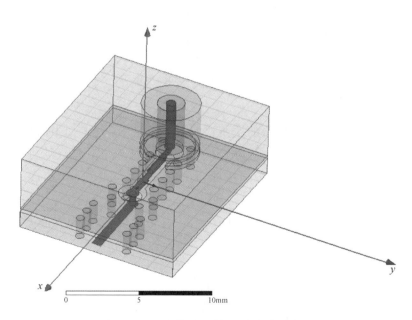

图4-21 层间信号垂直互连结构仿真模型

中的单元或子阵进行波控信号分配。由于相控阵雷达所用的波控信号属于高速数字信号,为了保证波控信号传输过程中不发生严重失真和时序错误,应对波控网络设计方案进行信号完整性分析。一是波控网络设计时选择适当的布线拓扑结构,并尽力优化传输线终端阻抗匹配;二是优化波控网络层的布局布线,尽量增大传输线布线间距,减少传输线平行分布。

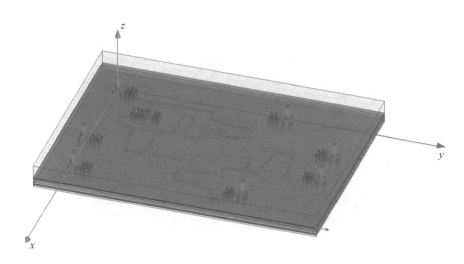

图 4 – 22　运用 HFSS 建立的射频电路级联仿真模型

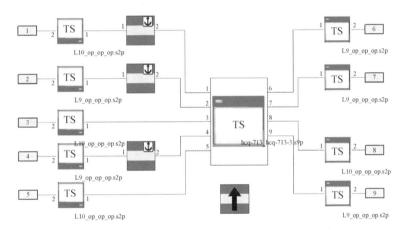

图 4 – 23　运用 CST 建立的射频电路级联的仿真模型

### 1. 布线拓扑结构和终端阻抗匹配

波束控制网络层中,高速数字电路的布线拓扑结构直接影响到信号完整性和电磁兼容性[40],常用的布线结构包括菊花链拓扑和星形拓扑两种类型,如图 4 – 24所示。

菊花链拓扑和星形拓扑结构有各自的特点,适用的布线环境也不一致,选择适当的拓扑结构,对设计方案进行优化仿真,同时优化驱动端(输入节点)、接收端(输出节点)的阻抗匹配来保证波控信号传输的完整性。

### 2. 波控网络层的数字化设计

在传统的波控网络设计基础上引入数字化设计流程,即常说的"数字化样

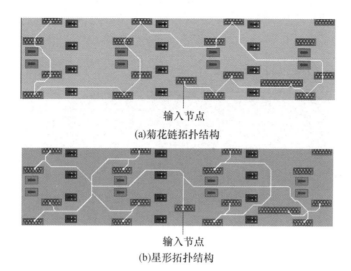

输入节点

(a)菊花链拓扑结构

输入节点

(b)星形拓扑结构

图 4 - 24　常用布线拓扑结构

机",运用 Cadence、CST 等电磁设计仿真软件进行电路图仿真设计、自动布局布线、版图设计及验证、波控网络的信号完整性分析。

**3. 信号完整性仿真分析**

信号完整性仿真并不是电路的功能仿真,而是信号从驱动端经过传输线到达接收端的过程中传输质量的仿真。常用的仿真工具有 Cadence 软件的 PCB SI 模块以及 CST 软件的 PCB 工作室模块。运用 Cadence、CST 等电磁设计仿真软件进行电路图仿真设计、自动布局布线、版图设计及验证、波控网络中数字信号传输的信号完整性与电磁兼容性分析。

## 4. 2. 3　供电网络的优化

电源分配网络层的主要功能是为相控阵雷达阵面中的 T/R 组件提供直流电源。一般情况下,实际使用的电源分配网络总是存在阻抗,当瞬态电流通过时,会产生压降和波动,为保证供电电压稳定,必须对电源分配网络层的阻抗分布进行优化设计,即电源完整性分析,典型的电源分配系统模型如图 4 - 25 所示。

统筹考虑电压调节模块(VRM)、去耦电容和电源/地平面对等因素,达到降低网络阻抗的目的。

当前电源分配网络设计采用最多的是基于目标阻抗的设计方法[48],为了控制电源分配网络的系统阻抗,加装去耦电容是最为有效的方法,可以建立图 4 -26所示的去耦电容的等效模型。

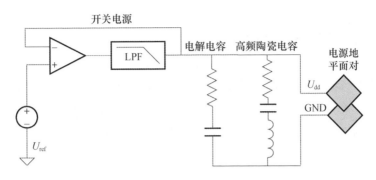

图 4 - 25　典型的电源分配系统模型

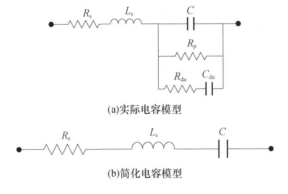

图 4 - 26　去耦电容的等效模型

图 4 - 26 是一个串联 RLC 电路,其等效阻抗和谐振频率分别为

$$
\begin{cases}
Z = \sqrt{R_s^2 + \left(2\pi f L_s^2 - \dfrac{1}{2\pi f C}\right)^2} \\
f_0 = \dfrac{1}{2\sqrt{L_s C}}
\end{cases}
\tag{4-26}
$$

从式(4-26)可以看出,去耦电容在谐振频率以下表现为容性,在谐振频率以上表现为感性,而当工作频率等于谐振频率时,电路阻抗获得极小值的等效串联电阻 $R_s$。因此,在加装去耦电容时,需选择 $R_s$ 较小、谐振频率和电路工作频率相近的电容,并且要求电容值较大、等效串联电感 $L_s$ 较小。为此,实际电路中通常采用大小电容并联的方法,这样可以在满足电容值的前提下,使得 $R_s$ 和 $L_s$ 减小,从而保证去耦效果。

综合馈电网络技术涉及多项技术间的结合以及多门学科间的交叉,随着微电子技术的发展,综合馈电网络将逐步向模块化和标准化方向发展。

# ▶▶▶ 4.3　宽带延时器

本节首先介绍阵列带宽"孔径渡越时间"的概念。一个非常窄的脉冲到达阵列不同单元的时间不同,如果没有时延装置,那么无法将每个单元的信号进行有效合成。脉冲宽度必须远大于填充的时间,也就是说,对一个从角度 $\theta_0$ 入射来的脉冲,应有

$$T = \frac{L\sin\theta_0}{c} \qquad (4-27)$$

式中: $c$ 为光速; $L$ 为天线孔径长度; $T$ 为天线填充时间。

无论采用何种脉冲,其带宽与脉冲宽度均成反比,于是相对带宽为

$$\frac{\Delta f}{f_0} < \frac{K_P \lambda}{L\sin\theta_0} \qquad (4-28)$$

式中: $K_P$ 为比例常数。根据允许脉冲畸变的程度,计算实际的带宽必须进行更详细的谱域分析。Frank 给出了多种串馈和并馈情况下的连续波与脉冲波的带宽判据,并指出脉冲信号的带宽,大约是用连续波情况准则所确定带宽的两倍。在大多数情况下,阵列带宽约束是一种重要的限制,只有用时延器件代替移相器才能解决问题。

宽带相控阵天线中,为改善天线的频率响应以获得较好的波束指向特性,需要在天线射频链路中接入可调实时延时器来补偿天线扫描孔径效应[49-50]。天线延时器的选用方案往往需要从天线整体性能的改善、系统的复杂度和成本等多个方面进行综合权衡。目前,在子阵级而非单元级接入以固定参考周期为步进的实时延时器,是相控阵天线在工程实现上插入实时延时器所采用的普遍方案。

子阵延时器在天线阵面中的位置与功能如图 4-27 所示,由阵列天线接收到的信号经 T/R 通道放大后通过合成网络,进入子阵延时器进行增益补偿与延时,一定数量的有源子阵接收信号合成后进入接收机。发射信号通过阵面网络分配至各个有源子阵,然后进入子阵延时器进行信号放大与延时,再分配至每个 T/R 通道放大后由天线单元辐射出去。

由于延时器子阵级量化原因,天线的每个阵元 T/R 通道剩余的延时误差会随着扫描角度发生变化,延时器对天线波束色散性能的改善也有所不同。为在整个扫描区域内获得色散的最大改善,就需要对不同扫描角度下延时器量化位

态的选择单独进行计算和配置。基于随机延时分布的子阵延时量化位态的优化方法,通过随机组合延时器修正位,以最小波束指向偏差及增益损失为优化目标,可优化得到宽带相控阵天线在特定子阵及扫描角度边界。天线在保持硬件设备量不变的情况下,整个扫描区域内的色散获得明显改善;同时,在特定色散要求情况下,也可进一步降低天线系统设计复杂度。

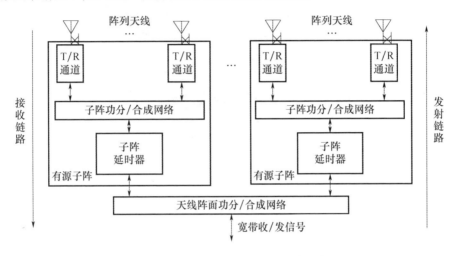

图 4 - 27  子阵延时器在天线阵面中的位置

### 4.3.1  宽带延时器设计

微波宽带延时器的主要功能就是对微波信号进行延时,延时时间可以随外界输入控制的变化而改变。微波宽带延时器的工作方式主要分为两种:直接对微波信号进行延时;将微波信号转换为其他信号进行延时后再转换为微波信号。因此,根据微波延时线的不同实现方式,可以分为模拟延时、光延时、声表面波延时、数字延时等。

(1)模拟延时是直接对微波信号进行传输,依靠传输距离的增加来实现较大的延时量。传输形式除了采取微带线、带状线、电缆以外,还可以采用慢波传输线和 GaAs(砷化镓)芯片等新型方式。

慢波传输线是在微波传输线中加载周期性的分布式电容、电感等结构,使其具备相速小于光速的特点。由于群速与相速成反比,与普通传输线相比,慢波传输线在等物理长度下具备更大的群延迟量。图 4 - 28 所示为采用交趾结构左手传输线方式设计实现的慢波延时,比普通传输线具有更小的体积。

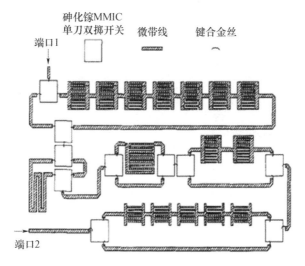

图4-28　左手传输线实现延时

随着GaAs微波单片集成电路技术的发展和成熟,GaAs微波单片产品广泛应用于军民市场。由于GaAs的介电常数远高于电缆与普通印制板,采用微波单片集成电路可以有效地减小印制电路板的尺寸与重量。图4-29所示为采用GaAs芯片工艺设计的延时芯片,延时步进104ps,总延时量728ps,尺寸为4.15mm×3.1mm×0.7mm。GaAs芯片能有效地减小体积和重量,但随着延时量的增大,电损耗将急剧增加,因此用来实现大位大延时量较为困难。

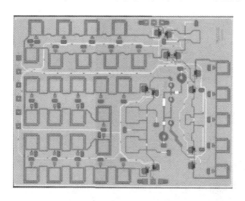

图4-29　GaAs芯片实现延时

(2)光延时方式是采用光信号作为微波信号的载波,通过光信号在两路有光程差的光通路之间切换,来实现实时延迟功能。光延时原理如图4-30所示,主要由直接调制激光器、高速光电探测器、光开关、电源电路和控制电路组

成。射频信号输入后采用调制激光器转换为光信号,采用光纤或其他光路与光
开关实现光信号的延时,再通过高速光电探测器转换为电信号后输出。

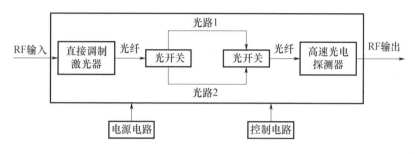

图 4 - 30　光延时原理框图

(3)声表面波(Surface Acoustic Wave,SAW)延时是利用声表面波在基
材中传播速度远比电磁波慢的原理,可以在较小的尺寸下实现较大的延时
量。声表面波延时器原理如图 4 - 31 所示,由基片和两个叉指换能器(Inter
Digital Transducer,IDT)组成。左端的 IDT 将输入电信号转变成声信号,通
过声介质表面传播后,由右端的 IDT 将声信号还原成电信号输出。由于受
到声/电转换器件的频带与带宽的限制,声表面波延时线主要涉及的频率为
10MHz ~ 1GHz。

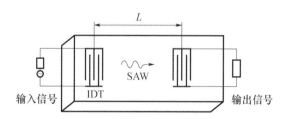

图 4 - 31　声表面波延时原理

(4)随着计算机技术、微电子技术及信息处理技术的发展,如图 4 - 32 所
示,采用 A/D 与 D/A 变换实现射频与数字信号的相互切换,用 CMOS 集成电路
来实现数字信号的时延已成为可能。理论上,对于任何频谱的模拟信号,经过
符合采样定理要求的速率进行采样和模数转换,均可变成脉冲序列,将此脉冲
序列经过数字式延时电路后,再经低通滤波器还原,便可获得所需要的、经过一
定延时时间的模拟信号。由于延时精度取决于时钟信号的精度,故较难做到高
精度的电延时。

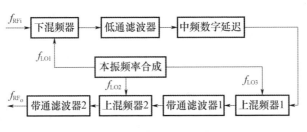

图 4 – 32　数字延时方案

### 4.3.2　工程应用中的宽带延时器优化设计

宽带延时器的关键技术指标包含延时相位精度、相位非线性、延时幅度精度、幅度带内起伏、驻波、插入损耗等。在设计关键技术指标时，需要重点考虑以下设计难点。

**1. 延时器插入损耗补偿**

随着天线阵面对延时器位数、电延时量要求的进一步提高，延时电路带来的插入损耗也会逐步增大。这就会使天线阵面发射通道激励功率增加、接收通道增益降低且噪声系数恶化。因此，为了兼顾收/发链路电平设计并补偿延时电路带来的损耗，在实际工程应用中，需要在子阵级增加收/发射频信号放大电路，补偿延时器损耗[51-52]。

**2. 延时器相位精度控制**

理想状态下，外界输入控制信号进行延时状态切换时，延时电路应实现非常精准的延时。但实际上，由于延时电路中的时延是由延时态位与参考态位的路程差来实现的。在生产加工时，由于传输线本身的误差，延时越大，就会将这种误差进行放大，使延时相位精度很难控制在一个较小的范围内。

以某微波板材为例，介电常数偏差约 $\pm 0.03$，因延时时间 $T \propto \sqrt{\varepsilon_r}$，当 $\varepsilon_r = \varepsilon_r + \delta\varepsilon_r$ 时，可以推算出

$$\frac{\delta T}{T} = \frac{\sqrt{\varepsilon_r + \delta\varepsilon_r}}{\sqrt{\varepsilon_r}} - 1 = \frac{\sqrt{\varepsilon_r + \delta\varepsilon_r} - \sqrt{\varepsilon_r}}{\sqrt{\varepsilon_r}} = \frac{\delta\varepsilon_r}{\sqrt{\varepsilon_r}(\sqrt{\varepsilon_r + \delta\varepsilon_r} + \sqrt{\varepsilon_r})} \approx \frac{\delta\varepsilon_r}{2\varepsilon_r}$$

$$(4 - 29)$$

式中：$\delta T$ 为延时时间误差；$T$ 为延时时间；$\varepsilon_r$ 为介电常数；$\delta\varepsilon_r$ 为介电常数偏差。

按照 $\varepsilon_r = 2.94$，$\delta\varepsilon_r = \pm 0.03$ 计算，可以推出延时时间误差 $\delta T = \pm T \times 0.005$。按照 X 波段延时器步进为 $1\lambda$、中心频率 $f_0 = 10\mathrm{GHz}$ 计算，每个步进的延

时量 $T = 1/f_0 = 0.1\text{ns}$,每个步进的延时误差 $\delta T = \pm0.5\text{ps}$。即延时量每增加一个波长,板材介电常数变化带来的固有延时误差为 $\pm0.5\text{ps}$。按照 5 位延时器最大延时量 $31\lambda$ 计算,最大延时时间误差为 $\pm15.8\text{ps}$,即相位精度为 $\pm56.9°$。

**3. 延时器幅度精度控制**

因延时态位与参考态位的电长度差异,二者的插入损耗也不同。当路程差较小时,这种差异可以忽略;当路程差较大时,这种差异就需要进行补偿,否则延时状态切换时会带来较大的幅度误差,即不同的延时状态损耗不同,这就相当于给天线阵面进行了幅度加权,在宽带情况下严重影响了天线的性能。因此,在工程实际应用中,必须要考虑延时态位与参考态位插入损耗的幅度一致性。

此外,当延时器设计带宽增加时,延时态位的插入损耗在带内会呈现一种正斜率(高频损耗大、低频损耗小)。因此,设计宽带大位延时,需要对该斜率进行补偿;否则会影响带内延时幅度精度。

**4. 宽带延时器幅度纹波效应**

在宽带延时器设计中,大延时量状态下,插入损耗幅度较易出现纹波。这种周期性纹波严重干扰了接收信号的处理。这种纹波主要由于长线两端驻波叠加引起的,采用图 4 - 33 所示简化模型可以对这种纹波效应的来源进行理论分析。

图 4 - 33　纹波效应理论分析模型

简化模型中的端口 1 与端口 2 特性阻抗为 $Z_1$,中间相连段长 $L$、特性阻抗为 $Z_2$ 的传输线,从端口 1 向端口 2 看去的输入阻抗为

$$Z_{\text{in}} = Z_2 \frac{Z_1 + jZ_2 \tan(\beta L)}{Z_2 + jZ_1 \tan(\beta L)} \qquad (4-30)$$

式中：$\beta = 2\pi/\lambda$ 为传输常数。端口 1 处的反射系数为

$$\varGamma = \frac{Z_{\text{in}} - Z_1}{Z_{\text{in}} + Z_1} \qquad (4-31)$$

由式(4－30)和式(4－31)可得

$$|\Gamma|^2 = \frac{(Z_1^2 - Z_2^2)^2 \sin^2(\beta L)}{4Z_1^2 Z_2^2 + (Z_1^2 - Z_2^2)^2 \sin^2(\beta L)} \qquad (4-32)$$

因 $Z_1^2 - Z_2^2 \ll Z_1^2 Z_2^2$，可作以下近似，即

$$|\Gamma|^2 \approx \frac{(Z_1^2 - Z_2^2)^2 \sin^2(\beta L)}{4Z_1^2 Z_2^2} = [1 - \cos(2\beta L)]\frac{(Z_1^2 - Z_2^2)^2}{8Z_1^2 Z_2^2}$$

$$= \left\{ 1 - \cos\left[4\pi\left(\frac{L}{\lambda_0}\right)\left(\frac{f}{f_0}\right)\right] \right\}\frac{(Z_1^2 - Z_2^2)^2}{8Z_1^2 Z_2^2} \qquad (4-33)$$

因此，由式(4－33)可知以下几点。

(1)当 $\dfrac{L}{\lambda_0} \times \dfrac{f}{f_0}$ 不能趋近于 0 时，传输损耗必然存在波动。

(2)传输线电长度 $L/\lambda_0$ 越大、频带宽度 $f/f_0$ 越宽，传输损耗中波动量越大。

(3)波动量级由 $(Z_1^2 - Z_2^2)^2/(8Z_1^2 Z_2^2)$ 决定，$Z_1$ 与 $Z_2$ 差值越大，波动量级越大。

根据上述分析，宽带延时器大延时态位插入损耗周期性纹波效应不可避免，但通过优化驻波、增加匹配可以降低纹波幅度。

以典型 X 波段 5 位宽带延时器的工程应用为例，阐述宽带延时器的设计过程[53]。根据天线阵面的应用需求，对宽带延时器的设计提出的要求包括以下内容。

(1)延时器需实现 5 位延时功能，接收增益不小于 15dB，发射激励电平为 0dBm，输出功率不小于 27dBm。

(2)延时器需具备较高的延时精度，延时幅度精度在 ±1dB 内，延时相位精度在 ±12° 内。

(3)延时器在 8～12GHz 带宽内具备良好的幅相特性，幅度起伏在 ±1dB 内，相位非线性在 ±10° 内，驻波不大于 1.6。

(4)延时器体积尽可能小，便于子阵集成与装配。

根据这几点要求，宽带延时器实例原理图如图 4－34 所示。延时器集成了发射驱动、接收增益补偿与 5 位延时功能。为满足接收增益与发射输出功率的要求，发射链路采用了三级功率放大器，接收链路采用两级低噪声放大器。同时，在组件内部电平分配时，将放大器采用延时电路隔开，一方面可以增加放大器之间的物理间距，避免增益电路过于集中，增加组件的稳定性；另一方面利用放大器的隔离作用，减小延时电路之间的驻波反射叠加引起的幅度起伏[54-57]。

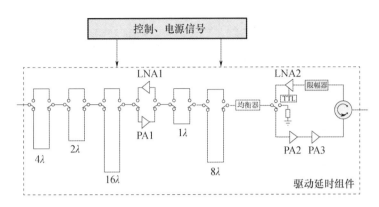

图 4 - 34　宽带延时器组件原理图

为补偿延时幅相精度,在设计时采用了图 4 - 35 所示的方式,即在参考态增加衰减电路,补偿参考态与延时态之间插入损耗的幅度差值;在延时态增加调相电路,补偿大延时量长线的相位误差。通过补偿,可以使单个延时态位的相位精度达到 $\pm 2°$,幅度精度达到 $\pm 0.2\text{dB}$。

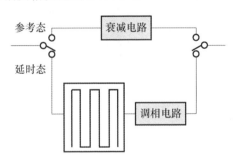

图 4 - 35　延时器中衰减与调相电路的应用

延时器的小型化设计采用了微波多层印制板工艺。微波多层印制板工艺将多块印制板黏合/层压成一体,采用金属化孔实现各层之间互连,可以有效地减少电路设计面积。5 位延时电路的小型化设计采用的微波多层板由五层介质层压而成,之间采用半固化片黏合。如图 4 - 36 所示,延时电路采用了两层带状线与一层微带线设计,可以较大程度节省设计面积。

延时器内部包含了延时开关、收发开关、放大器芯片、控制芯片、驱动芯片、环行器等多种元器件,采用微波多芯片组装技术进行装配。延时器的实物如图 4 - 37 所示,组件本体尺寸为 $102\text{mm} \times 45\text{mm} \times 10\text{mm}$,质量不大于 $120\text{g}$。

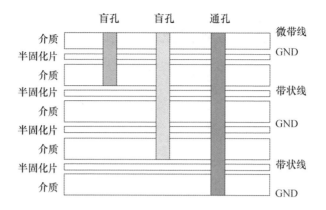

图4-36  延时电路微波多层结构

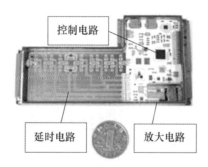

图4-37  宽带延时器实例实物

延时器的测试结果如图4-38~图4-40所示。根据测试结果,延时器接收增益为16dB±1dB,发射功率为27.5dBm±0.5dBm,延时切换时幅度精度在±0.8dB内,相位精度在±5°内。

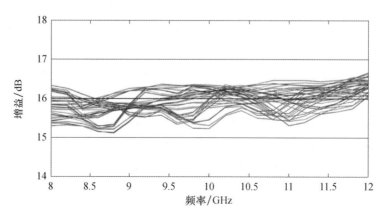

图4-38  延时器各态接收增益实测曲线

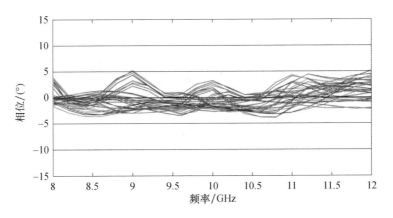

图 4 - 39 延时器各态相位精度实测曲线

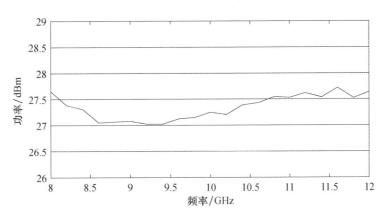

图 4 - 40 延时器发射输出功率实测曲线

## 4.4 宽带 T/R 组件

### 4.4.1 宽带 T/R 组件的组成和工作原理

宽带 T/R 组件与典型 T/R 组件的组成和工作原理是相同的,只是其中的微波元器件需具备宽带特性。一个典型的 T/R 通道由发射通道和接收通道构成,如图 4 - 41 所示,包含驱动放大器、功率放大器、环行隔离器、限幅器、低噪放、带负载态收发开关、收发数字移相器、数字衰减器、波控电路和电源调制器等组成[58-59]。

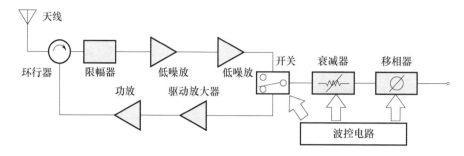

图 4-41 T/R 组件原理框图

T/R 组件包括发射、接收、监测 3 种工作模式。发射状态下,通过多级放大链路实现发射信号功率放大,同时通过衰减器和移相器实现天线波束形成所要求的幅度和相位分布;接收状态下,通过低噪放实现接收信号的放大,通过衰减器和移相器实现天线波束形成所要求的幅度和相位分布;监测状态主要用于天线测量、校准和修调以及对天线的工作状态进行监控。

控制驱动电路将波束控制单元输入的串行控制码转换为并行码存入寄存器,由驱动电路驱动后输出控制 T/R 组件的发射数控移相器、发射数控衰减器、接收数控移相器、接收数控衰减器、收发开关状态和负载态。收发控制码分置,在 T/R 信号控制下完成切换控制。

电源调制器在 T/R 信号控制下完成收发通道电源的脉冲调制。

**1. 宽带 T/R 组件内的主要微波 MMIC 芯片技术**

1)宽带功率放大器

宽带功率放大器是宽带 T/R 组件实现高功率输出的核心部件,也是宽带 T/R 组件中研制难度最大的微波器件。功率放大器的设计包括电路拓扑、级数、匹配网络、偏置网络、放大器电路仿真与优化。放大器带宽设计可以是窄带、宽带,实现级数可以是单级、多级。功率放大器性能参数中,需要考虑的重要特性有增益、输出功率、附加效率、线性度等。设计中需要针对不同应用进行指标的折中考虑,同时在指标优化过程中必须保证功率放大器的稳定。

功率晶体管尺寸选择取决于设计要求的功耗和带宽。在设计中应当考虑由于输出匹配电路损耗和期望阻抗不匹配所引入的输出损耗,选定工艺,根据该功率器件功率密度确定末级管芯总栅宽。同时电路设计应当满足安全工作条件,即电流不大于 $I_{max}$、电压不大于 $BV_{ds}$。器件的 $I-U$ 特性曲线如图 4-42 所示。

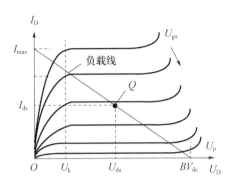

图 4 – 42　器件 $I$ – $U$ 特性曲线

在理想情况下,可由 $I$ – $U$ 曲线进行器件性能计算。

直流功耗为

$$P_{DC} = \frac{U_{ds} I_{max}}{2} \tag{4-34}$$

最大饱和输出功率为

$$P_0 = \frac{4}{\pi^2} I_{max} (U_{ds} - U_k) \tag{4-35}$$

漏极效率为

$$\eta_D = \frac{8}{\pi^2} \left( \frac{U_{ds} - U_k}{U_{ds}} \right) \tag{4-36}$$

上述公式是在极端假设情况下给出的,如果寄生电抗在工作频带内对器件的计算不会产生重大影响,那么简单计算和测量得到的数据大体一致。

功率器件为实现最大的功率传输和最高的附加效率,根据阻抗匹配理论,采用集总或分布无源器件进行阻抗匹配。电路拓扑和匹配网络同时用来设计所需的频带响应,以满足带宽及带内平坦度要求。同时匹配网络的一个重要特性是保证电路在工作频带内实现有条件稳定,在带外实现无条件稳定。

放大器的常用匹配网络拓扑结构包括电抗性匹配式、有损耗匹配式、分布式、负反馈式、平衡式和有源匹配式等。这些拓扑结构在宽带方面各有特色。但是电抗性结构通常应用于窄带放大器,而有耗匹配、并联反馈和分布式拓扑结构通常应用于宽带、超宽带放大器设计中。设计一个多级功率放大器,经常需要多种拓扑结构配合使用。图 4 – 43 和图 4 – 44 是一款超宽带(2 ~ 20GHz)功率 MMIC 芯片的拓扑图和实物。

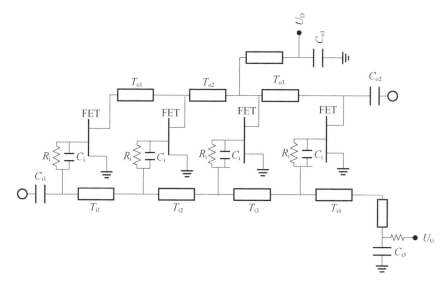

图 4-43    分布式放大器的电路拓扑图

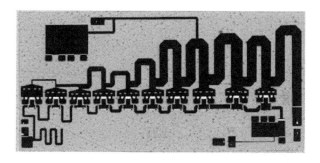

图 4-44    2~20GHz 超宽带分布式放大器

随着第三代半导体技术的迅猛发展,GaN 功率放大器成为近些年的研究热点,并预计在最近的 3~5 年内可以替代 GaAs 功率放大器。GaN 材料具有良好的电学性能,也非常适合制作宽带和超宽带高功率放大器。

GaN 材料与其他半导体材料的参数比较如表 4-1 所列,可以看出 GaN 材料优势显著,其禁带宽度最宽,为 3.4eV,有极高的击穿电场(3.5MV/cm),更重要的是 GaN 材料可以形成 AlGaN/GaN 结构,该结构在室温下可以产生很高的电子迁移率($1600cm^2/(V \cdot s)$),具极高的峰值电子速度($3 \times 10^7 cm/s$)和饱和电子速度($2.5 \times 10^7 cm/s$),在自发极化和压电极化的作用下,获得比第二代化合物半导体异质结更高的二维电子气(Two - Dimensional Electron Gas,2DEG),浓度为 $2 \times 10^{13} cm^{-2}$。所以,AlGaN/GaN 异质结中的 HEMT(高电子迁移率晶体管)在大功率微波器件方面有较好的发展前景。

表 4 - 1  几种常见半导体材料电热特性比较

| 项目 | Si | GaAs | InP | 4H - SiC | GaN |
|---|---|---|---|---|---|
| 禁带宽度/eV | 1.12 | 1.43 | 1.34 | 3.26 | 3.44 |
| 相对介电常数 $\varepsilon_r$ | 11.9 | 13.1 | 10.8 | 10.0 | 9.5 |
| 热导率/(W/(cm·K)) | 1.5 | 0.54 | 0.67 | 4.9 | 1.3 |
| 电子迁移率/(cm²/(V·s)) | 1500 | 6000 | 5400 | 800 | 1600 |
| 电子饱和速度/($10^7$ cm/s) | 1.0 | 1.0 | 2.3 | 2.0 | 2.5 |
| 击穿电场/(MV/cm) | 0.3 | 0.4 | 0.45 | 3.0 | 3.5 |

从国外 GaN 功放 MMIC 的发展动态来看,美国、日本、欧洲等发达国家在 GaN 的材料特性、器件结构、工艺技术、模型搭建和电路设计等方面进行了大量研究。

2014 年,C. Y. Ng 等研发了一款 GaN Ka 波段高功率放大器 MMIC,芯片尺寸为 4.0mm×5.5mm,在 29 ~ 31GHz 工作频段,脉冲信号条件下,输出功率达 21W,PAE(功率附加效率)大于 16%,如图 4 - 45 所示。

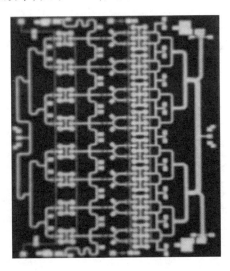

图 4 - 45  29 ~ 31GHz GaN 功率放大器芯片

2015 年,Youn Sub Noh 和 In Bok Yom 设计了一款 C 波段 GaN MMIC 功放。在漏压为 30V、脉冲周期为 100μs、占空比为 10% 的测试条件下,5.2 ~ 6.8GHz 内输出功率为 46dBm,PAE 达到 51% 以上,芯片如图 4 - 46 所示。

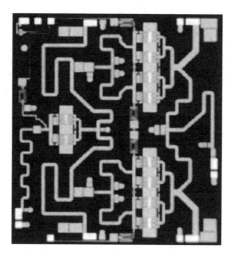

图 4 - 46　5.2 ~ 6.8GHz GaN 功率放大器芯片

相对于国外的快速发展,国内对于 GaN MMIC 的研究起步较晚。但国家科技重大专项等项目重点支持 GaN MMIC 的发展,各大研究所、高校及相关公司积极投入到 GaN HEMT 的相关技术研究中,并取得了较大的进展,表 4 - 2 是中国电子科技集团第十三研究所(简称 13 所)和第五十五研究所(简称 55 所)GaN 功率 MMIC 芯片的研制水平。

表 4 - 2　国内高频段 GaN 功放 MMIC 芯片研制水平

| 序号 | 频率范围/GHz | 功率/W | 效率/% | 研制单位 |
|---|---|---|---|---|
| 1 | 6 ~ 18 | 10 | 25 | 电子科技集团第十三研究所和第五十五研究所 |
| 2 | 10 ~ 18 | 30 | 35 | 电子科技集团第十三研究所和第五十五研究所 |
| 3 | 8 ~ 12 | 50 | 40 | 电子科技集团第十三研究所和第五十五研究所 |
| 4 | 7 ~ 13 | 40 | 35 | 电子科技集团第十三研究所和第五十五研究所 |
| 5 | 14 ~ 18 | 40 | 35 | 电子科技集团第十三研究所和第五十五研究所 |
| 6 | 9 ~ 10 | 30 | 50 | 电子科技集团第十三研究所和第五十五研究所 |
| 7 | 32 ~ 38 | 15 | 30 | 电子科技集团第十三研究所和第五十五研究所 |

2)宽带数字移相器

移相器分为数控(数字控制式)移相器和模拟移相器两类。数控移相器通常为 4 ~ 6 位,通过外加电压控制不同的相位组合,移相器在一定度数范围内按照固定的步进产生不同的相移。而模拟移相器的相移量随外加电压成某种函数关系。在相控阵雷达中通常使用数控移相器,因为它与波控驱动器电路接口更方便。

移相器电路结构有开关线式、反射式、加载线式和高低通滤波器式。开关线式、反射式、加载线式移相器中均需使用分布参数传输线段,需要占用相当大的芯片面积;由于同样物理长度的传输线对不同频率呈现不同的相移,因此这几种移相器的工作频带比较窄。而高、低通滤波器式移相器可以由集总元件组成,制作得十分紧凑,从性能上看,这种电路拓扑适用于宽带电路,应用较广。用兰格(Lange)定向耦合器和反射终端组成的移相器可以工作在倍频程,不过面积比较大。图4-47给出宽带T/R组件中几种常用的高、低通滤波器式移相器拓扑。小移相位常采用串联FET型和T型移相器拓扑结构(如5.625°、11.25°、22.5°)。大移相位(如45°、90°、180°)常采用开关选择路径型移相器拓扑结构。其中,$VT_1$、$VT_2$是控制电平,$R_g$是FET开关外接栅电阻(起隔离信号的作用);$L_1$、$L_2$是电感元件;$C_1$、$C_2$是电容元件。

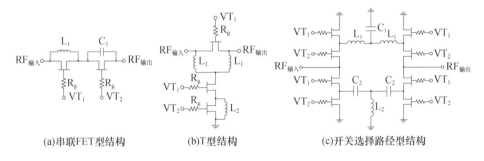

(a)串联FET型结构　　　(b)T型结构　　　(c)开关选择路径型结构

图4-47　高、低通滤波器式移相器拓扑结构

图4-48所示的移相器拓扑由FET开关器件与电容、电感组成的滤波网络共同构成[58]。通过控制FET开关的通断,移相器等效为低通滤波网络或高通滤波网络。低通滤波网络为通过的信号提供相位滞后,高通滤波网络为通过的信号提供相位超前。微波信号通过不同滤波网络的相位不同,从而实现微波信号的相位调制。对于宽带应用,需要增加滤波元件的数量。

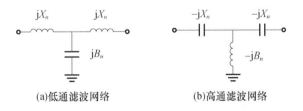

(a)低通滤波网络　　　　　(b)高通滤波网络

图4-48　高、低通滤波器式移相器原理

图4-48所示网络的归一化矩阵为

$$\begin{bmatrix} \mathbf{A} & \mathbf{B} \\ \mathbf{C} & \mathbf{D} \end{bmatrix} = \begin{bmatrix} 1 - B_n X_n & \mathrm{j}(2X_n - B_n X_n^2) \\ \mathrm{j}B_n & 1 - B_n X_n \end{bmatrix} \qquad (4-37)$$

式中：$X_n$ 和 $B_n$ 分别为电抗和电纳，是相对于微波传输线特性阻抗 $Z_0$ 和导纳 $Y_0$ 分别归一化。采用归一化，$\mathbf{A}$、$\mathbf{B}$、$\mathbf{C}$、$\mathbf{D}$ 矩阵表达传输函数 $S_{21}$ 为

$$S_{21} = \frac{2}{\mathbf{A} + \mathbf{B} + \mathbf{C} + \mathbf{D}} = \frac{2}{2(1 - B_n X_n) + \mathrm{j}(B_n + 2X_n - B_n X_n^2)} \qquad (4-38)$$

传输相位为

$$\phi = \arctan\left(-\frac{B_n + 2X_n - B_n X_n^2}{2(1 - B_n X_n)}\right) \qquad (4-39)$$

当 $X_n$ 和 $B_n$ 两者均改变符号时，相位 $\phi$ 幅度相同而符号改变，$S_{21}$ 幅度不变。因此，在低通和高通网络之间切换引起的相移量为

$$\Delta\phi = 2\arctan\left(-\frac{B_n + 2X_n - B_n X_n^2}{2(1 - B_n X_n)}\right) \qquad (4-40)$$

图 4-49 举例给出某宽带 6 位数控移相器的拓扑图。其中，大移相位采用开关选择路径型移相器拓扑，移相网络用 π 型或 T 型高通/低通滤波网络实现；小移相位采用串联 FET 型和 T 型移相器式电路拓扑，图 4-50 给出 GaAs 的 6 位数控移相器芯片实物。国内的高频段数字移相器 MMIC 芯片的研制水平如表 4-3 所列。

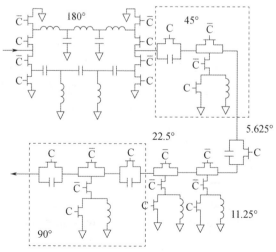

图 4-49　6 位数控移相器拓扑图

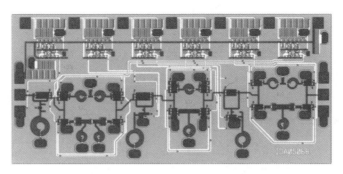

图 4 - 50　GaAs 的 6 位数控移相器芯片

表 4 - 3　国内数字移相器 MMIC 芯片研制水平

| 序号 | 频率范围/GHz | 位数/位 | 移相精度/rms | 损耗/dB | 研制单位 |
|------|-------------|---------|-------------|---------|----------|
| 1 | 6 ~ 18 | 6 | 4° | - 10 | 13 所/55 所 |
| 2 | 10 ~ 18 | 6 | 3° | - 9 | 13 所/55 所 |
| 3 | 7 ~ 13 | 6 | 2.5° | - 8 | 13 所/55 所 |
| 4 | 29 ~ 32 | 6 | 4° | - 12 | 13 所/55 所 |

3）宽带衰减器

衰减器也分为数控衰减器和模拟衰减器两类。数控衰减器的衰减范围由最小衰减步进和位数决定,给衰减器的控制端加控制电平可以得到相应的衰减量。模拟衰减器又称为电压可变衰减器或电调衰减器,和模拟移相器类似,衰减量是控制电压的函数。同样原因,在相控阵雷达中通常使用数控移相器,因为它与波控驱动器电路接口更方便。

衰减器在结构上是由开关管和电阻、微带线组合而成,通过控制开关的通断使信号经过不同的路径产生不同的插损,两路插损的差值即衰减量。单片数控衰减器由各个基本衰减位组成,图 4 - 51 所示,各个基本衰减位的衰减结构通常是 π 型、T 型或开关选择路径型等典型衰减结构中的一种。不同的衰减结构均是由开关管和薄膜电阻组成的衰减网络来实现。小衰减位常采用并联 T 型衰减器结构,如 0.5dB、1dB 等,T 型结构可以进一步简化,去掉图 4 - 51（a）中串联的 FET 管和电阻 $R_1$。对于大衰减位（如 2dB、4dB、8dB 和 16dB 位等）,常采用 π 型衰减器结构或开关选择路径型结构。

在频率带宽设计时,为了提高工作频率带宽,带宽在一个倍频程以内通常采用单 T 型结构进行设计;宽带结构小位衰减采用 T 型或者 π 型结构进行设计,大位衰减多采用 π 型组合或者开关型衰减结构进行设计,可以实现多个倍频程的频率带宽。

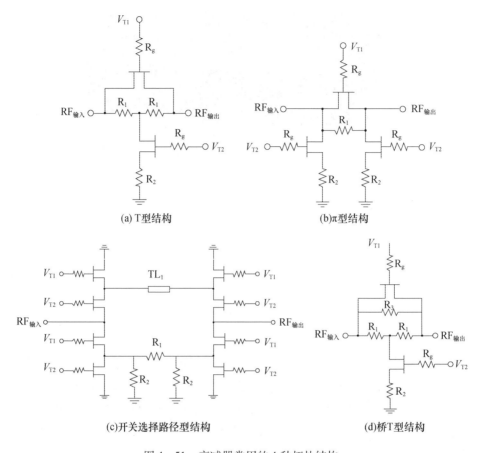

(a)T型结构                (b)π型结构

(c)开关选择路径型结构           (d)桥T型结构

图4-51 衰减器常用的4种拓扑结构

图4-52给出6位数控衰减器电路拓扑图,这种电路拓扑能够在较小的芯片面积上实现较好的电性能指标,具有较好的性价比,图4-53举例给出一款6位数控衰减器实物。

4)限幅器

一个常见的X波段单片限幅器结构如下:采用GaAs外延材料制作,三级二极管并联的级联结构。其中第一、二级二极管为GaAs PIN二极管,第三级为肖特基二极管。芯片原理如图4-54所示。

限幅器芯片正常工作情况下,若注入功率较小,不足以开启第一级PIN二极管,限幅器仅有第二、第三级二极管工作;若注入功率较大,前两级PIN二极管依次开启,限制注入功率;最后第三级肖特基二极管开启工作,输出理想的功率信号。

在频率带宽设计时,为了提高工作频率带宽,通常采用宽带阻抗匹配网络

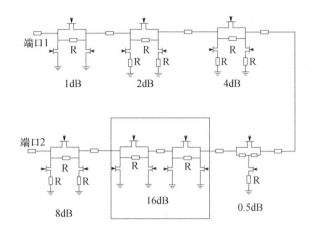

图 4 - 52　6 位数控衰减器拓扑图

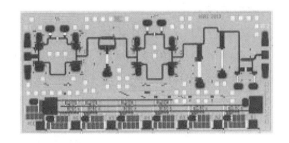

图 4 - 53　并行驱动 6 位数控衰减器芯片

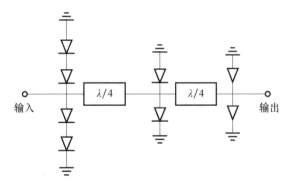

图 4 - 54　某 X 波段限幅器原理

来提高限幅器的工作带宽,通常在两级 PIN 管之间引入并联电感结构,通过电感和 PIN 二极管的寄生电容产生谐振,从而提高工作带宽。另外,在设计时考虑多节低阻和高阻线变换,也可以提高限幅器的工作带宽,如图 4 - 55 所示。为了提高限幅器的耐功率性能,通常在限幅器输入端采用多路功分结构,实现功率分配多路,降低 PIN 二极管的功率压力,从而提高芯片整体的耐功率性能。

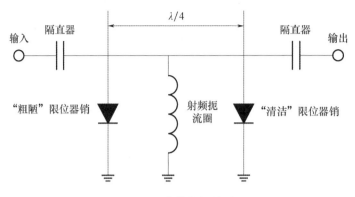

图 4-55　宽带限幅器原理

### 2. T/R 组件的微组装技术

电子组装一般可以分为以下几个组装层次,即芯片级组装、元器件级组装、电路/组件级组装。近些年采用 MMIC 芯片的 T/R 组件常用的是微组装技术,微组装从某种意义上可以说是扩大的一级封装。其主要流程如图 4-56 所示。

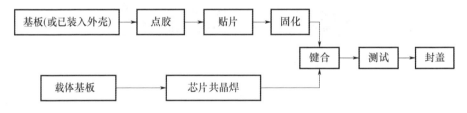

图 4-56　含裸芯片的组件微组装工艺流程

T/R 组件微组装的关键技术如下。

(1)芯片贴装技术。芯片贴装技术又分为芯片胶接技术和芯片共晶焊接技术,胶接主要是根据不同用途选择导电胶、绝缘胶或导热胶中的一种将芯片固定在基板上的贴装方式,共晶焊接是把金属合金(用低温共晶)熔化,可借助机械振动或超声使管芯与基片摩擦,使其原子接触熔融并固定的贴装方式。

(2)引线键合互联技术。引线键合技术分为热压焊、超声热压焊和金丝球焊 3 种技术。

采用的焊丝种类有 3 种,即金、铜、铝。由于金的特性较稳定,特别适合密封包装中,故主要用在微波器件等要求可靠性高的电路中。采用的焊丝直径一般为 $18\sim200\mu m$,大于 $75\mu m$ 的较粗焊丝主要用于功率电路。引线键合的方式有两种,即球焊(Ball Bonding)和平焊/楔焊(Wedge Bonding)。

（3）组件模块的封装技术。T/R 组件密封的部位包括波控接口及电源接口的插头，RF 射频的 I/O 接口的玻珠或 SMA、N 型、BNC、BMA 等插头，冷却功放单元部件的输入输出的水管、盖板等。目前，采用的密封方法有胶黏剂密封、衬垫密封、玻璃金属密封、软钎焊密封、平行缝焊密封、脉冲激光熔焊密封等。对于密封性要求较高的 T/R 组件，达到气密性封装要求，需要选用玻璃金属烧结、软钎焊、激光熔焊、平行缝焊等密封方法；对于密封性要求不高的非气密性封装 T/R 组件，可选用胶黏剂密封、衬垫密封等密封方法。

（4）高可靠的 LTCC 高密度综合布线电路基板技术。T/R 组件的电路基板可以采用印制多层板、LTCC 电路板等技术，一般在军用高可靠要求的场景下大多采用 LTCC 电路板技术。LTCC 基板具有电路性能优良，可实现高密度高低频混合多层布线、无源元件集成和微波无源电路集成的技术优势，是高频段高可靠 T/R 组件理想的电路基板。LTCC 技术是将低温烧结陶瓷粉流延成厚度精确而且致密的生料带，在生料带上利用打孔、填孔、导体印刷等工艺制出所需要的电路图形，然后叠压在一起，在 850～900℃下烧结，制成高密度多层电路基板，在其表面贴装器件，制成无源/有源集成的功能模块。图 4-57 所示为 LTCC 多层电路基板制造流程示意图。图 4-58 所示为采用微组装技术的 X 波段四单元 T/R 组件实物。

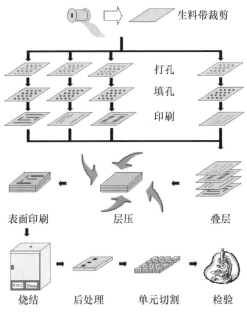

图 4-57　LTCC 多层电路基板制造示意图

图 4 – 58　基于微组装技术的宽带 T/R 组件

## 4.4.2　工程应用中的宽带 T/R 组件优化

### 1. 宽带功放与环行隔离器的联合仿真优化设计

在 T/R 中,天线端接环行器或者环行隔离器,实现收发隔离,同时环行隔离器可以保护功放在天线大角度扫面时所引入的输出端失配,避免在此条件下烧毁功放。

在窄带电路设计中,环行器或者环行隔离器都可以实现很好的输入驻波,基本在 50Ω 附近,与功放级联后功放的反射损耗非常小,对输出性能影响不大。

在宽带电路设计中,环形器的输入驻波和功放的输出驻波都比较差,往往两者级联时,无法在宽带范围内实现较低的反射损耗,环行隔离器的端口特性对功放产生明显的负载牵引效应,会影响功放的输出功率和效率。图 4 – 59 所示为 6 ~ 18GHz 功放输出 Loadpull 测试数据和环行隔离器输入端口驻波仿真数据。从图中可以看出,在 11.5GHz 功放最佳负载阻抗点与环行隔离器的输入阻抗点相差 180° 相位。通过级联测试验证,该频点输出功率最小。图 4 – 60 所示为 6 ~ 18GHz 环行隔离器输入端反射系数。

为了实现最佳的级联匹配可以采用以下两种方法。

1)功放和环行器单独设计

功放设计完成后,基于功放输出阻抗参数,设计环行器输入阻抗匹配,使得功放与环行器级联后实现最大功率输出。

该方法的优点在于两种电路都匹配到 50Ω 附近,通用性强。缺点在于两种电路都匹配到 50Ω,匹配电路复杂、损耗较大且匹配对带宽有影响。

2)功放和环行器联合设计

主要包括以下 3 个方面。

(1)功放匹配电路设计。匹配网络主要实现器件共轭阻抗向源阻抗匹配。目前如 6 ~ 18GHz GaN 功率放大器输出匹配到 50Ω 阻抗通常需要 4 ~ 5 阶电路

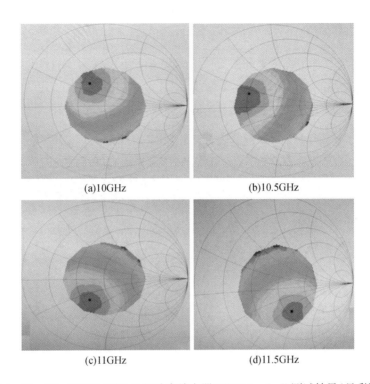

(a)10GHz (b)10.5GHz

(c)11GHz (d)11.5GHz

图 4 - 59　6G ~ 18GHz 10W GaN 功率放大器 MMIC Loadpull 测试结果（见彩图）

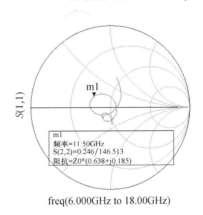

freq(6.000GHz to 18.00GHz)

图 4 - 60　6 ~ 18GHz 环行隔离器输入端反射系数

匹配,以实现宽带频带响应和输出功率平坦度。但同时引入了较大的匹配损耗
（图 4 - 61）。

（2）环行器中心设计。采用硅腔磁性材料结构实现非互易传输,而此时环
行效果仅对结阻抗 $Z_c$ 呈现环行特性,与标准 50Ω 端口阻抗存在失配,需通过

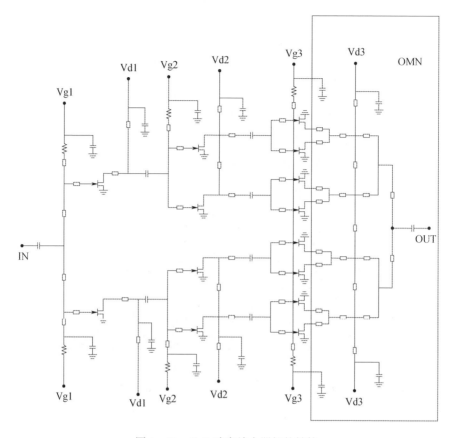

图 4 - 61　GaN 功率放大器拓扑结构

过渡匹配将结阻抗匹配到 $50\Omega$ $Z_0$ 阻抗。对于相对带宽大于 $40\%$ 的情况,通常为了保持较好的效果,需通过 $2\sim4$ 级过渡传输线来实现,增大了器件的尺寸(图 4 - 62)。

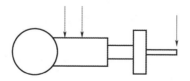

图 4 - 62　环行器阻抗匹配示意图

(3)环行器与功放联合设计。如上所述,在环行器结阻抗 $Z_c$ 确定的情况下,可调节传输线上任一参考面的输入阻抗 $Z_{in}$,如图 4 - 63(a)所示,使其作为功放的最优输出,功放实现预匹配到 $Z_{out1}$,如图 4 - 63(b)所示,设计 $Z_{out1}$ 到 $Z_{in}$ 匹配网络,实现环行器与功放的最短路径级联。采用此方法可有效缩小器件匹配尺寸,即无需 $Z_{in}$ 到 $Z_0$ 处长度(8GHz 左右50%带宽可减小 2~3mm),并且 $Z_{in}$ 通常为低阻抗特性,更易与功放实现级联匹配,提升链路输出功率和附加效率 (图 4-63)。

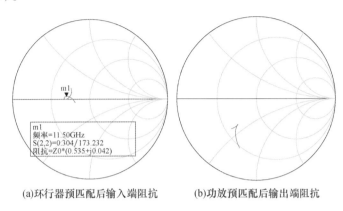

(a)环行器预匹配后输入端阻抗　　　　(b)功放预匹配后输出端阻抗

图 4-63　环行器和功放联合设计时的阻抗

### 2. 宽带多功能芯片的应用

随着微波 MMIC 芯片技术的进展,宽带数字移相器、宽带数字衰减器、宽带开关和放大器等小信号功能电路可以通过高集成设计的方式集成在一片多功能幅相控制芯片中。在减少微波芯片的同时减少了微波元器件间的互联,也就减少微波芯片互连带来的不匹配效应,获得了更好的宽带幅相特性。

图 4-64 是采用分立微波元器件的 T/R 组件单通道微波电路原理图,在方框里有 6 位移相器芯片、开关芯片、衰减器芯片、第二级低噪放芯片和驱动放大器芯片共计 5 只微波芯片,微波芯片之间通过金丝键合以及印制电路板线连接,金丝键合以及印制板线的连接处会引入微波的不连续性,从而引入失配驻波。即使经过良好的电路优化设计,在 X~Ku 频段,实际电路的失配驻波最大值也可达 1.4~1.5,根据表 4-4 所列驻波对传输功率的影响计算,每个驻波 1.4 的失配连接会产生 0.122dB 的幅度下降,驻波 1.5 的失配连接会产生 0.177dB 的幅度下降。方框内的接收通道额外引入了 4 处金丝键合,发射通道额外引入了 3 处金丝键合,多处失配连接产生的驻波叠加后会导致链路驻波急剧恶化至大于 2,使得通道的幅度起伏恶化超过 0.5dB。

多功能芯片采用 SOC 芯片高集成技术后,用一只芯片就取代了图 4-64 方框内的 5 只微波元器件。原来分立器件之间的金丝键合和印制板线的微波不连续效应就不复存在,从而提高了宽带幅相性能。同时由于高集成的优势,相

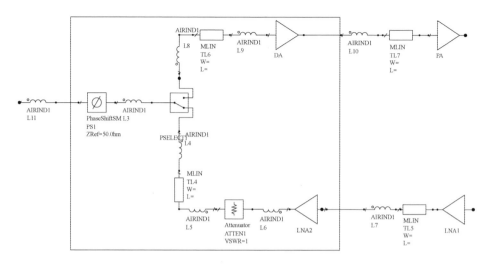

图4-64 分立器件的T/R组件单通道微波电路原理

比于分立器件,高集成多功能芯片面积大大减少,从而降低了组件的成本,实现了小型化和轻量化。微波元器件数量的减少又使得T/R组件的可靠性大幅提高。

表4-4 驻波对幅度起伏的影响

| 驻波(VSWR) | 回波损耗/dB | 传输损耗/dB |
| --- | --- | --- |
| 1.1 | -26.4 | -0.01 |
| 1.2 | -20.8 | -0.036 |
| 1.3 | -17.7 | -0.075 |
| 1.4 | -15.6 | -0.122 |
| 1.5 | -14 | -0.177 |
| 1.6 | -12.7 | -0.238 |
| 1.7 | -11.7 | -0.302 |
| 1.8 | -10.9 | -0.370 |
| 1.9 | -10.2 | -0.440 |
| 2.0 | -9.5 | -0.512 |

### 3. 宽带T/R组件电路设计优化

宽带T/R组件中的电路设计在实际工程应用中,主要考虑无源电路的设计优化,以及降低有源电路腔体效应及通道内、通道间的互耦效应。

对于宽带无源电路重点开展了一分四功分器的宽带特性设计,以及金丝键合和微波走线的不连续性补偿和匹配设计,无源电路的设计重点是降低输入输出驻波,以及保证幅度和相位特性连续。图 4 - 65 是 10 ~ 18GHz 的 T/R 组件内的无源电路优化实例。

T/R 组件工作频率宽,其内部集成了一分四功分器,对传输线匹配进行了仿真优化,局部传输线采用低辐射共面波导结构。在 ADS 中进行了超宽带的一分四功分器的优化和仿真设计(图 4 - 66),仿真结果显示总口和分口驻波小于 1.25,带内插损小于 1.5dB,端口隔离度优于 20dB,性能满足设计要求。图 4 - 67 所示为不同长度金丝模型仿真结果。

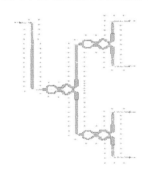

图 4 - 65　T/R 组件超宽带 1 : 4 功分器 ADS 仿真模型

实际应用中的 T/R 组件一般集中了多个收发通道,在每个接收和发射链路上有多级放大器,从而导致链路增益高,容易发生有源链路前后级放大器以及多通道有源电路放大器链路之间的互相耦合,耦合严重时会产生自激振荡现象。因此,有源电路的设计要着重考虑如何解决放大链路前后级以及多通道放大链路之间的耦合。一个较好的措施是电路设计中采用腔体来提高隔离度,如图 4 - 68 所示。

可以看出,经过挖腔形成局部腔体后,两根传输线之间的耦合度约为 60dB,而一般局部增益小于 30dB,因此能够保证耦合回路不产生自激振荡现象。

对于功放电路和限幅低噪放电路,其直接通过钼片焊接在壳体上,组件通道之间通过结构上的隔墙进行空间上的隔离,一般这样的空间隔离的隔离度可以达到 60dB 以上,可降低因通道互耦带来的幅相特性畸变。图 4 - 69 是一个四单元 T/R 组件通过增加结构隔离墙来提高通道之间隔离度的例子。

**4. 幅相预修调技术**

有源相控阵雷达包含的 T/R 组件数量在几百通道乃至数万通道,当阵面

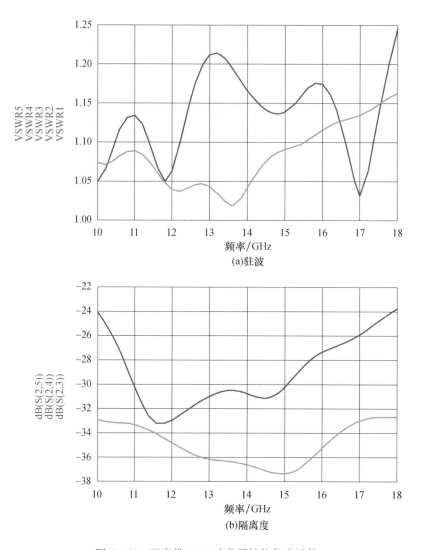

图 4-66 超宽带 1:4 功分器性能仿真计算

T/R 因维修而更换时,因新换的 T/R 通道的幅相数据有差异,一般需要重新进行阵面幅相修调以保证良好的阵面性能,较长的修调时间显然无法满足分秒必争的作战需求,而良好的 T/R 幅相一致性则可以避免阵面修调这个步骤。根据阵面应用中的经验,一般认为幅度一致性在 ±0.7dB 内,相位一致性在 ±10° 内,可以近似认为不用再进行阵面修调。而实际组件生产制造过程中,由于元器件、电路板以及装配工艺一致性的偏差,如果在硬件上增加幅相调整手段,将会使 T/R 组件的生产效率大大降低,特别是当阵面规模越大时,通过硬件调配幅

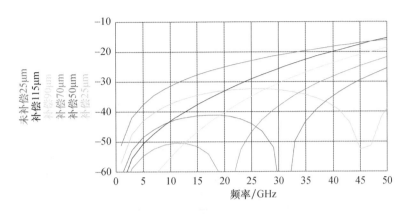

图 4 - 67　不同长度金丝模型仿真结果(见彩图)

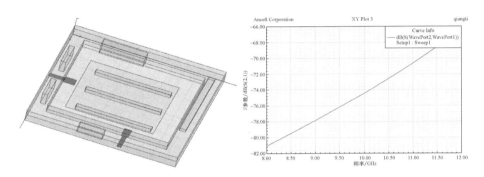

图 4 - 68　局部挖腔提高隔离度

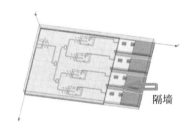

图 4 - 69　结构上增加隔墙提高隔离度

相的工作变得越困难。

　　预修调技术的工作原理如图 4 - 70 所示,首先通过批量 T/R 组件通道的测试获得批量的幅相数据,并选定基准件作为参考。在同频点将待修正通道的幅相数据通过组件内部的数字衰减器和数字移相器的置位,使得幅相特性逼近基准件,记录该频点幅相修正数据并存储在组件内部波控单元的存储器中,阵面使用时通过波控指令直接调用存储的幅相修调数据,从而获得良好的通道幅度一致性和相位一致性。

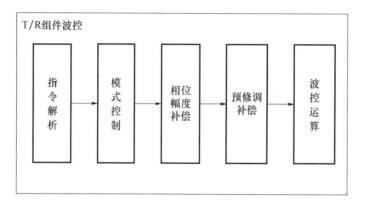

图 4 - 70　波控电路存储预修调数据工作原理框图

# 第 5 章

# 低功率射频

　　低功率射频是 SAR/GMTI 雷达的重要组成部分,低功率射频产生超宽带激励信号经雷达天线辐射出去,将天线收到的回波信号进行下变频接收、模数变换和基带处理后,回波信号送给处理子系统。本章分析了低功率射频的主要技术指标,介绍了上行激励链路和下行接收通道的设计要点;总结了窄带与宽带数字波形产生的差异;讨论了宽带数字波形产生的方法及与之密切相关的宽带激励源的设计思路;针对中低速率的数据采集,介绍了采用分数延时进行多通道数据对齐的处理方法,对其中的重要参数进行了分析;在超宽带数据采集方面,论述了采用新一代 JESD204B 高速串行接口的数据采集同步处理技术。

## 5.1　低功率射频主要指标分析

### 5.1.1　频率源相位噪声

　　频率源作为雷达系统的"心脏",其性能指标的优劣直接影响雷达的最终性能,特别是在强杂波环境下低小慢目标的检测水平。诸如机载火控雷达、机载预警雷达、高分辨 SAR/GMTI 雷达等各种领域的不同频段的雷达,都对频率源相位噪声[60]指标提出了很高的要求。

　　现代频率源主要由晶振、频率合成电路两部分构成,如图 5 − 1 所示。相位噪声指标主要取决于晶振和频率合成电路产生的附加影响。

　　雷达频率源的频率基准多采用恒温晶体振荡器,使用最多的频率为 80MHz、100MHz 和 120MHz 这 3 种。其中 100MHz 恒温晶振的相位噪声通常在

-155dBc/Hz@1kHz 到 -165dBc/Hz@1kHz 的水平,图 5 - 2 所示为国内典型的 100MHz 恒温晶振的相位噪声测试曲线。

图 5 - 1    频率源构成

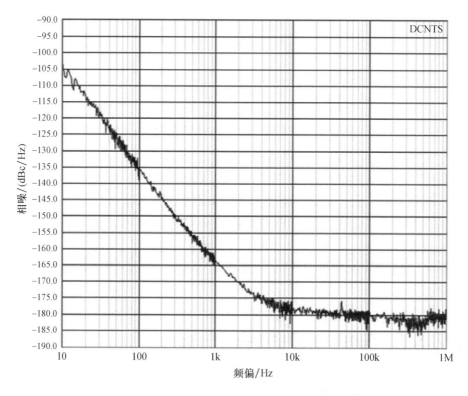

图 5 - 2    100MHz 恒温晶振相噪测试曲线

晶振的相噪指标决定了频率源输出信号相噪指标的理论值,频率合成电路决定了频率源输出信号相位噪声指标相比理论值恶化的程度,因此频率源合成电路是影响相噪指标的重要因素。最常见的频率源合成方案分为直接频率合成和锁相合成,其中直接频率合成方案的相位噪声指标通常比锁相合成方案高,在相位噪声指标要求特别高的雷达领域中,一般采用直接频率合成方案来产生本振信号。以 S 波段、X 波段和 Ku 波段雷达为例,采用直接频率合成方案的晶振相噪指标、频率源输出连续波相噪指标的对比如表 5 - 1 所列。

表 5 – 1　三频段相噪指标对比

| 状态 | 100MHz 晶振（1kHz） | 频率源输出理论相噪（1kHz） | 频率源输出实测相噪（1kHz） | 备注 |
|------|---------------------|-----------------------------|-----------------------------|------|
| 1 | ≤ – 160dBc/Hz | ≤ – 130dBc/Hz@ 3GHz | ≤ – 125dBc/Hz@ 3GHz | S 波段 |
| 2 | ≤ – 160dBc/Hz | ≤ – 120dBc/Hz@ 10GHz | ≤ – 115dBc/Hz@ 10GHz | X 波段 |
| 3 | ≤ – 160dBc/Hz | ≤ – 116dBc/Hz@ 16GHz | ≤ – 110dBc/Hz@ 16GHz | Ku 波段 |

表 5 – 1 中直接频率合成相位噪声指标理论值是按晶振的相噪指标加上 $20\log N$ 进行计算（$N$ 为频率源输出频率除以晶振频率的比值），实际测试的相噪指标比理论值差 5 ~ 6dB，这体现了频率源电路对相噪指标的影响程度。

目前雷达系统中 S 频段频率源的连续波相位噪声可达到 – 125dBc/Hz@ 1kHz，X 频段频率源的连续波相位噪声可达到 – 115dBc/Hz@ 1kHz，Ku 频段频率源的连续波相位噪声可达到 – 110dBc/Hz@ 1kHz。

## 5.1.2　接收通道噪声系数

噪声系数是表征接收通道内部产生噪声大小的参数，是决定接收通道性能好坏的主要指标之一，噪声系数直接决定了接收通道灵敏度。通常用 $S$ 代表信号功率，$N$ 代表噪声功率，$S$ 和 $N$ 的比值定义为信噪比。信噪比越大，越容易发现目标；信噪比越小，越难发现目标。噪声系数的实质是描述一个线性两端口网络的内部噪声使信噪比恶化程度的参数。

噪声系数定义为：线性两端口网络具备确定的输入端和输出端，且输入端源阻抗处于 290kΩ 时，将网络输入端信噪比与输出端信噪比的比值定义为该两端口网络的噪声系数。接收通道通常由多级放大器、滤波器、混频器、开关、衰减器等线性电路级联组合而成，其噪声系数为多级电路的总噪声系数。多级有源网络的雷达接收通道的噪声系数为

$$N_F = \frac{\dfrac{S_i}{N_i}}{\dfrac{S_o}{N_o}} = N_{F1} + \frac{(N_{F2} - 1)}{G_{P1}} + \frac{(N_{F3} - 1)}{G_{P1} G_{P2}} + \cdots + \frac{(N_{FN} - 1)}{G_{P1} G_{P2} \cdots G_{P(N-1)}}$$

$$(5 – 1)$$

式中：$N_F$ 为接收通道噪声系数；$S_i/N_i$ 为接收通道输入端信噪比；$S_o/N_o$ 为接收通道输出端信噪比；$N_{Fi}$ 为接收通道第 $i$ 级网络的噪声系数；$G_{Pi}$ 为接收通道第 $i$ 级网络的增益。

由于每级网络都要产生噪声,信噪比在每级网络输出端必然会有恶化,因此噪声系数总是大于 1 的。接收通道的噪声系数主要取决于前级的放大器,因此接收通道的第一级放大器通常都采用低噪声放大器。以 Ku 频段为例,低噪声放大器的噪声系数一般为 1.4 ~ 1.8dB,某个 Ku 频段典型低噪声放大器指标如表 5 - 2 所列。

表 5 - 2　某个 Ku 频段典型低噪声放大器指标

| 指标 | 符号 | 典型值 | 单位 |
|---|---|---|---|
| 频率范围 | $f$ | 14 ~ 18 | GHz |
| 增益 | Gain | 27 | dB |
| 增益平坦度 | $\Delta$Gain | ± 0. 8 | dB |
| 噪声系数 | $N_F$ | 1. 4 | dB |
| (输出)dB 压缩功率 | $P_{1dB}$ | 10 | dBm |
| 隔离度 | ISO | - 45 | dB |
| 输入驻波 | VSWR( in) | 1. 8 | — |
| 输出驻波 | VSWR( out) | 1. 6 | — |

　　雷达接收通道一般由限幅器、低噪声放大器、射频滤波器、混频器、中频滤波器及中频放大器等组成,图 5 - 3 是 Ku 频段典型接收通道的链路,其链路中各级噪声系数指标如图 5 - 4 所示,该接收通道总的噪声系数为 2.07dB。

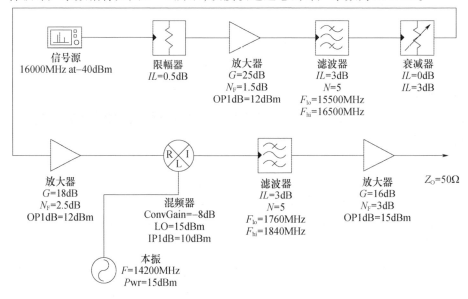

图 5 - 3　Ku 频段典型接收通道的链路

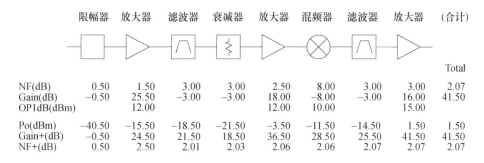

| | 限幅器 | 放大器 | 滤波器 | 衰减器 | 放大器 | 混频器 | 滤波器 | 放大器 | （合计） |
|---|---|---|---|---|---|---|---|---|---|
| | | | | | | | | | Total |
| NF(dB) | 0.50 | 1.50 | 3.00 | 3.00 | 2.50 | 8.00 | 3.00 | 3.00 | 2.07 |
| Gain(dB) | −0.50 | 25.50 | −3.00 | −3.00 | 18.00 | 10.00 | −3.00 | 16.00 | 41.50 |
| OP1dB(dBm) | | 12.00 | | | 12.00 | 10.00 | | 15.00 | |
| Po(dBm) | −40.50 | −15.50 | −18.50 | −21.50 | −3.50 | −11.50 | −14.50 | 1.50 | 1.50 |
| Gain+(dB) | −0.50 | 24.50 | 21.50 | 18.50 | 36.50 | 28.50 | 25.50 | 41.50 | 41.50 |
| NF+(dB) | 0.50 | 2.50 | 2.01 | 2.03 | 2.06 | 2.06 | 2.07 | 2.07 | 2.07 |

图 5 − 4　Ku 频段典型接收通道的噪声系数链路

## 5.1.3　接收通道增益及动态范围

雷达接收通道通常工作在线性状态下,通过合理的增益设计和增益分配保证雷达系统噪声系数满足系统设计要求。接收通道增益设计原则是系统动态范围和系统噪声系数指标的折中优化结果[60−62]。

接收通道增益分配时需要考虑:从降低噪声系数角度出发,应使接收通道在不饱和的前提下尽量提高增益,这样可以减少接收通道末级采样电路自身的噪声能量对系统噪声系数的影响,提高系统的噪声系数指标。然而,当接收通道增益提高时,接收通道的输出噪声功率随之提高,受限于 ADC 的饱和输入电平,此时接收系统的瞬时动态范围会相应下降,因此,过高的接收通道增益会严重降低系统的瞬时动态范围。

当接收通道的大信号输出能力高于 ADC 的满量程电平时,可以通过 ADC 录取数据的幅度判断是否需要控制接收通道的增益,保证接收通道工作在线性状态下。

为保证系统动态范围要求,使输入信号在最大输入功率状态接收通道不会进入饱和状态,可以在接收通道中插入多级增益控制电路,通过射频数控衰减器和中频数控衰减器,保证接收通道在系统要求的动态范围内工作在线性状态下。

接收通道的动态范围是针对整个通道而言的,动态范围的下限是接收通道的输出噪声电平,动态范围的上限是 ADC 的输入饱和电平。影响接收通道动态范围的因素很多,包括 ADC 位数、接收通道瞬时带宽、放大器和开关等有源器件的非线性、混频器和滤波器等无源器件的非线性。

采用增益控制的接收通道,输入信号动态范围一般在 90 ~ 120dB 之间,窄带雷达的瞬时动态范围一般在 60~75dB 之间,宽带成像雷达接收通道由于 ADC 位数往往只有 8 位,且瞬时带宽超过几百兆赫兹,因此瞬时动态通常只有 30dB 左右。

接收通道输出动态范围(只评估模拟接收通道,不考虑后级 ADC 时)一般有两种表征方式,即 1dB 增益压缩点输出动态范围和无杂散输出动态范围。

1dB 增益压缩点输出动态范围是指接收通道输出功率达到产生 1dB 增益压缩时,输出信号的功率与最小可检测信号功率之比。该动态指标适用于回波信号为单个点目标或者不会同时存在多个强信号回波的雷达系统。

无杂散输出动态范围是指接收通道的 3 阶交调信号等于最小可检测信号时,接收通道的输出信号功率与 3 阶交调信号功率之比。该动态指标更适合评估多目标以及需要在强杂波背景下检测目标的雷达系统。

### 5.1.4 多通道接收机一致性与稳定性

现代雷达接收机一般采用多通道接收体制,而雷达接收通道包括射频接收通道及数字采集,各通道之间不可避免地存在幅度误差和相位误差[62]。幅相不一致主要有以下因素。

(1)射频接收通道包含放大器、混频器、滤波器、增益控制、开关、功分等功能电路,包含的元器件种类多、数量大,不同通道间器件不一致性累积起来,造成系统通道间不一致性较大。

(2)本振一致性差异,通道间采用相参本振功分后输出,本振功分电路的幅相误差会造成通道间幅相不一致性。

(3)采样及数据采集一致性差异、高速 ADC 的电压基准差异及采样的孔径延迟、高速时钟的功分误差以及数据时钟的随机相位都会造成通道间幅相不一致性。

(4)通道间的射频电缆幅相误差也会造成通道间幅相不一致性。

要降低通道间的幅相不一致,除了针对以上影响因素采取应对措施,尽量降低这些不一致性外,更重要的是采取系统闭环校准的方法来消除幅相不一致的影响。以宽带成像处理为例,系统通常在成像开始前和成像结束后各进行一次系统闭环校准,补偿多通道间的幅相不一致,同时监视通道间是否保持相对稳定,因此通道间的幅相稳定性更加重要。为了达到更好的多通道幅相一致性指标,应选用频响和温度一致性好的芯片,尽量选用设计成熟的各类 MMIC 和 SIP,减少分立元器件数量,降低其带来的幅相误差。例如,使用单片集成开关滤波器芯片可以大大降低滤波器和开关对多通道幅相一致性和稳定性的影响。

宽带接收通道还会产生较高的幅相失真,幅度失真是由于射频器件带宽高、驻波、阻抗匹配等非理想传输特性导致的。相位失真主要由实现频率选择功能的滤波器产生,滤波器的带宽与信号带宽越接近,滤波器的矩形系数越高,则滤波器的带内非线性相位失真越严重。宽带接收通道的幅相失真使得脉压主瓣展宽及副瓣抬高,造成成像分辨率下降。对于单通道的宽带接收系统或者多通道失真差异较小的接收系统,可采用数字波形预失真来补偿系统的相位失真。若多通道宽带接收的幅相失真差异很大,则只能对每个通道进行独立的数字补偿处理,才能实现较好的多通道脉压处理结果。

## ▶▶▶ 5.2　上行激励通道

上行激励通道链路一般包含频率源、波形产生和激励源。波形产生的设计往往与激励源的方案密切相关,尤其对宽带成像雷达而言,通常要围绕宽带波形产生来进行设计,因此在很多宽带雷达中,波形产生经常作为一个子模块集成在激励源中。

### 5.2.1　频率源

频率源又称为频率合成器,既是现代电子系统发射通道的本地振荡器,又是接收通道的本地振荡器;在电子对抗设备中,它可以作为干扰信号发生器;在测试设备中,它可作为标准信号源。频率源性能的优劣直接影响电子系统的最终性能。现代雷达的快速发展对频率源的频率稳定度、频谱纯度、捷变频速率、频率范围和输出频率点数等指标都提出了越来越高的要求,对高性能频率合成技术,特别是超低相位噪声技术的要求也越来越迫切[63]。

目前,雷达频率源工作带宽在不断扩展,已提出覆盖 0.2~40GHz 的超带宽频率源的研制需求,毫米波及太赫兹雷达对频率源的潜在需求更是从 35GHz 扩展到 600GHz。

雷达频率源的相位噪声性能也需进一步提升。机载预警雷达、采用脉冲多普勒技术的雷达都对频率源相位噪声提出了更高的要求,越来越接近相位噪声的理论极限。

与此同时,雷达的小型化、轻量化及电源小型化,加之机载平台恶劣的振动环境,都使得频率源超低相位噪声指标的实现面临重重限制,频率源相位噪声性能提升,尤其是振动条件下相位噪声性能提升已成为接收系统目前较为迫切需要解决的问题之一。频率源作为雷达系统的"心脏",其性能指标的优劣直接影响雷达的最终性能,特别是在强杂波环境下低小慢目标的检测水平。如何提高频率源相位噪声指标将是未来雷达频率源发展的一个重要方向。

**1. 频率源的主要技术指标**

1)频率范围

频率范围是指满足系统各项技术要求的频率源输出频率覆盖范围,一般由雷达的工作频段所决定。

2)单边带相位噪声

$L(f_m)$ 称为单边带相位噪声,其定义为:偏离载频 $f_m$ 处的 1Hz 带宽内的相位调制边带的功率与载波功率之比,其单位为 dBc/Hz。单边带相位噪声是频率短期稳定度的频域表征方法,也是最常用的表征方法,如果信号的调幅噪声很低,而且频谱仪的基底噪声比待测信号的相位噪声低,那么可以用频谱分析仪来测试该信号的相位噪声。

3)杂散电平

杂散电平是指频率源输出的无用频率分量的功率与载波功率之比。

4)跳频时间

跳频时间是指频率源在不同工作频率间转换工作所需的切换时间。

**2. 雷达频率源实现方案**

频率合成技术最早开始于 20 世纪 30 年代,发展至今已经比较成熟,主要有直接模拟合成(Direct Analog Synthesize,DAS)[64-65]、锁相合成、直接数字合成(Direct Digital Synthesize,DDS)[66-67]和混合频率合成[68]等几类。

1)直接模拟合成技术

直接模拟频率合成技术是一种很成熟的频率合成技术,高频段直接模拟合成频率源大多采用一个(或几个)参考信号经梳状谱发生器输出一系列谐波,再经混频、分频、倍频和滤波等处理产生大量的离散频率,直接模拟频率合成技术简单易行、频率转换时间短、相位噪声低,但因采用了大量的分频、混频、倍频和滤波等模拟元件,采用直接合成方案的频率源的体积大、价格贵、易产生杂散分量。但因其较高的抗振性能及低相噪性能,目前在雷达系统中仍大量使用。典型的直接模拟合成 Ku 波段频率源原理框图如图 5-5 所示。

该频率源的主要技术指标如下。

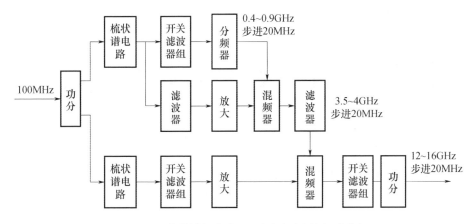

图 5 - 5　直接模拟合成 Ku 波段频率源原理框图

（1）频率范围：12 ~ 16GHz，步进 20MHz。

（2）输出功率：不小于 10dBm。

（3）杂散电平：不大于 - 65dB（ ± 10MHz）；不大于 - 60dB（全频段）。

（4）谐波抑制度：不大于 - 40dB（全频段）。

（5）跳频时间：不大于 500ns（全频段）。

由图 5 - 5 可知，该 Ku 波段频率源产生的过程如下：高稳定恒温晶振输出 100MHz 基准信号一分为二，一路去梳状谱发生器产生 L 波段频梳信号，经过开关滤波器组和分频器产生 400 ~ 900MHz、步进为 20MHz 的 P 波段频标，并与 S 波段点频信号混频产生步进为 20MHz 的 S 波段频标；另一路 100MHz 基准信号送入梳状谱发生器产生步进为 400MHz 的 X 波段频标，最后与步进为 20MHz 的 S 波段频标混频，并经开关滤波器组滤波后得到步进 20MHz 的 Ku 波段信号。

梳状谱发生器对直接合成频率源的相位噪声影响最大，特别是用于 Ku 波段频标的梳状谱发生器，因其直接从 100MHz 倍频到 X 波段，相位噪声在最终的输出信号中占主导作用，需特别关注。

2）锁相合成技术

锁相合成采用锁相环（ Phase Locked Loop，PLL）实现频率合成。PLL 是一个能够跟踪输入信号相位的闭环自动控制系统，它通常由鉴相器（ Phase Detector，PD）、环路滤波器（ Loop Filter，LF）、压控振荡器（ Voltage Controlled Oscillator， VCO）和分频器等几部分组成。

早期设计的雷达多采用该方案，目前在电子战和超宽带侦察干扰等对相位噪声和跳频时间要求不高的电子设备中仍广泛运用,常用的混频锁相环组成的原理框图如图5-6所示。

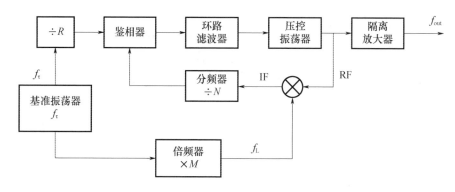

图5-6 混频锁相频率源原理框图

3)直接数字合成技术[67]

随着微电子技术的迅速发展,DDS也得到了飞速的发展。DDS的基本结构包括相位累加器、正弦查询表ROM、数模转换器DAC等。

DDS采用了不同于传统频率合成方法的全数字结构,它具备以下特点。

(1)频率分辨率高。DDS使用的频率控制字通常在32~48bit之间,以1GHz时钟为例,32bit的频率控制字,可以达到优于0.3Hz的频率分辨率;48bit的频率控制字,可以达到优于$4 \times 10^{-6}$Hz的频率分辨率。

(2)频率捷变快。频率捷变时间主要取决于频率控制字修改与更新的时间,高速DDS系统的频率切换时间可达几十纳秒的量级。

(3)功能易扩展。可以方便地对输出信号的幅度、频率、相位进行控制,实现任意波形输出。

(4)可靠性高。DDS中几乎所有部件都属于数字电路,功耗低、体积小、重量轻、可靠性高。

但DDS也有其局限性,主要表现在以下几个方面。

(1)输出频带范围有限。受DAC器件速度限制,DDS工作时钟频率较低,不能直接运用于S波段以上的微波频段。

(2)杂散抑制差。DDS全数字结构带来了许多优点,但正是由于这种结构以及寻址ROM时采用的相位截断、DAC位数有限等决定了DDS的杂散抑制较差。

上述三类频率合成技术的性能特点比较如表5-3所列。

表 5 - 3　三类频率合成器的性能特点比较

| 名称 | 相噪 | 体积 | 频率转换时间 | 频率分辨率 | 频率范围 | 频谱纯度 |
|------|------|------|------------|-----------|---------|---------|
| 直接模拟合成 | 优 | 大 | 短 | 低 | 宽 | 高 |
| 锁相合成 | 良 | 小 | 长 | 高 | 很宽 | 高 |
| 直接数字合成 | 次优 | 小 | 短 | 很高 | 窄 | 低 |

4）混合频率合成技术

由表 5 - 3 可知，DAS 频率合成技术具有频率覆盖范围宽、频率转换速度快的优点；DDS 技术具有频率转换速度快、频率和相位分辨率高，可产生雷达系统所需的各种调制波形，输出信号的频率范围受限于时钟频率；锁相技术体积小，频谱纯度高。在设计雷达频率源时，经常要在带宽、频率精度、频率转换时间、相位噪声等要求折中考虑，部分频率源往往采用将上述两种或 3 种技术结合起来的混合频率合成方案。

**3. 频率源减振设计**

减振设计是机载雷达频率源在实际使用环境中实现低相位噪声指标的关键措施之一。机载雷达频率源多采用晶振作为频率基准，而晶振对振动十分敏感，若不采取减振措施，振动条件下其相位噪声恶化可能超过 20dB。

晶振减振设计分为有源补偿和无源隔振两种方式。

有源法又可称为加速度补偿法，它主要通过加速度传感器检测出外界振动环境情况，通过电路或软件方式补偿振动加速度所带来的晶振的频移、相移，从而改善晶振在振动条件下的相位噪声。有源法针对产品的振动谱进行补偿，体积相对无源法较小。目前，有源法主要针对低频振动进行补偿，高频振动补偿较为困难，同时国内也缺乏这方面的技术积累，实际工程中应用较少。

无源法主要是用物理的方法降低振动环境对晶振输出频谱的影响，包括选用新切型晶体、改进晶体结构安装和加工工艺以及振动隔离等措施。无源法对晶振的动态相噪有较明显的改善效果，但也存在减振效果一致性不易控制、体积偏大、减振材料易老化等缺点，应用范围受到了一定限制。目前国内抗振晶振主要采用上述方法。无源法主要包括以下一些技术途径。

1）晶体谐振器的筛选

晶体的加速度灵敏度是由晶体结构决定的，不同切型的晶体会有不同的加速度灵敏度。SC 切晶体的加速度灵敏度只有 AT 切晶体的一半，因此采用 SC 切晶体的振动相位噪声理论上要比用 AT 切晶体的低大约 6dB。在实际应用中,通常采用对晶体谐振器进行加速度灵敏度筛选的方式来选择振动环境下性能相对较好的晶体谐振器。

2)减振隔离

振动隔离是从晶振的机械结构设计和隔振材料选择方面采取措施,这主要受到产品体积的限制,同时要避免出现共振。晶振安装在壳体内部预留的空间,减振设计可以考虑把晶振悬浮在壳体内,将晶振和壳体进行一定程度的隔离,从而达到减振的效果。晶振在实际使用中要满足温度变化以及长期高可靠工作的使用要求,减振方案必须全面考虑。

减振方案主要常用以下几种形式。

(1)将晶振用胶状物质浇注在盒内。

(2)用海绵或者丁腈橡胶等物质将晶振包裹,并固定在盒内。

(3)用常规微型圆柱或者圆锥弹簧和晶振固定在一起,做成微型减振装置。

(4)用钢丝绳或铍青铜等物质和晶振固定在一起,做成微型减振装置。

对晶振以及频率源采取减振措施后,频率源在振动条件下的相位噪声性能可获得大幅提升。从工程实践来看,最终相位噪声性能可满足成像雷达系统的要求。

## 5.2.2 数字波形产生与激励源

线性调频信号是成像雷达中最常见的宽带信号形式,其大带宽特征满足系统高距离分辨率的需求,大时宽特征满足系统对发射平均功率的需求,从而实现在更远作用距离下的高距离分辨率。

DDS数字方案可产生时宽和带宽灵活可控的线性调频信号,且不受温度变化的影响。由于这些优点,DDS数字方案迅速取代了设计制造成本高、波形参数不可调整、温度稳定性差的采用声表面波色散延迟器件[69]产生线性调频信号的模拟方案。随着大规模高速集成电路的飞速发展,以QUALCOMM和ADI为代表的器件厂家相继推出了多款高性能的DDS器件。

图5-7是采用DDS技术输出线性调频信号的原理框图,使用ASIC或FP-GA将增量频率字在增量累加器中进行累加,增量频率字的累加输出与线性调频的起始频率字,经过加法器相加后送给相位累加器进行累加,相位累加器输出当前线性调频信号的相位值,再经过相位幅度转换器转换为离散的多比特幅度信息送给DAC,DAC输出的信号经过滤波器滤除时钟泄漏、组合频率、信号高次谐波等杂散后,输出系统所需的线性调频信号。

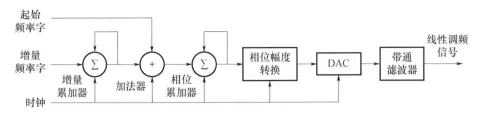

图 5-7　采用 DDS 技术产生线性调频信号的原理框图

现代雷达中采用 DDS 数字合成方案产生雷达激励所需中频信号的模块通常称为数字波形产生模块。窄带体制的雷达中,激励源多采用混频方式将波形产生的中频信号变频到雷达发射频段。宽带高分辨率成像体制雷达中,除了采用混频方法外,由于扩展信号带宽的需求,还会采用倍频、正交调制、调频步进合成、子带合成等方法来产生最终的宽带激励信号。

**1. 窄带波形产生**

不同体制或用途的雷达对发射波形的要求存在较大的差异。

具备 GMTI 功能的雷达,往往更关注信号的相位噪声及杂散指标。数字波形产生模块在选用 DDS 或 DAC 芯片设计时,需要输出低相位噪声和低杂散指标的高质量窄带信号,需注意以下原则。

(1)DDS 集成的 DAC 芯片或者单独使用的 DAC 芯片的位数推荐不小于14 位。

(2)推荐使用输出信号残留边带相位噪声指标好的 DDS 或 DAC 芯片。

(3)使用较高时钟频率的 DAC 芯片输出较低的中频,可以获得更低杂散指标的高质量信号。

(4)选择输出中频时,应该计算时钟与输出信号的高次频率组合信号,尤其应避免低阶次的组合频率干扰落在输出信号中频附近。

(5)当器件的系统时钟频率与输出信号频率之比满足 $2^N$( $N$ 为正整数)的关系时,输出信号由于不存在相位截断误差,输出信号的杂散性能最佳(仅对应此频点)。

(6)DDS 输出多点窄带信号时,应注意避免使用更新时钟、同步时钟、定时时钟这类时钟频率及其谐波附近的频率。如果实在不能避免,可以在允许的情况下,将不需要使用的时钟通过控制进行关闭。

(7)在相噪指标余量较高的情况下,可以通过幅度或相位加扰方法,降低输出信号的杂散电平。

### 2. 宽带波形产生与激励源

对于有高分辨率、大幅宽要求的 SAR,频率步进等宽带波形合成技术受到了很多的限制,因此高分辨率、大幅宽成像雷达更加关注瞬时宽带信号产生及扩展带宽的方法。

根据奈奎斯特采样定律,DDS 或 DAC 芯片能直接产生的基带(或中频)信号瞬时带宽约为 40% 的时钟频率。随着 SAR 分辨率需求的不断提升,可选用的高速 DDS 或 DAC 产生的信号带宽无法满足雷达最高瞬时宽带的要求。针对雷达的不同发射频段,利用现有的高速 DDS 或 DAC 芯片,结合带宽扩展及变频技术产生雷达发射所需的瞬时宽带信号,可以采用以下几种方法。

1)直接宽带信号产生

当高速 DAC 或 DDS 可以直接产生满足系统要求的宽带中频或射频信号时,此时波形产生时钟最好能大于 2.4 倍的信号带宽,推荐使用高速 DAC,可以实现各种宽带复杂波形,并且补偿相位失真的效果好。

当选择高速 DDS 器件时,应注意,虽然 DDS 器件可以很方便地产生线性调频信号,但是产生非线性调频和任意波形的能力较弱,且在输出这些特殊波形时,由于波形参数的更新时钟比 DDS 系统时钟低 4 倍甚至更多,其输出信号的瞬时带宽会大大降低。当需要进行相位失真补偿时,相位补偿时钟速率较低,且更新时钟与相位补偿时钟还可能涉及同步问题,在高时钟速率下,要实现稳定工作难度较高。

2)单边带正交调制(SSB)产生宽带信号

当无法直接产生满足系统要求的瞬时宽带信号时,可以考虑利用单边带正交调制技术,直接产生宽带中频信号。

单边带正交调制抑制镜像边带的原理可用式(5-2)来进行说明,即

$$f = \sin\alpha\cos\beta + \cos\alpha\sin\beta \qquad (5-2)$$

式中:$f$ 为单边带正交调制的输出信号;$\sin\alpha$ 为 I 路基带信号;$\cos\beta$ 为 Q 路本振信号;$\cos\alpha$ 为 Q 路基带信号;$\sin\beta$ 为 I 路本振信号。由式(5-2)和三角函数公式推导,可得

$$f = \frac{1}{2}\big[\sin(\alpha+\beta) + \sin(\alpha-\beta)\big] + \frac{1}{2}\big[\sin(\alpha+\beta) - \sin(\alpha-\beta)\big]$$

$$(5-3)$$

$$f = \sin(\alpha+\beta) \qquad (5-4)$$

由式(5-4)可以看到,输出信号中只包含 $\alpha+\beta$ 的和边带信号,$\alpha-\beta$ 的差

边带(镜像边带)信号被对消了,如果需要获得 $\alpha - \beta$ 的差边带信号,只需要将式 (5 - 2)中的 $\sin\alpha$ 和 $\cos\alpha$ 的位置互换,也就是将基带信号的 I 与 Q 互换。

单边带正交调制需要两路正交的基带信号与两路正交的本振信号分别进行混频,两个混频器的混频输出进行功率合成,在两个混频器中产生的镜像边带功率相等,相位相差 180°,因此功率合成时产生镜像边带对消的效果。该对消结果受 IQ 信号正交度、本振信号正交度及混频器一致性等因素的影响,本振泄漏的大小则取决于两路基带信号的直流电平误差及混频器一致性差异。

正交调制技术的优点在于通过抑制本振泄漏和镜像边带,充分利用了零频附近的信号带宽,可以同时使用混频产生的上、下两个信号边带,瞬时信号带宽比同样时钟条件下的 DAC 结合变频的方案高 2 倍以上,且输出信号的中频可以灵活选择;缺点在于需要两路高速 DAC 严格工作在高速同步状态,需要高性能的 SSB 调制器和差分滤波器才能实现较好的本振及镜像抑制,需要的模拟器件较多且调试难度高。

如可供选择的 DAC 器件的最高时钟频率为 1GHz,系统所需的最高瞬时信号带宽在 700MHz 左右。1GHz 时钟 DAC 最大可用输出基带带宽为 DC ~ 400MHz,利用该器件无法直接产生满足要求的瞬时宽带信号。若系统发射频段较高时,利用 SSB 调制技术,可直接产生满足系统瞬时宽带要求的宽带中频信号,后续只需要再进行一次上变频,即可产生系统需要的宽带射频激励信号。当射频频段在 S 波段以下时,还可以将本振设计为发射载频的中心频率,直接采用 SSB 调制,将宽带模拟正交基带信号直接调制到最终所需的发射频率。

在模拟正交调制方案中,需滤除 DAC 输出泄漏的高频时钟及高阶奈奎斯特域的信号。由于单边带调制后的中频滤波器的滤波特性和前级低通滤波器可产生叠加的滤波效果,中频滤波器的带外抑制指标可以降低。基带方案最大化利用 DAC 输出有效带宽,也等效降低了滤波器的矩形系数要求,降低了滤波器产生的非线性失真。模拟正交调制的中频选择非常灵活,为了降低接收系统的复杂度,单边带调制方案的最佳中频(即本振频率)应选择宽带采样所需的最佳中频来降低宽带中频采样的后续数字化处理压力。使用宽带 SSB 调制的方法,可以直接产生 70% ~ 80% 时钟频率的宽带信号,采用 SSB 调制方案的激励源框图如图 5 - 8 所示。

使用该方案,应注意选择能保证两路 DAC 自身同步的双通道 DAC 芯片,单芯片含两路同步 DAC 的芯片最佳。

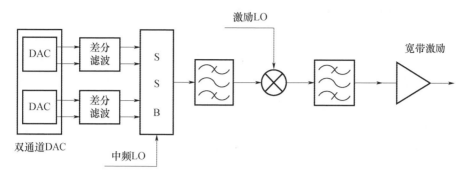

图 5 – 8　采用 SSB 调制方案的激励源框图

3）数字正交调制产生宽带信号

模拟正交调制方案受到模拟器件一致性、器件离散性及模拟电路调试精度的限制,很难实现基带信号和本振信号的高正交度和高幅度一致性指标,两个混频器的一致性更加不好控制,这就使得通过模拟正交调制方法获得的信号,其本振泄漏及镜像边带的抑制度都不会很高,通常在 20～40dB 之间。随着基带信号带宽的增加及本振频率的提高,本振泄漏及镜像抑制度指标进一步变差,且模拟器件随温度的变化以及长时间工作,器件参数老化后,这些指标还会恶化。要解决这些问题只有实现数字化的正交调制才能比较完美地解决 SSB 宽带调制指标不高的问题。

随着数字器件规模和速度的迅速提高,数字正交上变频[72]将原先需要通过模拟器件完成的正交调制处理转换到数字域完成,典型的数字正交上变频产生宽带信号的流程如图 5 – 9 所示。

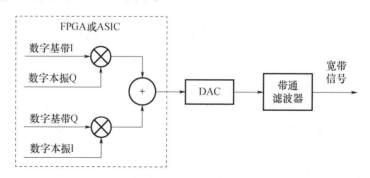

图 5 – 9　数字正交调制产生宽带信号框图

FPGA（或 ASIC）产生数字正交基带信号分别与 DDS 产生的正交数字本振信号进行数字相乘后进行求和运算实现数字化正交调制,再送给 DAC 来产生宽带中频或射频信号,避免了模拟正交调制产生误差的因素。数字运算过程中的数据位数成为影响本振泄漏及镜像抑制度指标的主要因素,而当数据位数达到 12 位以上时,正交基带信号及正交本振信号的幅度及相位误差都已经非常小,对信号质量的影响基本可以忽略,镜像泄漏及本振泄漏基本在 − 60dBc 的量级。

受奈奎斯特定理的限制,产生相同带宽中频信号时,数字正交调制所需的高速 DAC 时钟是模拟正交调制方案的两倍。

4)混频 DAC 产生宽带信号

混频 DAC 和普通高速 DAC 类似,严格来说混频 DAC 并不能扩展信号带宽,混频 DAC 通过插值运算,可以将基带信号转换到高阶奈奎斯特域,达到与 DAC 时钟混频的效果。由于采用数字方法进行处理,时钟泄漏很小,只需使用滤波器对所需奈奎斯特域的信号进行滤波,相比常规用混频器进行混频,滤波器不需要考虑时钟泄漏,这等效于滤波器的过渡带可以扩大一倍,从而降低了滤波器的设计难度,或者说在同等滤波器设计难度下,混频 DAC 方案提高了可用信号带宽。这种方法与使用模拟器件进行混频相比,不再需要基带滤波器及混频器,降低了系统复杂度,减少了这些器件附加的幅相失真,因此是一种优先推荐的宽带波形产生方案。

在混频模式下,等效输出采样频率加倍,DAC 数据队列中增加了负的原始数据的均匀插值,这会减小基波信号功率,提高 DAC 采样率附近镜像边带信号的功率,此时镜像输出功率比基波信号功率大,就像是时钟与基波信号在模拟混频器中进行了混频一样,具备这种功能的 DAC 称为混频 DAC。ADI 公司的 AD9739A 是一款高性能的混频 DAC,其混频模式下的插值方式如图 5 − 10 所示。

5)倍频法产生宽带信号[71]

通过倍频可以使得输出信号频率翻倍,因此具有一定带宽的线性调频信号经过倍频后,输出信号带宽也会相应翻倍。只有当信号形式为线性调频信号时,才可以使用倍频的方法来扩展信号带宽。

倍频方案中,通常先产生具有一定带宽的中频信号 $f_{IF}$,选择合适的本振信号 $f_{LO}$ 与该中频信号进行混频,用滤波器滤出变频后的宽带信号 $f_{LO} + f_{IF}$(或 $f_{LO} - f_{IF}$),再结合放大、倍频、滤波链路产生满足系统要求的宽带信号。

与上述 SSB 调制的例子进行对比,DAC(或 DDS 器件)在 1GHz 时钟的条件下可以产生的基带信号大约从零频到 350MHz。采用基带产生后混频再进行倍

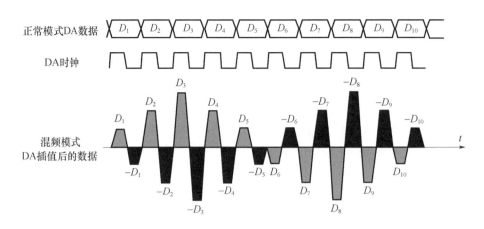

图 5 - 10   混频 DAC 的插值方式

频的方法来扩展信号带宽时,基带信号的可用带宽会受到限制,信号的极限有效带宽约为时钟频率的 30%。这是因为,若基带信号起始频率太低,上变频后,滤波器矩形系数有限,难以将本振信号和无用镜像边带信号滤除干净,再经过后级的倍频链路后,会产生大量的组合频率干扰,影响宽带信号的频谱纯度。典型宽带 4 倍频链路产生宽带激励信号的原理框图如图 5 - 11 所示。

图 5 - 11   典型宽带 4 倍频链路产生宽带激励信号的原理框图

当倍频系统需要实现点频间隔较大的多点频应用时,基带信号可选频率范围有限,无法利用 DDS 器件可以灵活产生不同频率波形的特点来产生多点频,需要通过频率源来产生不同的本振频率点。从信号质量上来说,倍频方案链路较为复杂,基带滤波器和中频滤波器均必须为选择性较高的带通滤波器,对于模拟滤波器而言,较高的频率选择性就必然要牺牲滤波器的带内线性相位指标,混频器及放大器在信号带宽较高时,也会产生一定的相位失真,再经过两级倍频链路后,倍频方案的宽带激励信号的相位失真较高,在后续脉压处理时需要进行有效的补偿。此外,由于倍频方案的上行和下行所用的本振信号不是同一个信号,在温度变化时,信号闭环接收后,在方位向上会产生接收信号初相的漂移,从而对方位向脉压产生影响。因此,采用晶振的倍频方案需要几分钟的系统稳定时间才能使用。

使用倍频法进行信号带宽扩展还应注意以下设计原则。

(1)在方案可行的前提下,尽可能使用较高带宽的中频信号,中频信号带宽越大,所需的倍频次数越低,倍频链路的级数越少,相应的倍频方案设计就越简单。倍频方案中的倍频次数多选择 2 倍频或 4 倍频,不推荐采用超过 8 倍频以上的倍频方案来进行带宽扩展。

(2)中频 $f_{IF}$ 和本振 $f_{LO}$ 与最终的射频 $f_{RF}$ 之间通常满足 $N \cdot (f_{LO} + f_{IF}) = f_{RF}$ ( $N$ 为正整数)或 $N \cdot (f_{LO} - f_{IF}) = f_{RF}$ 。

(3)在进行 4 倍频和 8 倍频设计时,推荐采用 2 级 2 倍频和 3 级 2 倍频级联的方式来获得 4 倍频和 8 倍频的效果。这主要是考虑在宽带高次倍频时,倍频器件的输入信号和输出信号的频段差别较大时可能导致输出宽带信号的频响较差,且倍频器的非线性特性很可能造成无用的组合频率分量落入最终的有效信号频带内,影响信号的杂散指标。

(4)倍频链路设计时应进行计算和仿真,倍频链路中的每一级有效信号频段与相邻的其他谐波信号之间应该存在一段干净的过渡频段,以保证每一级倍频链路后的滤波器可以将无用的其他谐波信号有效滤除。

(5)随着信号瞬时带宽越来越宽,模拟器件的非线性相位失真表现得更加明显,带宽越宽的信号在进行脉压处理时,非线性相位失真对脉压结果的影响越严重。宽带系统在脉压处理时需补偿幅相误差,但是受到很多条件的限制,往往系统总的非线性失真的补偿离理想状态还有一定的差距,且只有宽带系统的非线性失真相对比较稳定才能达到较好的非线性失真补偿效果。宽带倍频系统的非线性失真与倍频次数相关,系统的总失真等于倍频链路的第一级之前所产生的非线性失真乘以倍频次数。例如,基带产生后的中频滤波器在信号带宽内产生了 20° 的非线性相位失真,经过一个 8 倍频的宽带倍频链路后,将产生 160° 的非线性相位失真(这里未考虑倍频器及后续滤波器等电路产生的非线性相位失真)。因此,对于倍频次数较高的宽带倍频链路,应该尽可能地降低各种器件非线性失真的程度,尤其是对非线性失真影响很大的滤波器,滤波器所引入的非线性相位失真越小,非线性失真对温度越不敏感,则倍频系统的失真越稳定,才可能达到较好的失真补偿效果。

(6)连续调频子脉冲串合成超宽带信号。当成像需要超高分辨率,该分辨率所需的信号带宽已经无法用单个 DAC 直接产生时,还可以将宽带调频信号分为 $N$ 个子带按时间顺序依次产生, $N$ 个子带再分别与 $N$ 个本振频率进行混频后合成一个瞬时超宽带信号。此时,信号产生所需的瞬时带宽相应降低

$N$ 倍。普通的宽带信号与连续调频子脉冲串合成超宽带信号的波形包络对比如图 5 – 12 所示。

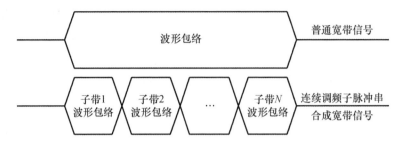

图 5 – 12　普通宽带信号与合成宽带信号波形包络对比

超宽带模式下,连续子脉冲合成宽带信号的方案可以降低频率源系统瞬时带宽的压力,可以和其他宽带模式使用统一的上行中频,且在整个频带范围内没有使用倍频,系统的相位失真会比倍频方案小。连续子脉冲合成宽带信号的方案在几个子脉冲切换期间会引入较高的幅相失真,方案中要求几个本振频率点切换时保证良好的相参性和稳定性,这需要在频率源设计时加以考虑;连续子脉冲方案的超宽带工作模式也需要信号处理通过内定标获取雷达系统宽带幅相误差数据,从而产生脉压匹配函数,或者先记录定标数据供非实时处理提取误差参数。

调频子脉冲串与瞬时宽带信号等效,频率步进、调频步进等方法则是间接实现了等效宽带信号。

频率步进采用多个步进点频信号经过多个重复周期合成宽带信号,降低了对接收系统处理瞬时宽带信号的要求,窄带接收系统即可处理。在频域上等效于对超宽带信号的频域采样,受奈奎斯特采样定理的限制,时域有模糊窗的限制,通常要求观测目标的尺寸小于时域模糊窗,因此通常用于对特定目标的探测或成像;而 SAR 成像是对地面场景中所有目标及连续场景的成像,因此频率步进超宽带信号不适合用于宽幅 SAR 成像。

调频步进信号使用多个窄带线性调频脉冲替代频率步进信号中的点频调制脉冲,频带拼接后频谱连续,避免了频率步进信号存在时域模糊窗的问题,且从接收系统设计的角度出发,使用调频步进来实现高距离分辨率可以有效降低对接收系统瞬时带宽的压力,降低 ADC 采样的设计难度。但调频步进信号要求 SAR 系统的脉冲重复频率是常规非合成瞬时超宽带信号系统的 $N$ 倍($N$ 为调频步进脉冲串的个数),因此调频步进信号在较大的幅宽下,重频参数选择困难,且调频步进信号存在距离/方位耦合的问题,在高分辨成像或斜视成像时,需进行子调频脉冲串信号间的精确运动补偿、距离向相参合成等效的宽带回波,最终进行合成宽带回波的距离向脉压,数据重排后,进行方位匹配滤波后才能获得二维的高分辨 SAR 图像。调频步进合成宽带信号是以增加后续数字信号处理的复杂度和运算量为代价,系统参数选择困难,也约束了其使用场合。因此,在实时成像系统中,多采用直接产生瞬时宽带波形的方案进行设计。

## 5.3　下行接收链路

下行接收链路一般由多通道接收机和数据采集两部分组成。对高分辨率 SAR/GMTI 雷达而言,由于高分辨率成像和动目标检测两种工作方式所需的带宽和通道数差异较大,设计需求的差异也较大。

### 5.3.1　超宽带接收通道

随着成像雷达分辨率的提高,雷达系统瞬时带宽也不断提高,对模拟接收通道而言,超宽带接收通道的实现不存在特别的设计难度。超宽带接收系统的接收方案往往是受限于可用的高速 ADC,当信号的瞬时带宽超过高速 ADC 的处理能力时,可采用分多个接收通道进行频域分段处理来实现超宽带信号的接收处理。

模拟正交解调可以将接收瞬时带宽降低一半,但是超宽带情况下,模拟正交解调器件同样设计困难,且 IQ 模拟基带信号还存在零点漂移,IQ 镜频指标也很难达到较高水平(超宽带通常在 20dB 左右的水平),解调后的宽带信号频域从零频开始,后续的放大处理非常困难,IQ 信号后续滤波处理引入的幅相误差,还会进一步导致 IQ 镜频指标恶化,且要求对 IQ 信号进行采样的高速 ADC 也必须工作在同步状态,因此模拟正交解调不能有效降低超宽带信号的接收难度,也很难改善接收系统的性能指标,不适合在超宽带成像雷达中使用。

接收去斜处理虽然在理论上可以降低接收所需的带宽,但是该方法存在成像幅宽限制、后续数字信号补偿复杂等制约,这里不做讨论。

#### 1. 超宽带接收通道设计

举例而言,若 Ku 波段超宽带成像雷达系统需处理瞬时 4GHz 宽带信号时,则接收通道可设计为 4 个子接收通道,每个通道完成低噪声放大、增益控制、预选滤波、下变频、中频滤波、放大等处理后,将 L 波段 1GHz 信号带宽的中频信号,分别给四路高速 ADC 进行中频采样,在 FPGA 中进行数字下变频、多相滤波后,将四通道数字化宽带正交基带信号送信号处理器进行拼接,实现4GHz瞬时宽带信号处理。宽带通频带的带内性能指标成为宽带接收通道设计的难点。

超宽带接收通道的简要原理框图如图5－13所示。该框图主要体现了4个接收子带处理超宽带信号的差异。

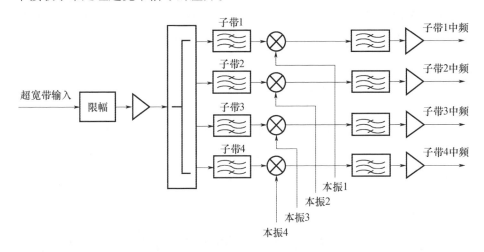

图5－13　超宽带接收通道简要原理框图

### 2. 超宽带接收通道增益及噪声系数

以某个常用8位高速ADC为例进行计算,根据器件手册,其最大输入电平为3dBm,ADC自身的噪声电平约为－36dBm。根据接收通道噪声系数及动态范围相对均衡的设计原则,按接收通道的噪声功率比ADC噪声高13dB进行设计,则接收通道的噪声功率约－23dBm。

假设雷达天线阵面的相关参数为噪声系数4dB、增益20dB。噪声功率为

$$P_n = KTBN_F G \qquad (5-5)$$

式中:$P_n$为噪声电平;$K$为玻尔兹曼常数;$T$为室温的热力学温度(取290K);$B$为通道带宽(取1000MHz);$N_F$为通道噪声系数(取天线阵面的噪声系数4dB),将这些参数代入式(5－5),并设$G$为通道总增益,则可以计算出

$G = -23 - (-114 + 4 + 10 \times \lg(1000)) = -23 - (-114 + 4 + 30) = 57dB$

则接收机宽带接收通道的增益为系统通道总增益减天线阵面增益,即37dB。

宽带接收通道的噪声系数主要取决于宽带接收通道前级,兼顾系统动态及噪声系数的要求,宽带接收通道的主要设计参数为:输入射频电缆＋限幅器共约1.5dB损耗;低噪声放大器1的噪声系数约2dB,增益约20dB;一分四功分器＋射频子带滤波器的插损约为9dB;第一级数控衰减器插损约3.5dB;低噪声

放大器 2 的噪声系数约 2dB,增益约 20dB;混频器的插损约为 8dB;中频滤波器的插损约为 8dB;中频放大器 3 的噪声系数约 2.5dB,增益约 10dB;后续中频处理的噪声系数约 3dB,增益约 17dB。

根据计算,宽带接收通道的设计噪声系数约 4.5dB,增益 37dB,瞬时动态约 26dB,仿真计算结果见图 5 - 14。

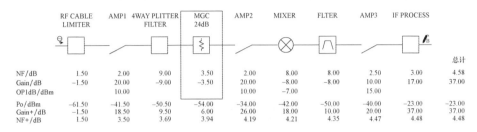

图 5 - 14　宽带接收通道链路增益和噪声系数

### 3. 高性能宽带射频滤波器

高性能宽带射频滤波器是宽带接收通道的重要器件,传统尺寸的调谐腔体滤波器无法满足接收通道的小型化和集成度的要求。Ku 波段子带滤波器选用 MEMS 高带外抑制的带通滤波器,其体积小、重量轻,易于集成到电路中使用。该滤波器采用高精度微纳米工艺加工,采用硅圆片直接键合、TSV 等制造技术,具有体积小、一致性好、性能优、寄生频带远等优点,能够满足宽带接收通道通频带的带内幅频特性要求。从图 5 - 15 中可以看出,该结构滤波器带外抑制度高,带内平坦度好。

宽带接收通道设计采用低本振设计,混频器选用 Marki 公司的 MM1 - 0626S,混频器产生的本振与射频的高阶组合杂散能量较低,降低了射频和中频滤波器的设计难度[73]。

混频器 MM1 -0626S 混频参数如表 5 -4 所列。

表 5 -4　混频器 MM1 -0626S 混频参数

| -10dBm RF 输入 | 0 × LO | 1 × LO | 2 × LO | 3 × LO | 4 × LO | 5 × LO |
|---|---|---|---|---|---|---|
| 1 × RF | 28(23) | 参考 | 31(46) | 13(12) | 34(40) | 15(19) |
| 2 × RF | 65(67) | 72(63) | 77(83) | 75(61) | 83(87) | 78(72) |
| 3 × RF | 93(93) | 74(81) | 92(96) | 84(89) | 90(97) | 77(83) |
| 4 × RF | 110(112) | 121(117) | 118(119) | 120(118) | 121(119) | 120(121) |
| 5 × RF | 120(119) | 130(132) | 133(133) | 133(130) | 134(133) | 129(129) |

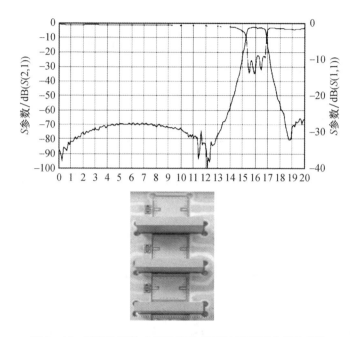

图 5 - 15　MEMS 腔体小型化高性能滤波器实测曲线和实物

### 4. 芯片级高性能中频滤波器

GaAs 或硅基材料实现的高性能 L 波段中频滤波器指标优良,封装尺寸仅为传统滤波器的 1/4,已逐步取代体积较大的 LC 带通滤波器,在高性能接收通道中应用越来越广。中频 GaAs 芯片滤波器 $S$ 参数测试结果如图 5 - 16 所示。

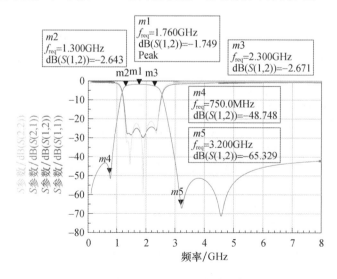

图 5 - 16　GaAs 芯片滤波器 $S$ 参数

**5. 多通道幅相一致性**

　　超宽带接收通道的设计重点是如何保证多通道宽带幅度平坦度、相位线性度以及多通道之间的幅频响应和相频响应的一致性。单个宽带接收通道典型电路布局如图 5 – 17 所示。

图 5 – 17　单个宽带接收通道典型电路布局

　　接收通道设计指标为:射频通频带宽 1.2GHz,中频通频带宽 1GHz,通道增益 37dB,通道幅度平坦度不大于 ±0.5dB。多个射频器件级联匹配响应以及无源滤波器通带特性是影响通道幅相特性指标的关键。可通过增加特定匹配电路来保证通道幅频特性指标,器件互连的高低阻抗匹配,宽带滤波器前后的小分贝衰减器可以改善驻波性能,幅度均衡器可以改善带内平坦度。实物电路如图 5 – 18 所示。

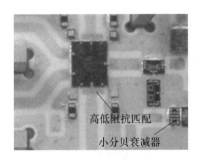

高低阻抗匹配

小分贝衰减器

图 5 – 18　传输线阻抗变换及驻波匹配

　　接收多通道采用路径等长布线原则,电路布局严格一致,本振信号、射频信号在每个通道的传输路径等长,且要求每个变频电路的稳定性指标(包括随时间变化的稳定性和随环境温度变化的一致性),通频带内幅度变化、相位变化、增益变化的一致性要好[74]。

　　接收通道滤波混频电路部分含多个放大器及一个混频器,在工作温度范围内增益变化 6 ~ 8dB。接收链路设计了两个温度补偿衰减器,可补偿 6dB 的变化量。接收通道滤波混频电路的工作带宽较宽,带内增益平坦度对系统指标的影响比较大,在选择芯片时,放大器设计尽量采用具有正斜率频率/增益响应,配合具有负斜率频率/增益响应的均衡器实现整个 4GHz 频带范围内的增益平整度在 ±1.5dB 内。

### 6. 宽带接收通道测试结果

四路宽带接收通道每个通道带内增益及噪声系数指标的测试数据如表 5 – 5 所列,可以看到 1GHz 带宽内 4 个通道的带内波动分别约 1.6dB、1.9dB、2.1dB 和 2.1dB。四通道间,中心频点的增益最大波动约 1.1dB,平坦性和一致性较好。

表 5 – 5　接收通道增益及噪声系数测试数据

| 通道 | 增益/dB | | | 噪声系数/dB |
| --- | --- | --- | --- | --- |
| | min | max | 中心频点 | |
| 通道 1 | 36.5 | 38.1 | 37.3 | 5.2 |
| 通道 2 | 36.3 | 38.2 | 36.9 | 4.9 |
| 通道 3 | 35.7 | 37.8 | 36.3 | 5.0 |
| 通道 4 | 35.9 | 38.0 | 36.2 | 5.1 |

表 5 – 6 是四路宽带接收通道幅相稳定性测试数据,测试方法为通道加电 5min 后,每 5min 测试一次,共测试 6 次,每个通道的测试数据以该通道的第一次测试数据作为参考值,每次的测试结果与之相减,并最终记录最大的差值。为了降低噪声的影响,采用记录宽带信号,取多帧数据平均,脉压后进行分析。数据分析结果表明,通道的幅相稳定性较好。

表 5 – 6　多通道幅相稳定性测试

| 测试通道 | 幅相变化测试结果 | |
| --- | --- | --- |
| | 幅度变化量/dB | 相位变化量/(°) |
| 通道 1 | − 0.15 | 0.3 |
| 通道 2 | − 0.21 | − 0.1 |
| 通道 3 | − 0.10 | 0.15 |
| 通道 4 | − 0.08 | 0.28 |

### 7. 宽带接收通道新技术

随着微电子器件的制造水平和微系统技术不断发展,以及硅基板技术和硅通孔(Through Silicon Vias,TSV)应用普及,使得射频微波电路的集成度越来越高,有源电路的多层堆叠成为实现系统高集成度的关键环节。接收通道中的射频和中频滤波器在硅基板中一体化设计集成,变频链路宽带幅相一致性和稳定性指标会更好。

图 5 – 19 所示的三维射频叠层集成组件共有 3 层有源电路通过硅基板 TSV 实现射频信号贯通互联,集成了射频滤波器组、两次变频放大电路和中频滤波器组等功能电路,组件尺寸为 21mm × 16mm × 5mm,方便多路接收系统集成使用[75]。

图 5 – 19 单通道 X 波段两次变频三维叠层接收通道

## 5.3.2 无同步机制的数字接收子阵

数字接收可以分为全数字阵和数字子阵两类。全数字阵的每个 T/R 组件的接收支路后都有一个包含 ADC 的接收通道,优点是系统自由度高且不受孔径渡越效应的影响;缺点是通道数多、成本高。数字子阵是考虑孔径渡越效应和成本的折中结果,使得孔径渡越效应控制在能够允许的范围内,将若干个 T/R 组件接收信号先合成,再进行变频接收处理,能够有效减少接收通道数,大多数相控阵雷达采用数字子阵体制。

数字子阵的接收通道模拟部分由放大器、滤波器、混频器、数控衰减器和模数变换器等构成,若干个接收通道的信号由现场可编程门阵列(Field Program-mable Gate Array,FPGA)完成数字下变频、滤波、抽取等处理后,将数字基带信号送信号处理。典型的接收通道如图 5 – 20 所示。

中频数字采样早已成为现代雷达的主流数据采集方案,随着 ADC 的高速发展,当 ADC 的采样频率超过百兆赫兹后,多通道高速数据采集往往都需要解决多通道数据同步的问题。早期的高速 ADC,要么没有多通道同步机制,要么

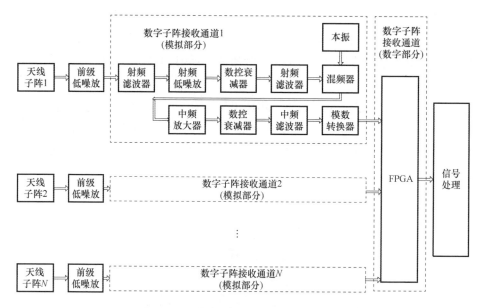

图 5-20　数字子阵接收通道框图

同步机制不成熟,应用难度较高,直到新一代高速串行接口规范的推出,才为多通道高速同步采集提供了比较完善的解决方案。

**1. 早期数字采样不同步分析**

随着系统瞬时带宽的增加,ADC 采样频率随之相应提高。ADC 输出的数字信号往往是源同步方案(改进的传输方案在 5.3.3 节中介绍),也就是在输出数字信号的同时输出一个随路时钟,FPGA 使用此随路时钟来接收 ADC 数据。当采样频率较高时,则需要把采样数据分为并行 $M$ 路($M$ 通常为 2、4 或 8)进行传输,而随路时钟频率则变为采样时钟频率的 $1/M$。以较低的随路时钟传输数据,可以保证 FPGA 接收数据时有足够的建立和保持时间。然而这也带来了一个问题,随路时钟是由采样时钟做 $M$ 分频得到的,所以随路时钟相对于采样时钟存在 $M$ 个不同的相位关系,每片 ADC 每次上电后随机获得其中的一个相位。以 $M=4$ 为例,送往每片 ADC 的采样时钟严格同相,假定 4 片 ADC 在某次上电后随路时钟分别表现出一种相位,忽略 FPGA 采集数据的建立时间,如图 5-21 所示[76]。

四路 ADC 的数据和随路时钟都送往 FPGA,FPGA 接收时有两种方法:一种方法是对每路 ADC 数据都使用本路的随路时钟采集,然后通过 FIFO(First Input First Output)把各路数据都转换到 FPGA 运算的主时钟域上;另一种方法是

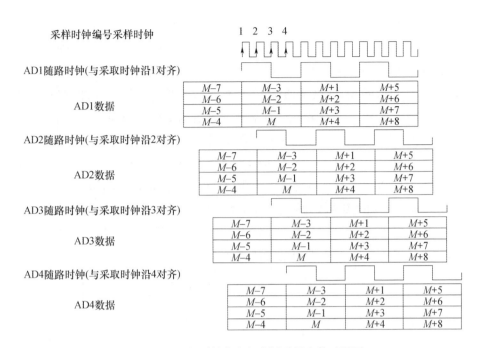

图 5 - 21　4 相时钟状态与实际采样点数对照图

选取在各路数据公共稳定窗口的随路时钟作为 FPGA 的主时钟,用它来采集各路数据。无论采用哪种方法,都会面临多路数据不同步的问题,以较为常用的第 2 种方法为例,假定选取了 ADC1 的随路时钟作为主时钟,那么在其第一个上升沿采集到的第 1 路数据依次是 $M-3$、$M-2$、$M-1$ 和 $M$,第 2、第 3 和第 4 路的数据相对第 1 路数据都滞后一个随路时钟周期,也就是 $M=4$ 个采样时钟周期,为 $M-7$、$M-6$、$M-5$ 和 $M-4$,因此需要把多路数据同步。

**2. 无同步机制的采样同步方案**

可采用的方法有两种,第一种方法是复位 ADC,其原理是每次对 ADC 进行复位都会随机重置其随路时钟的相位。具体办法是使用校准过的功分网络对全部 ADC 注入相同的线性调频信号,使用同样的录取波门采集 ADC 数据并做脉冲压缩,选择一个通道作为参考通道,检测出脉压峰的位置,并与参考通道的脉压峰的位置进行比对,如果发现哪路脉压峰位置与参考通道不一致,就复位该路 ADC,直到脉压峰位置与参考通道相同为止。当所有通道的脉压峰位置都相同时,判定数据实现同步。由于可并行地完成每路 ADC 的同步,这种方法效率较高,且几乎不需要耗费 FPGA 额外的处理资源。需要注意的是,每次复位 ADC 后随路时钟的相位随机重置到各个相位的概率未必相等,以 4 相状态为例,1 个通道复位 10 次仍未同步的概率低于 6%，复位 20 次仍未同步的概率低于 0.4%。

第 2 种方法是插值，其原理是香农采样定理和分数延时。具体实现办法是使用校准过的功分网络对全部 ADC 注入相同的线性调频信号，使用同样的录取波门采集 ADC 数据，并做插值脉压，检测出每路脉压峰的位置，以在时间轴上最后出现的脉压峰位置为基准，计算每路数据需要的延时量，使用离散时间滤波器进行分数延时，补偿延时差实现数据同步。具体实现时可以使用辛格函数作为系数的有限长脉冲响应（Finite Impulse Response, FIR）滤波器，也可以使用最大平坦全通滤波器作为系数的无限脉冲响应（Infinite Impulse Response, IIR）滤波器。FIR 的实现较为简单，但会附加一定的带内波动；IIR 的实现复杂，不会带来带内波动，并且这两者的带宽都受限于滤波器阶数。考虑到系统允许误差和工程实现难度，本书选取的方法是前者，见图 5 – 22[77]。

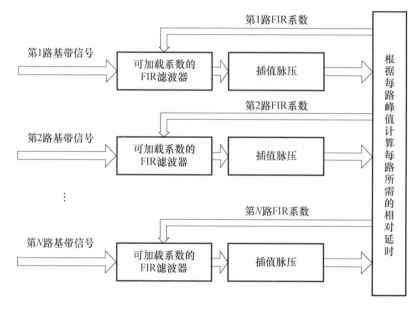

图 5 – 22　数字滤波实现采样同步的原理框图

插值原理可以看作香农采样定理的推论，而香农采样定理是从泊松积分公式导出的[78]，即

$$\sum_{n=-\infty}^{+\infty} \exp(-jnT\omega) = \frac{2\pi}{T} \sum_{k=-\infty}^{+\infty} \delta\left(\omega - \frac{2\pi k}{T}\right) \qquad (5-6)$$

设连续时间信号为 $f(t)$，对其以等间隔 $T$ 进行冲激采样得离散时间信号为 $f_d(t)$，它可以表示成一系列冲激信号之和，即

$$f_d(t) = \sum_{n=-\infty}^{+\infty} f(nT)\delta(t-nT) = f(t)\sum_{n=-\infty}^{+\infty}\delta(t-nT) \qquad (5-7)$$

对式(5-7)两边做连续时间傅里叶变换,考虑到 $\delta(t-nT)$ 的连续时间傅里叶变换为 $\hat{\delta}_{nT}(\omega) = \exp(-inT\omega)$,结合连续时间傅里叶变换的时域相乘性质,有

$$\hat{f}_d(\omega) = \frac{1}{2\pi}\hat{f}(\omega) * \sum_{n=-\infty}^{+\infty}\exp(-jnT\omega) \qquad (5-8)$$

式中:$*$ 为卷积,将泊松积分式(5-6)代入式(5-8),并考虑 $\delta(\cdot)$ 函数的卷积性质,有

$$\hat{f}_d(\omega) = \frac{1}{T}\sum_{k=-\infty}^{+\infty}\hat{f}\left(\omega - \frac{2\pi k}{T}\right) \qquad (5-9)$$

式(5-9)说明对连续时间函数以间隔 $T$ 采样,等效于将其频谱以 $2\pi k/T = 2\pi f_s k$ 为周期进行平移叠加。如果 $f(t)$ 在频域的支集为 $[-f_s/2, f_s/2]$,那么平移叠加就不会造成频谱混叠,这就是香农采样定理。

考虑到 sinc 函数 $h_T(t) = \sin(\pi t/T)/(\pi t/T)$ 的连续时间傅里叶变换为 $T \cdot \mathrm{rect}(\omega/(2\pi f_s))$,其带宽正好是 $[-f_s/2, f_s/2]$,频响在带内恒为 $T$。所以,如果使用 $h_T(t)$ 与 $f_d(t)$ 卷积,就可以截取 $\hat{f}_d(\omega)$ 在 $[-f_s/2, f_s/2]$ 范围内的频谱,从而重构 $f(t)$,即

$$f(t) = f_d(t) * h_T(t) \qquad (5-10)$$

将 $f_d(t)$ 的表达式(5-7)代入式(5-10),交换卷积与求和次序,有

$$f(t) = \left(\sum_{n=-\infty}^{+\infty} f(nT)\delta(t-nT)\right) * h_T(t) \qquad (5-11)$$

$$= \sum_{n=-\infty}^{+\infty} f(nT)h_T(t-nT)$$

式(5-11)说明,如果 $f(t)$ 的带宽为 $[-f_s/2, f_s/2]$,那么可以通过对 $f_d(t)$ 进行 sinc 插值重构 $f(t)$。我们期望从 $f(t)$ 在 $t = kT$ 时刻的值得到 $t = kT - \Delta_t$ 时刻的值,所以用 $t = kT - \Delta_t$ 替换 $t$ 代入式(5-11)可得

$$f(kT - \Delta_t) = \sum_{n=-\infty}^{+\infty} f(nT)h_T(kT - \Delta_t - nT) \qquad (5-12)$$

分别以 $f(k - \Delta_t/T)$、$f(n)$ 和 $h_T(k - \Delta_t/T - n)$ 替换 $f(kT - \Delta_t)$、$f(nT)$ 和 $h_T(kT - \Delta_t - nT)$,将式(5-12)写成离散形式,即

$$f\left(k - \frac{\Delta_t}{T}\right) = \sum_{n=-\infty}^{+\infty} f(n) h_T\left(k - \frac{\Delta_t}{T} - n\right)$$

$$= f(k) * h_T\left(k - \frac{\Delta_t}{T}\right)$$

(5-13)

式中：*表示离散时间信号的卷积，这说明对信号离散时间信号 $f(k)$ 的任意倍采样周期延时 $\Delta_t/T$，可以通过将 $f(k)$ 与系数为 $h_T(k - \Delta_t/T)$ 的离散时间滤波器做卷积得到。

### 3. 采样同步工程化实现分析

式(5-13)采用的离散时间滤波器 $h_T(k - \Delta_t/T)$ 是对 sinc 函数等间隔的采样，由于 sinc 函数时域支集为无限长区间，所以在工程应用时需要截取其主要部分以降低计算量，同时加窗函数以降低截断误差。截断误差会引起带内幅频响应误差和群时延误差，工程实现中需要在误差与资源消耗两者之间作折中，而这是通过加窗、窗函数主瓣宽度和 sinc 截取点数来完成的[79]。

1）加窗函数对延时误差的影响

设截取 $h_T(k - \Delta_t/T)$ 的点数为 16 点，$\Delta_t/T \in [0\ 7]$，不妨令采样频率为 200MHz，延时步进为 0.05 倍采样周期，将幅度响应和群时延误差分别堆叠在一起。在图 5-23 中，(a)和(c)的纵坐标是幅度误差，(b)和(d)的纵坐标是群延时误差，(a)和(b)是对 $h_T(k - \Delta_t/T)$ 不加窗的效果，(c)和(d)是加 $\beta = 2.5$ 的 Kaiser 窗的效果。可以看出加窗能降低带内幅度误差，同时能显著降低带内（$-100 \sim +100$MHz）的群延时误差。

2）窗函数主瓣宽度对延时误差的影响

仍然采用前述假设条件，取 Kaiser 窗，$\beta \in [2,5]$，$\beta$ 步进为 0.5，将幅度响应和群延时误差分别堆叠在一起。其中图 5-24 中的(a)和(b)中 $\beta = 2$，(c)和(d)中 $\beta = 3$，(e)和(f)中 $\beta = 4$，(g)和(h)中 $\beta = 5$。对比可以看出，随着 $\beta$ 的增加（窗函数主瓣增大和旁瓣抑制度提高），带内抑制度和群延时误差都在降低，系统的带宽也在降低，这是由窗函数主瓣的增大引起的。

3）截取点数对延时误差的影响

令 $\Delta_t/T \in [0\ ,7]$，延时步进为 0.05 倍采样周期，截取 $h_T(k - \Delta_t/T)$ 的点数为 ${16,20,24,28}$，取 Kaiser 窗，$\beta = 6$，将幅度响应和群延时误差分别堆叠在一起。图 5-25 中的(a)和(b)、(c)和(d)、(e)和(f)、(g)和(h)分别对应截取点数为 16、20、24 和 28，可以看出系统带宽随着截取点数的增加而增加，带内的幅度起伏和群延时误差则未见改善。

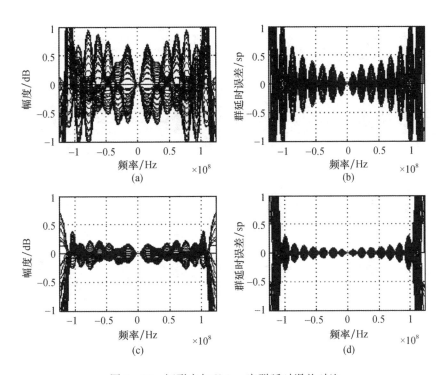

图 5 - 23 矩形窗与 Kaiser 窗群延时误差对比

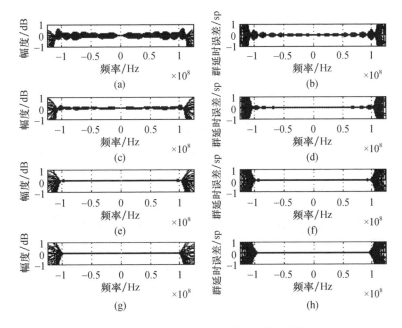

图 5 - 24 β 对幅度响应和群延时误差的影响

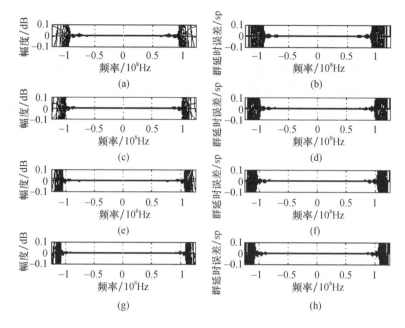

图 5 – 25　截取点数的对比

综合以上分析,可以得出以下 3 条工程结论。

(1)加窗能降低带内幅度起伏,同时能降低带内群延时误差。

(2)增加窗函数主瓣可以同时降低带内抑制度和群延时误差,但系统带宽也随之降低。

(3)增加截取 sinc 函数的点数可以增加系统带宽。

需要说明的是,在截断和加窗后需要对 $h_T(k - \Delta_t/T)$ 做归一化,使得在不同延时下滤波器的增益相同。假定系统带宽与复采样率的比值是 80%,使用 16 点截断,并取 $\beta = 2.5$,可以基本满足需求。如果使用 24 点截断并取 $\beta = 6$,可以获得更好的效果。

在具体实现时,假设基带复信号数据率为 200MSPS, FPGA 主时钟为 200MHz,使用 16 点 sinc 插值延时,由于需要对复信号的实部和虚部分别插值,所以单通道需要 $16 \times 2 = 32$ 个乘法器。当基带复信号是多相形式($M$ 相)时,则需要以多相滤波的方式做插值,此时单通道消耗的乘法器提高至 $16 \times 2 \times M$。以 $M = 4$,通道数 $N = 8$ 为例,总计需要 $32 \times M \times N = 1024$ 个乘法器。可见,随着基带数据率提高和通道数增加,sinc 插值延时带来的乘法器消耗是巨大的,所以需要在系统允许的群延时误差和幅度误差范围内,减少截取点数以降低资源消耗。

### 5.3.3　高速数据采集接口

#### 1. 高速数据采集接口发展

随着 ADC/DAC 采样率的提高,其接口形式发生了很大的变化,如表 5 - 7 所列。

表 5 - 7　高速 ADC/DAC 接口变化表

| 功能 | 串行 LVDS | JESD204 | JESD204A | JESD204B |
|---|---|---|---|---|
| 最大通道速率/(Gb/s) | 1.0 | 3.125 | 3.125 | 12.5 |
| 通道同步 | 否 | 否 | 是 | 是 |
| 多器件同步 | 否 | 是 | 是 | 是 |
| 确定性延迟 | 否 | 否 | 否 | 是 |
| 支持谐波时钟 | 否 | 否 | 否 | 是 |

ADC/DAC 器件的数据接口从 LVDS 接口发展到 JESD204B 接口。LVDS 接口为传统上的并行数据接口形式,连接复杂,硬件设计上需要占用 FPGA 大量的 I/O 资源,印制板布线的面积大、层数多、布线难度大、印制板加工成本高。此外,LVDS 速率在几百兆赫兹时,通道间同步较为困难,LVDS 速率接近吉赫兹时,就连单通道并行数据线间的稳定同步都需要很仔细的处理。

JESD204B 接口则是高速串行接口数据形式,采用电流模式逻辑(CML)驱动器和接收器的差分对组成,单通道速率可达到 12.5Gb/s。采用该接口形式可以极大地简化系统间互联关系,节约 FPGA、ADC 和 DAC 大量的 I/O 资源,使得 ADC 和 DAC 封装进一步减小,推动接收系统小型化发展。

#### 2. JESD204B 协议[80]

JESD204B 协议经过几次版本的修订,从最初的 JESD204 到 JESD204A,再到最新的 JESD204B 版本。转换器的高速串行通道(Lane)数量由单通道变为多通道,且协议上增加了多路串行通道对齐。单个通道的传输速率从 3.125Gb/s 提高到现在的最高 12.5Gb/s。通道数和传输速率的提高对于高位数、高采样率转换器的数据传输非常重要。例如,一个 16 位的 ADC,采样率为 1GHz,要实时传输连续采样波形,不含协议的数据流速率为 16Gb/s,若经过 8B/10B 编码,则数据流速率增加到 20Gb/s。单个通道显然无法实现实时传输,但是采用 JESD204B 接口的 ADC,用户可以配置成两个通道或者 4 个通道模式来实现实时传输。

JESD204B 协议另一个重要改进是可实现确定性延迟。当前系统中较多采用子类1时,可以通过 SYSREF 信号同步来实现确定性延迟。确定性延迟可以确保链路在复位后重新同步或者重上电后的链路同步所需时间相对 SYSREF 信号保持一致,这在系统中有非常重要的作用。一般来说,系统需要任意上电时刻数字收发通道都能有相对一致的状态,如果不能实现确定性延迟,就意味着要重新上电、复位或者进行同步校准。当数字收发通道之间的相对状态随机时,会增加系统校准的复杂度,消耗更多的系统初始化时间,对需要快速响应的系统来说这是不能接受的。JESD204B 接口为实现数字收发通道的同步提供了解决方案。

**3. JESD204B 协议的同步机制**

要实现 JESD204B 协议的同步状态,需要满足以下的 3 个条件。

1)同步系统的时钟设计

必须保证在每个数据转换器上实现器件时钟的相位对准。系统中时钟电路的设计一般采用以下两种方法。

(1)采用支持 JESD204B 的时钟管理芯片,由时钟芯片产生出设备时钟、SYSREF 信号以及 FPGA(或者 ASIC)所需的 sys_clk,如图 5 – 26 所示。该类时钟芯片一般能输出多组时钟和 SYSREF 信号,以支持多片器件同步工作。时钟和 SYSREF 信号延时可独立控制,且延时精度较高,能够实现相位对齐的要求。

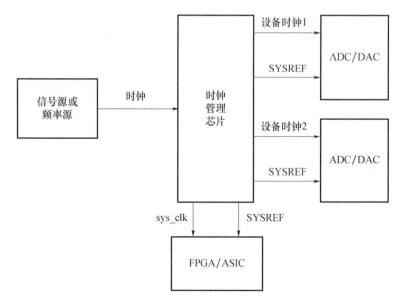

图 5 – 26　时钟管理芯片产生的同步时钟和 SYSREF 信号

（2）在通道数不多的情况下，也可以由频率源提供相参的采样时钟和 FPGA（或者 ASIC）所需的 sys_clk 时钟，在可编程逻辑器件 FPGA（或者 ASIC）中产生 SYSREF 信号，输出至 ADC 或者 DAC 器件以及内部的 JESD204B 核。如图 5 - 27 所示，信号源 1 和信号源 2 必须是相参的时钟，且满足一定的频率关系要求。

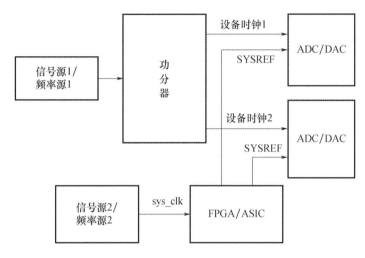

图 5 - 27　不采用时钟管理芯片的时钟和 SYSREF 信号产生方案

2）要保证最佳 SYSREF 的建立及保持时间

JESD204B 协议本身的帧和多帧的时钟都是基于设备时钟。SYSREF 是用于指示不同转换器或者逻辑的设备时钟的沿，或者不同器件间确定性延时的参考。图 5 - 28 所示为设备时钟和 SYSREF 必须满足的时序关系。

JESD204B 接口的 ADC 和 DAC 器件通常会给出相应的寄存器来指示 SYS-REF 信号建立和保持时间是否最佳。设计师可根据寄存器的反馈状态，调整设备时钟的时延或者 SYSREF 信号的时延，以保证最佳建立和保持时间。在宽温工作时，由于高低温下延时的变化，还有必要进行动态调整，保证在宽温条件下同步可稳定工作。

3）要找到适合的弹性释放点

受硬件时延及软件不确定性影响，数字接收器的每个通道收到多帧起始的时刻并不一致，所以数字接收器会使用弹性缓冲器缓存数据，待所有通道的多帧起始都缓存下来后，在下一个弹性缓冲器释放点统一释放。若每次上电及任意的再次同步事件之间，弹性缓冲器的释放点相对于发送器发送多帧的时延是固定的，即可实现确定性时延。此时，要求数字接收器各通道间的时延不一致性要小于一个多帧周期,否则会造成跨多帧周期的不同步现象,数字接收器各通道之间起始到弹性缓冲器释放点之间的时延相差较小时,就能保证适合的弹性释放点,图 5-29 分别显示了弹性释放点不合适导致的采样不同步与合适的弹性释放点实现采样同步的状态。

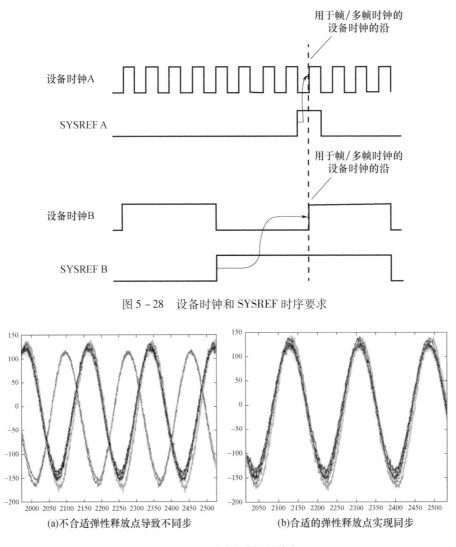

图 5-28   设备时钟和 SYSREF 时序要求

(a)不合适弹性释放点导致不同步

(b)合适的弹性释放点实现同步

图 5-29   不同的弹性释放点

### 4. JESD204B 器件介绍

JESD204B 接口以其在速度、尺寸、成本和同步性上体现出来的优势,逐渐成为高速数据转换器(ADC/DAC)的主流接口。此类型的器件在数字收发系统中得以广泛应用。

ADI 公司参与了该协议各个版本的制定,并陆续推出多款符合 JESD204、JESD204A 和 JESD204B 协议的高性能数据转换器,其中支持最新 JESD204B 协议的有 AD9680、AD9625 和 AD9164 等。AD9680 为双通道 14 位 ADC,可实现 1GHz 采样,SERDES 速率达 10GHz。AD9625 为单通道 12 位 ADC,可实现 2.5GHz 采样,SERDES 最大可配置为 8 个通道,线速率 6.25GHz。AD9164 为单通道 16 位 D/A 变换器,可实现最大 6GHz 采样,SERDES 通道最大可配置为 8 个通道。

以 AD9680 为例,根据数字下变频(Digital Down Conversion,DDC)配置情况和逻辑器件可接受的通道速率,将 AD9680 的子类 1 JESD204B 高速串口输出配置为 1、2、4 通道数,通过器件本身的 SYSREF 和 SYNCINB 输入引脚,可以同步 AD9680 时钟分频器,同步同一 AD9680 芯片内部的多个 DDC 通道,还可以实现多器件同步。

AD9680 内部含有 TDC 测时功能,可以检测同步参考信号 SYSREF 与采样时钟的建立和保持时间。用户通过读取相关寄存器的值获取当前 SYSREF 与采样时钟的相对关系,并做出相应的调整,以获得最佳的建立和保持时间。

在系统应用中,一般设计为自适应模式,确保不同的环境下时钟都能在准确的位置捕获到有效的 SYSREF 信号。

**5. JESD204B 在宽带收发系统中的应用**

图 5-30 是用 4 片兼容 JESD204B 接口的双通道 ADC 芯片实现了 8 通道 800MHz 同步数字收发的组件。该组件无需借助系统 BIT 即可实现单板八通道同步采样,经反复试验验证,同步稳定可靠。

图 5-30　8 通道 800MHz 数字收发组件

同步测试结果见图 5 – 31,测试时的采样时钟为 800MHz,为了更直观地体现采样数据的同步结果,中频信号降低为 50MHz,图 5 – 31 显示的 3 路采样信号分别来自 3 片 ADC,从图 5 – 31 中可以看出多通道采样已实现同步。

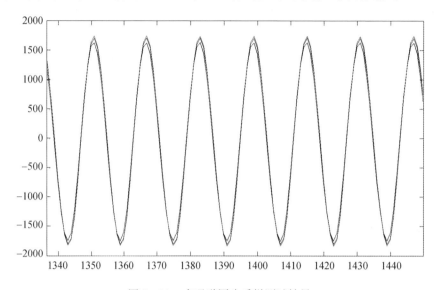

图 5 – 31　多通道同步采样测试结果

# 第6章

# 超高分辨率成像算法

机载成像分辨率从过去的米级到亚米级,直至最近不断发展到厘米级超高分辨率。随着分辨率的提升,距离带宽需求已经从几十兆赫兹上升到吉赫兹量级;分辨率的提升同样意味着合成孔径时间的增长,运动补偿、方位超高分辨率成像精度都是需要解决的问题。本章结合工程研制实际,对形成距离像超高分辨率的宽带信号补偿及合成技术、长孔径时间的运动补偿技术及超高分辨率成像算法进行了介绍。

## 6.1 宽带信号补偿及合成

经典宽带信号直采、数字脉压的方法受限于高速 A/D 性能,现阶段工程中实现困难;宽带去斜的方法虽然可以降低系统采样率的要求,但又存在成像窗口长度短、系统非相参的限制,无法实现宽带大场景的二维高分辨;子带拼接技术通过子带合成算法[7,81],利用多个相参的瞬时相对窄的带宽信号合成一个宽带信号,实现距离高分辨,该方法能够降低系统采样率的要求,能够有效减少工程实现的风险。

### 6.1.1 超宽带子带合成技术

超宽带合成的实现可以通过多脉冲步进频的方式,也可以通过单通道宽带发射、多通道窄带接收的方式。单通道宽带发射、多通道窄带接收的设计方法相对于步进频的方式对脉冲重复频率没有额外的要求,其距离高分辨的本质与步进频雷达波形是一致的。

本节主要介绍基于单通道宽带发射、多通道窄带接收的超宽带合成技术,其多子带拼接合成过程如图6-1所示。以下对处理过程进行详细介绍,为简化分析,假设对两接收通道的子带信号进行合成处理。

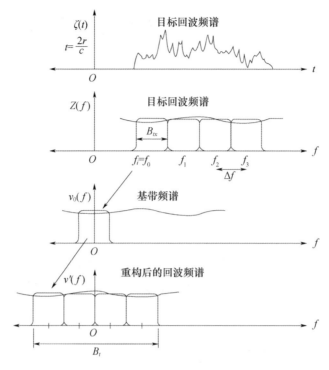

图6-1　子带拼接示意图

假设各子带接收到的基带回波表达式为

$$\begin{cases} s_1(t) = \mathrm{rect}\left(\dfrac{t + \dfrac{T_\mathrm{p}}{2} - \tau}{T_\mathrm{p}}\right)\exp[\,\mathrm{j}\pi k\,(t-\tau)^2 + \mathrm{j}\pi\Delta ft - \mathrm{j}2\pi f_0\tau_0\,] \\[4mm] s_2(t) = \mathrm{rect}\left(\dfrac{t - \dfrac{T_\mathrm{p}}{2} - \tau}{T_\mathrm{p}}\right)\exp[\,\mathrm{j}\pi k\,(t-\tau)^2 - \mathrm{j}\pi\Delta ft - \mathrm{j}2\pi f_0\tau_0\,] \end{cases} \quad (6-1)$$

式中:$\tau_0$ 为目标起始位置对应的延时;$f_0$ 为信号中心频率;$T_\mathrm{p}$ 为脉冲宽度;$k$ 为发射信号调频率;$\Delta f$ 为子带间变化频率;$\mathrm{rect}(\cdot)$ 为矩形窗函数。子带拼接合成技术是在基带回波采样的基础上实现多通道窄带信号合成,其主要步骤如下。

第一步:基带采样信号的排序、重组

基带采样信号输出的结果按照数据重排,得到同一距离段下各个频点对应的回波输出为

$$\begin{cases} y_1(t) = \mathrm{rect}\left(\dfrac{t - \dfrac{T_\mathrm{p}}{2} - \tau + t_0}{T_\mathrm{p}}\right) \exp[\,\mathrm{j}\pi k\,(t + t_0 - \tau_0)^2 + \mathrm{j}\pi\Delta f(t + t_0) - \mathrm{j}2\pi f_0\tau_0\,] \\[3mm] y_2(t) = \mathrm{rect}\left(\dfrac{t + \dfrac{T_\mathrm{p}}{2} - \tau + t_0}{T_\mathrm{p}}\right) \exp[\,\mathrm{j}\pi k\,(t + t_0 - \tau_0)^2 - \mathrm{j}\pi\Delta f(t + t_0) - \mathrm{j}2\pi f_0\tau_0\,] \end{cases}$$

$$(6-2)$$

式中：$t_0$ 为跟踪窗口的起始位置。结合实际系统分析,得到两个子带的时域波形,如图 6-2 所示。图 6-2 中的(a)、(b)分别对应子带 1 回波的实部和虚部,(c)、(d)分别对应子带 2 回波的实部和虚部。

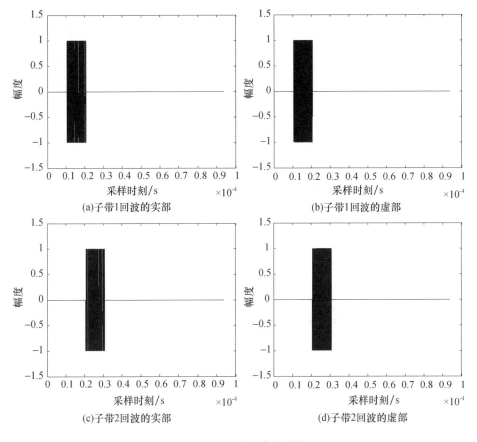

图 6-2　时域回波的波形

第二步:频域变换

对各个频点的回波进行傅里叶变换得到其对应的信号频谱为

$$\begin{cases} Y_1(f) = \text{FFT}[y_1(t)] \\ \qquad = \text{rect}\left(\dfrac{f}{kT_p}\right)\exp\left[-j\pi\dfrac{\left(f+\dfrac{B}{2}\right)^2}{k}\right]\exp\left[-j2\pi f\left(\tau_0 - t_0 + \dfrac{T_p}{2}\right)\right]\cdot \\ \qquad\quad \exp\left[-j2\pi\left(f_0 - \dfrac{B}{2}\right)\tau_0\right] \\ Y_2(f) = \text{FFT}[y_2(t)] \\ \qquad = \text{rect}\left(\dfrac{f}{kT_p}\right)\exp\left[-j\pi\dfrac{\left(f-\dfrac{B}{2}\right)^2}{k}\right]\exp\left[-j2\pi f\left(\tau_0 - t_0 - \dfrac{T_p}{2}\right)\right]\cdot \\ \qquad\quad \exp\left[-j2\pi\left(f_0 + \dfrac{B}{2}\right)\tau_0\right] \end{cases} \qquad (6-3)$$

其中 FFT 为快速傅里叶变换操作,$B$ 为对应的子带带宽。两信号变换到频域的频谱如图 6 - 3 所示。

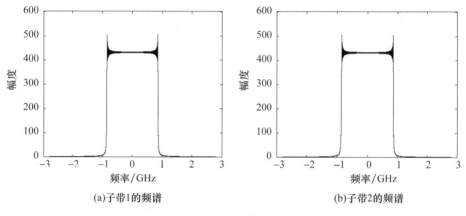

(a)子带1的频谱        (b)子带2的频谱

图 6 - 3 子带频谱

第三步:跟踪窗口起始位置的校正

跟踪窗口的起始位置只改变了子带内的相位 $-j2\pi f(\tau_0 - t_0 + T_p/2)$ 、 $-j2\pi f(\tau_0 - t_0 - T_p/2)$ ,并未对子带间的相位产生影响,其结果不利于频谱搬移后的宽带合成处理,必须对其进行补偿。成像处理时,子脉冲宽度和本振的起始时刻是已知的,此时得到的补偿函数为

$$\begin{cases} A_1(f) = \exp\left[-j2\pi f\left(\tau_0 - t_0 + \dfrac{T_p}{2}\right)\right] \\ A_2(f) = \exp\left[-j2\pi f\left(\tau_0 - t_0 - \dfrac{T_p}{2}\right)\right] \end{cases} \qquad (6-4)$$

窗口起始位置校正之后的输出为

$$\begin{cases} Y_{12}(f) = Y_1(f)A(f) \\ \qquad = \mathrm{rect}\left(\dfrac{f}{kT_p}\right)\exp\left[-\mathrm{j}\pi\dfrac{\left(f+\dfrac{B}{2}\right)^2}{k}\right]\exp[-\mathrm{j}2\pi f\tau_0]\exp\left[-\mathrm{j}2\pi\left(f_0-\dfrac{B}{2}\right)\tau_0\right] \\ Y_{22}(f) = Y_2(f)A(f) \\ \qquad = \mathrm{rect}\left(\dfrac{f}{kT_p}\right)\exp\left[-\mathrm{j}\pi\dfrac{\left(f-\dfrac{B}{2}\right)^2}{k}\right]\exp[-\mathrm{j}2\pi f\tau_0]\exp\left[-\mathrm{j}2\pi\left(f_0+\dfrac{B}{2}\right)\tau_0\right] \end{cases}$$

$$(6-5)$$

式(6-5)结果已经和目标起始位置 $t_0$ 无关,消除了跟踪窗口位置的影响。

第四步:子带脉冲压缩、加窗

对各个子带进行匹配滤波处理,消除频谱中二次项的影响,其匹配函数为

$$\begin{cases} \mathrm{ref}_1(f) = \mathrm{rect}\left(\dfrac{f}{B}\right)\exp\left[\mathrm{j}\pi\dfrac{\left(f+\dfrac{B}{2}\right)^2}{k}\right] \\ \mathrm{ref}_2(f) = \mathrm{rect}\left(\dfrac{f}{B}\right)\exp\left[\mathrm{j}\pi\dfrac{\left(f-\dfrac{B}{2}\right)^2}{k}\right] \end{cases} \qquad (6-6)$$

各个子带回波子带脉压后的结果为

$$\begin{cases} Y_{13}(f) = Y_{12}(f)\mathrm{ref}_1(f) \\ \qquad = \mathrm{rect}\left(\dfrac{f}{kT_p}\right)\exp[-\mathrm{j}2\pi f\tau_0]\exp\left[-\mathrm{j}2\pi\left(f_0-\dfrac{B}{2}\right)\tau_0\right] \\ Y_{23}(f) = Y_{22}(f)\mathrm{ref}_2(f) \\ \qquad = \mathrm{rect}\left(\dfrac{f}{kT_p}\right)\exp[-\mathrm{j}2\pi f\tau_0]\exp\left[-\mathrm{j}2\pi\left(f_0+\dfrac{B}{2}\right)\tau_0\right] \end{cases}$$

$$(6-7)$$

第五步:上采样

为了避免窄带回波合成时的频谱混叠,必须对各个子带回波进行数据上采样。上采样后的频率需要满足合成带宽无混叠的要求,即 $f_s \geqslant 2B$。

第六步:频谱搬移

对频谱进行补零上采样之后,依据各个频点所对应的载频对子带脉压后的结果进行频谱搬移,频点 $n$ 对应的频谱搬移大小为 $n\Delta f$。子带脉压结果进行频谱搬移后的输出为

$$\begin{cases} Y_{14}(f,n) = Y_{13}\left(f + \frac{B}{2}\right) \\ \quad = \mathrm{rect}\left(\frac{f + \dfrac{B}{2}}{B}\right)\exp\left(-\,\mathrm{j}2\pi f\tau_0\right)\exp\left[-\,\mathrm{j}2\pi f_0\tau_0\right] \\ Y_{24}(f,n) = Y_{23}\left(f - \frac{B}{2}\right) \\ \quad = \mathrm{rect}\left(\frac{f - \dfrac{B}{2}}{B}\right)\exp\left(-\,\mathrm{j}2\pi f\tau_0\right)\exp\left[-\,\mathrm{j}2\pi f_0\tau_0\right] \end{cases} \qquad (6-8)$$

子带频谱搬移后的结果如图 6 - 4 所示。

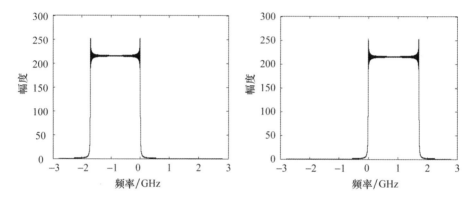

图 6 - 4　子带频谱搬移后的结果

第七步:子带合成

各个子带的幅度谱由信号带宽决定,相位谱由雷达参数 $f_0$ 以及目标位置 $\tau_0$ 共同确定,此时两个子带在频域合成的结果为

$$\begin{aligned} U(f) &= Y_{14}(f) + Y_{24}(f) \\ &= \mathrm{rect}\left(\frac{f}{2B}\right)\exp\left(-\,\mathrm{j}2\pi f\tau_0\right)\exp\left[-\,\mathrm{j}2\pi f_0\tau_0\right] \end{aligned} \qquad (6-9)$$

合成后的频谱如图 6 - 5 所示,图中频谱宽度已经合成为两个子带宽度。

第八步:滤波重构

虽然合成之后的相位是连续的,但由于子带合成之间存在频谱重合的部分( $B > \Delta f$ 情况下),合成带宽的幅频特性存在跳变的部分,如图 6 - 5 所示。此时必须对合成宽带的结果进行滤波重构,重构滤波器需要满足的特性为

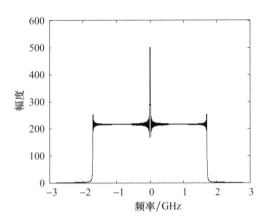

图 6 – 5    子带合成后的频谱

$$H'(f) = \begin{cases} \dfrac{U'^{*}(f)}{|U'(f_{a})|} & f \leqslant f_{a} \\[2mm] \dfrac{1}{U'(f)} & f_{a} \leqslant f \leqslant f_{b} \\[2mm] \dfrac{U'^{*}(f)}{|U'(f_{b})|} & f \geqslant f_{b} \end{cases} \qquad (6-10)$$

式中：$f_{a}$ 为合成频谱的最低频率；$f_{b}$ 为合成频谱的最高频率。子带合成后频谱重构滤波器的幅度谱如图 6 – 6 所示。

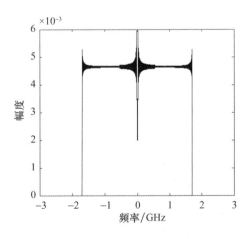

图 6 – 6    重构滤波器幅度谱

第九步：频域加窗

为满足系统指标的需求，提升高分辨距离像的旁瓣抑制度，需要对合成宽

带的结果进行加窗 $W(f)$ 。经典的加窗方法有泰勒窗和汉明窗。

第十步:距离高分辨

对加窗后的合成频谱结果进行距离脉压 – 逆傅里叶变换,此时就能够得到最终距离高分辨的结果,完成子带合成。

$$s(t) = \text{IFFT}[H'(f)U(f)W(f)] \qquad (6-11)$$

式(6-11)的结果就对应信号带宽 $N\Delta f$ 条件下雷达信号距离高分辨的结果。图6-7所示为子带合成前后距离分辨效果对比。从图中可以看出,子带合成后的距离分辨约为合成前的2倍,验证了该子带合成的效果。

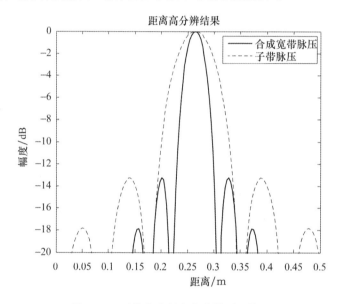

图6-7 子带合成距离高分辨对比结果

## 6.1.2 系统误差影响分析

宽带合成技术不仅要利用各个子带内的回波信息,雷达系统参数设计时还需要保证子带之间的相参性,在宽带发射/多通道接收条件下,通道间的定时误差、幅相误差等都会对最终成像的结果产生影响。

### 1. 系统定时误差分析

定时是雷达系统的重要组成部分,它决定了雷达正常工作的时序,确定雷达系统观察的距离段。定时系统的偏移会造成高分辨观测窗口的移位,影响最终成像的结果,必须对其进行分析校正。同样以两端合成为例设距离高分辨信号处理始于第 $m$ 个采样点,中频滤波、无混叠,抽取之后结果为

$$\begin{cases} s_1(t) = \mathrm{rect}\left(\dfrac{t + \dfrac{T_\mathrm{p}}{2} - \tau - mt_\mathrm{s}}{T_\mathrm{p}}\right)\exp[\,\mathrm{j}\pi k\,(t - \tau - mt_\mathrm{s})^2 + \mathrm{j}\pi\Delta f(t - mt_\mathrm{s})\,] \\[4mm] s_2(t) = \mathrm{rect}\left(\dfrac{t - \dfrac{T_\mathrm{p}}{2} - \tau - mt_\mathrm{s}}{T_\mathrm{p}}\right)\exp[\,\mathrm{j}\pi k\,(t - \tau - mt_\mathrm{s})^2 - \mathrm{j}\pi\Delta f(t - mt_\mathrm{s})\,] \end{cases}$$

$$(6-12)$$

式中：$mt_\mathrm{s}$ 为对应的定时误差时间，此时回波对应的信号频谱为

$$\begin{cases} S_1(f) = \mathrm{rect}\left(\dfrac{f}{kT_\mathrm{p}}\right)\exp\left[-\mathrm{j}\pi\dfrac{(f - 0.5\Delta f)^2}{k}\right]\exp[-\mathrm{j}2\pi(f - 0.5\Delta f)\tau]\cdot \\[4mm] \qquad\quad \exp[-\mathrm{j}2\pi mft_\mathrm{s}] \\[4mm] S_2(f) = \mathrm{rect}\left(\dfrac{f}{kT_\mathrm{p}}\right)\exp\left[-\mathrm{j}\pi\dfrac{(f + 0.5\Delta f)^2}{k}\right]\exp[-\mathrm{j}2\pi(f + 0.5\Delta f)\tau]\cdot \\[4mm] \qquad\quad \exp[-\mathrm{j}2\pi mft_\mathrm{s}] \end{cases}$$

$$(6-13)$$

式(6-13)与理论信号相对比，多了第三项的相移 $-2\pi mft_\mathrm{s}$，需要在频率域进行补偿(频谱搬移前)，不进行补偿的话，这一项会在不同频率段产生不同的相移，即

$$\begin{cases} S_{1\_r}(f) = \mathrm{rect}\left(\dfrac{f + 0.5\Delta f}{\Delta f}\right)\exp[-\mathrm{j}2\pi f(\tau - t_\mathrm{s})]\exp[-\mathrm{j}\pi m\Delta f t_\mathrm{s}] \\[4mm] S_{2\_r}(f) = \mathrm{rect}\left(\dfrac{f - 0.5\Delta f}{\Delta f}\right)\exp[-\mathrm{j}2\pi f(\tau - t_\mathrm{s})]\exp[\mathrm{j}\pi m\Delta f t_\mathrm{s}] \end{cases}$$

$$(6-14)$$

此时子带拼接的结果会产生以下两个额外的影响。

(1)高分辨单元中产生 $t_\mathrm{s}$ 的时移，改变参考的基准位置。

(2)子带之间会产生 $2\pi m\Delta f t_\mathrm{s}$ 相位跳变，如图 6-8(a)所示。如果不对此相位跳变进行补偿，直接进行宽带合成，结果如图 6-8(b)所示，此时目标已经分裂，成像结果产生了"伪峰"。

由定时产生的通道误差是由采样点位置偏移引起的，其相位跃变大小 $2\pi m\Delta f t_\mathrm{s}$ 中 $\Delta f t_\mathrm{s}$ 的结果是已知的，只有偏移大小 $m$ 是未知变量。由匹配滤波的性质可知，只有误差完全消除、通道间定时完全校正才有最大信噪比输出，因此可以最大幅值输出为判决准则，通过迭代的方法求取偏移大小 $m$。

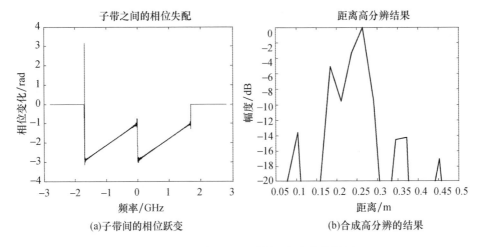

(a)子带间的相位跃变　　　　　　(b)合成高分辨的结果

图6-8　采样偏移-$t_s$时刻距离高分辨结果

系统工作时需要尝试补偿的相移因子为

$$\begin{cases} B(1,f) = \exp[\,j2\pi m\Delta ft_s\,] \\ B(2,f) = \exp[\,j2\pi 2m\Delta ft_s\,] \end{cases} \quad m = \cdots, -4, -3, -2, -1, 0, 1, 2, 3, 4, \cdots$$

$$(6-15)$$

式中:$t_s$为对应采样时钟;$m$为开机时刻需要调整的基准偏移个数。算法流程如图6-9所示。

由图6-10可知,若系统定时误差对应采样点偏移为-1个采样点,也即采样相对定时超前了一个采样点,此时对应各个子带补偿的相移为

$$\begin{cases} B(1,f) = \exp[\,-j2\pi\Delta ft_s\,] \\ B(2,f) = \exp[\,-j2\pi 2\Delta ft_s\,] \end{cases} \quad (6-16)$$

系统补偿后得到的相位相移与距离高分辨结果如图6-11所示,通过迭代处理能够有效估计系统定时误差,得到图6-11所示的目标真实距离高分辨结果。

**2. 带内幅相误差**

工程实现中无法得到理想的宽带信号,信号源、接收机、电源、A/D等雷达系统的每个环节都会对宽带信号产生影响,造成波形失真,影响雷达信号的幅相特性,最终反映为雷达高分辨性能的降低。

典型的子带内幅相误差分析与校正技术已经非常成熟,经典的误差估计与补偿流程如图6-12所示。

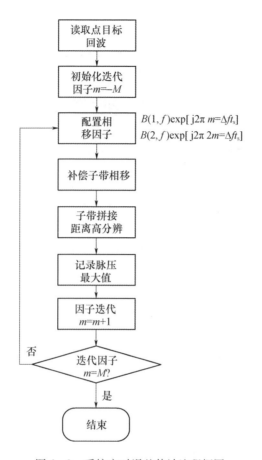

图 6 – 9　系统定时误差估计流程框图

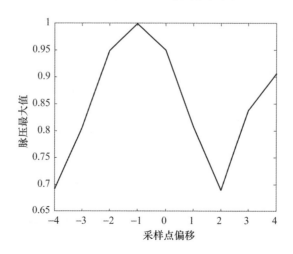

图 6 – 10　采样点偏移迭代后的最大值输出

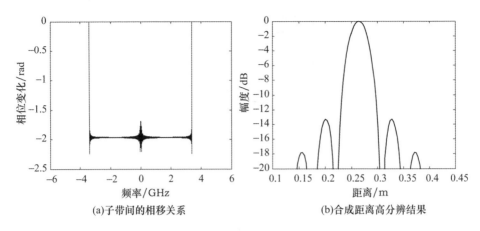

(a)子带间的相移关系 　　　　　　　　(b)合成距离高分辨结果

图 6 – 11　补偿后的子带合成结果

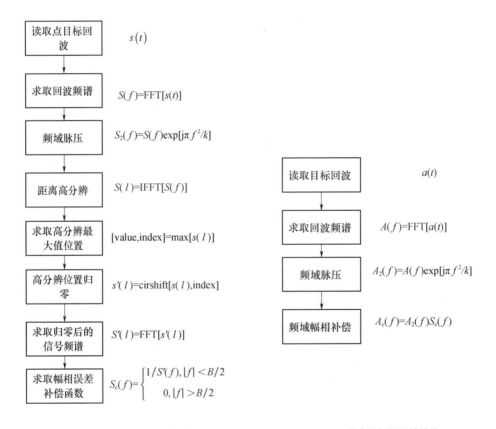

(a)子带内的幅相误差估计 　　　　　　　(b)子带内的幅相误差补偿

图 6 – 12　带内幅相误差估计与补偿

### 3. 通道间幅相误差

1) 通道间幅相误差分析

宽带合成技术不仅要利用各个子带内的回波信息,而且雷达系统参数设计时需要保证子带之间的相参性,即要求通道间的增益相同、通道间的相位连续。图 6 - 13 通过仿真加入不同的通道间幅度误差,人为对各子带信号幅度进行不同的缩放,子带 1 幅度为 2,子带 2 幅度为 1;因为幅度误差相当于幅度加权,整体幅度缩放和幅度加调制是等效的,因此这里只对幅度进行统一的缩放处理。

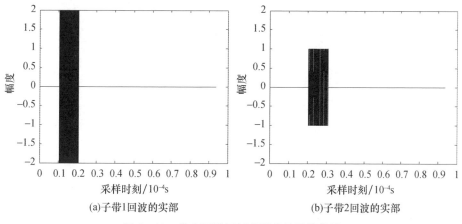

(a)子带1回波的实部　　　　　　　　　(b)子带2回波的实部

图 6 - 13　带有通道间幅度误差的子带信号

图 6 - 14 所示为直接子带合成后的结果。可以看出,幅度误差的主要影响是使得脉压信号副瓣电平抬高,3dB 主瓣展宽。

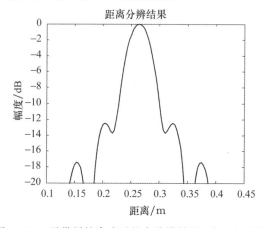

图 6 - 14　子带拼接合成后的高分辨结果(含幅度误差)

如果在子带信号间加入额外的常数相位误差(图 6 - 15),此时子带合成之后两个子带之间会存在相应的相位跃变,同样会出现距离脉压后旁瓣抬升及主瓣展宽,如图 6 – 16 所示。

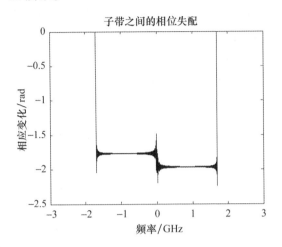

图 6 – 15　通道间的相位误差

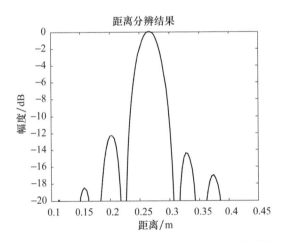

图 6 – 16　子带拼接合成后的高分辨结果(含相位误差)

2)通道间幅相误差校正

通道间幅相误差只与系统有关,而与点目标的特性无关,通道幅相误差可用雷达内定标数据估计,估计的处理流程如下。

第一步:幅度误差估计。对单个通道的内定标信号进行距离 FFT,计算距离谱的平均幅度 $a(f_r)$ ,$f_r$ 为距离频率。

第二步:通道间幅相误差补偿。利用通道内幅相校正函数补偿单个通道的高次相位误差,估计得到通道间的相位差异 $\varphi(f_r)$ 。

第三步:构造各个通道的幅相误差补偿函数,即

$$r_{\mathrm{com}}(f_{\mathrm{r}}) = \frac{A_i}{a(f_{\mathrm{r}})}\exp\left[-\mathrm{j}\varphi(f_{\mathrm{r}}) + \mathrm{j}\varphi_i\right] \tag{6-17}$$

第四步:回波数据距离压缩时与式(6-17)相乘,完成通道误差补偿。

针对图 6-15 所示的相位误差,图 6-17 给出了通道间相位校正的补偿结果。图 6-18 所示为补偿后子带合成距离高分辨结果,从图中可以看出,经过误差补偿,子带合成后的峰值副瓣及主瓣特性都得到了有效改善。

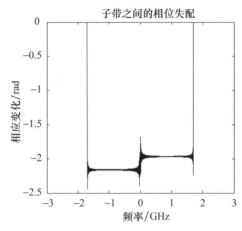

图 6-17  通道间的相位补偿结果

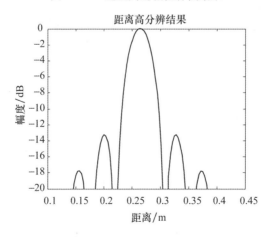

图 6-18  距离高分辨的结果(幅相校正后)

## 6.1.3  子带合成实测数据验证

某系统采用了单通道发射/多通道接收的工作方式,通过 4 个 440MHz 的子

带信号合成 1.6GHz 的信号带宽,是子带拼接技术的典型应用。其实测回波数据可以有效验证、分析子带拼接技术的可靠性。由 6.1.2 节分析可知,子带合成处理时必须考虑到系统误差,需要分别进行通道内校正与通道间校正,消除宽带信号幅相误差以及系统定时误差的影响。实测数据分析结果如下。

**1. 带内误差**

图 6-19 所示为单个点目标回波各个子带频谱特性,从图中可以看出,由于系统误差的存在,子带内的幅度起伏较大,并且在第 1、第 4 子带的边缘误差还会加剧。

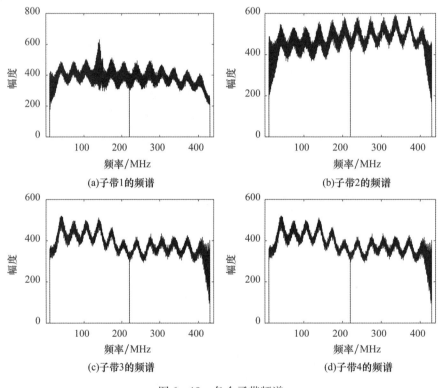

(a)子带1的频谱

(b)子带2的频谱

(c)子带3的频谱

(d)子带4的频谱

图 6-19　各个子带频谱

图 6-20 所示为子带补偿前宽带合成的结果,由于子带间的幅相连续性较差,单个点目标的回波高分辨结果已经产生了分裂,出现了 -2dB 的"伪峰",此时必须对幅相误差进行相应的校正。

**2. 系统定时误差**

图 6-21 通过单个点目标实测回波数据,分析系统定时误差引起的子带相位变化。

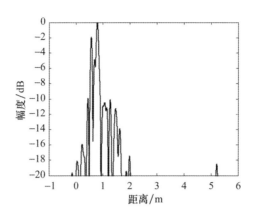

图 6-20　子带合成高分辨结果

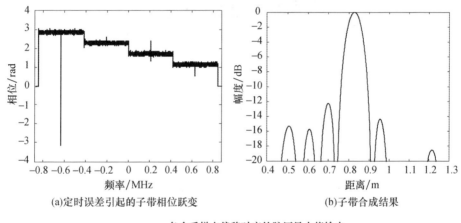

(a)定时误差引起的子带相位跃变　　　　(b)子带合成结果

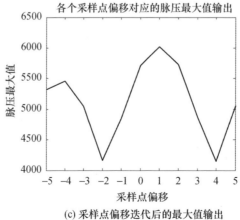

(c) 采样点偏移迭代后的最大值输出

图 6-21　通道间定时误差的影响

由图 6-21(a)可知,定时误差在通道间产生了 0.5rad 的相位跃变,不补偿的情况下会使得合成高分辨的结果出现主瓣展宽、旁瓣抬升的现象,由图 6-21(c)可知,此时定时误差引入了一个采样点的偏移。

**3. 通道间幅相误差**

对通道间的相位误差进行分析得到图 6-22 所示的结果,通道间引入了 0.3rad 的相位误差,并且随着频率的提高,其跃变的分量也会增大,最终使得合成宽带后的旁瓣幅度只有 -12.5dB(图 6-23)。

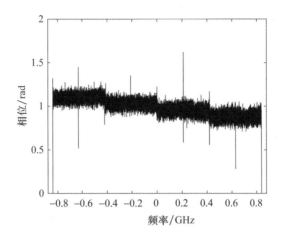

图 6-22　通道间的相位误差

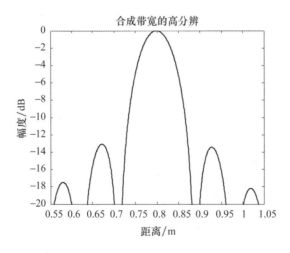

图 6-23　子带合成结果

### 4. 误差校正后的结果

图 6 - 24 所示为通道内和通道间误差校正后的成像结果。系统误差经校正后,能够有效实现距离高分辨,旁瓣电平为 - 13.3dB,主瓣 3dB 宽度为 0.0786m,与设计指标一致。

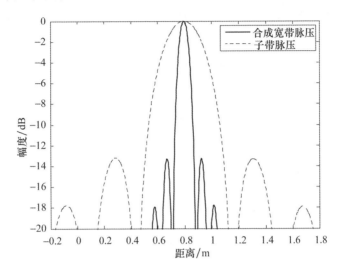

图 6 - 24　宽带和子带距离高分辨结果的对比

# 6.2　运动补偿技术

## 6.2.1　基于 POS 数据的运动补偿技术

传统的基于回波数据的运动补偿方法[82-85]需要利用成像过程中的回波数据(通常为脉压及距离徙动校正后),这类方法对载机运动误差较大条件下补偿性能不够理想,同时不利于实时流水处理。基于 POS(Position of System, POS)数据的运动补偿通过精确测量载机的运动轨迹,可以实现曲线轨迹条件的运动误差补偿(理想条件、精度足够高),同时该补偿方法直接融合在脉压处理过程中,有利于工程化。

POS 系统在载机飞行过程中记录相关的位置与运动参数,从这些参数可分析出载机的飞行航迹。基于 POS 数据的运动补偿的前提是对 POS 数据的准确分析和恰当应用。

存在航迹误差时的 SAR 几何关系如图 6 - 25 所示,实线表示载机天线相位中心(Antenna Phase Center, APC)的实际航迹,用虚线表示与实际航迹最接近的直线,并认为 APC 沿该直线匀速运动,称之为"理想航迹"。取沿"理想航迹"的方向为 $x$ 轴,与该航迹垂直平面为 $y$-$z$ 组成的法平面。分析实际航迹主要是根据 POS 数据中记录的载机在 3 个方向的速度,分别记为 $v_x$、$v_y$ 和 $v_z$。$v_x$ 和 $v_y$ 表示航迹水平平面内两个方向上的速度,相互垂直;$v_z$ 表示航迹垂直平面内高度方向上的速度,表征载机的高度向速度。POS 数据中的这 3 个速度并不能直接用来计算运动误差,需要首先对 $v_x$、$v_y$ 进行速度合成,拟合出载机的真实航向。

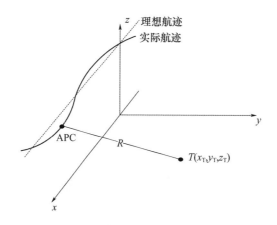

图 6-25   存在航迹误差时的 SAR 几何关系

令合成后载机沿"理想航迹"方向的速度为 $v'_x$;垂直于该航迹方向的速度为 $v'_y$,如图 6-26 所示。首先计算出 $v'_x$ 与 $v_x$ 的夹角 $\theta$,即

$$\theta = \arctan\left(\frac{\bar{v}_y}{\bar{v}_x}\right) \tag{6-18}$$

式中:$\bar{v}_x$ 和 $\bar{v}_y$ 分别为 $v_x$ 和 $v_y$ 的均值。则 $v'_x$ 和 $v'_y$ 可以表示为

$$v'_x = v_x\cos\theta + v_y\sin\theta \tag{6-19}$$

$$v'_y = v_x\sin\theta - v_y\cos\theta \tag{6-20}$$

$$v'_z = v_z \tag{6-21}$$

此时,各个脉冲对应的 $v'_x$ 基本相同,求其均值即可得到载机速度 $v_a = \bar{v}'_x$。接下来,根据 $v'_y$ 和 $v'_z$ 可以计算出垂直于航迹的法平面的 APC 误差项,即

$$\Delta y(n) = \sum_{i=1}^{n} \left[\frac{v'_y(i)}{\text{PRF}}\right] \tag{6-22}$$

$$\Delta z(n) = \sum_{i=1}^{n} \left[ \frac{v'_z(i)}{\mathrm{PRF}} \right] \tag{6-23}$$

式中：$n$ 为第 $n$ 个脉冲。

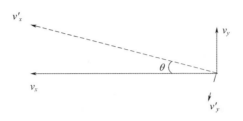

图 6 - 26　速度合成示意图

为了便于分析，这里给出航迹法平面位置误差几何关系，如图 6 - 27 所示。理想航迹的载机高度为 $H$，载机方位向坐标为 $x'$；垂直航迹方向的位置误差为 $\Delta y$，高度方向的位置误差为 $\Delta z$，波束视线方向的运动误差为 $\Delta r$；目标 $T$ 与理想航迹的最短斜距为 $r$。

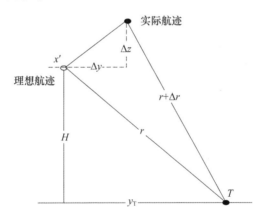

图 6 - 27　航迹法平面位置误差几何关系

回波信号距离向采样后，距离向时间的离散形式可以表示为

$$t_r = \frac{2r_0}{c} + n \cdot \frac{1}{f_s} \quad n = 0,1,2,\cdots,N_r - 1 \tag{6-24}$$

式中：$r_0$ 为第一个距离单元对应的斜距；$f_s$ 为距离向信号的采样率；$N_r$ 为距离单元数。每个距离单元对应的斜距为

$$r_b = r_0 + n \cdot \frac{c}{2f_s} \quad n = 0,1,2,\cdots,N_r - 1 \tag{6-25}$$

189

由于运动误差 $\Delta r$ 具有距离空变性,运动补偿需要根据 POS 数据计算出各个距离单元对应的 $\Delta r$ 。传统的运动补偿分析中,假设目标 $T$ 与理想航迹的最短斜距 $r$ 对应于第 $m$ 个距离单元 $r = r_{\mathrm{b}}(m)$ ,则其在地面的投影长度为

$$y_T = \sqrt{r_{\mathrm{b}}^2(m) - H^2} \qquad (6-26)$$

那么,目标与实际航迹的最短斜距 $(r + \Delta r)$ 可以表示为

$$r + \Delta r = \sqrt{(y_T - \Delta y)^2 + (H + \Delta z)^2} \qquad (6-27)$$

将式(6-22)、式(6-23)代入式(6-27),可以计算出 $\Delta r$ ,即

$$\Delta r = \sqrt{\left(\sqrt{r_{\mathrm{b}}^2(m) - H^2} - \Delta y\right)^2 + (H + \Delta z)^2} - r_{\mathrm{b}}(m) \qquad (6-28)$$

传统的运动补偿方法首先进行包络补偿,距离压缩后的信号幅度峰值需要平移到其正确的距离单元,接下来的相位补偿才能够精确校正相位误差。包络补偿的插值操作运算量大,需要花费较长的处理时间,无法很好满足实时处理的要求。因此,研究人员曾提出了不需要插值的包络补偿,当距离向测绘带范围不大或者分辨率不是很高时,对所有距离单元只补偿测绘带中心对应的距离空不变包络误差,非测绘带中心目标残余的距离空变包络误差可以忽略。但是,不插值的包络补偿带来一个新的问题,非测绘带中心目标的信号幅度峰值并没有移位到其对应的距离单元,这就造成信号相位误差与所在距离单元的相位补偿函数不对应。假设不插值包络补偿后信号幅度峰值校正到第 $q$ 个距离单元,则接下来信号将会补偿第 $q$ 个距离单元的相位误差,即

$$\Delta\varphi_1 = \frac{4\pi}{\lambda}\Delta r(q) \qquad (6-29)$$

实际上,信号幅度峰值应平移到第 $m$ 个距离单元,之后补偿第 $m$ 个距离单元的相位误差,即

$$\Delta\varphi_2 = \frac{4\pi}{\lambda}\Delta r(m) \qquad (6-30)$$

通过比较可以发现,虽然这种运动补偿方法避免了插值运算,但是会引入相位补偿误差。此时,继续使用 $\Delta r$ 进行相位补偿,这会影响信号的相位精度,而 SAR 成像处理中信号相位十分重要,相位精度对最终图像有很大的影响。

为了不让包络补偿误差影响相位补偿的精度,首先进行相位补偿,相位补偿完成后再进行包络补偿。令目标 $T$ 与实际航迹的最短斜距 $(r + \Delta r)$ 对应于

第 $p$ 个距离单元 $r + \Delta r = r_{\mathrm{b}}(p)$ ,则

$$y_T = \sqrt{r_{\mathrm{b}}^2(p) - (H + \Delta z)^2} + \Delta y \qquad (6-31)$$

那么,目标与理想航迹的最短斜距为

$$r = \sqrt{y_T^2 + H^2} \qquad (6-32)$$

则可以得到新的 $\Delta r$ 计算公式,即

$$\Delta r = r_{\mathrm{b}}(p) - \sqrt{\left(\sqrt{r_{\mathrm{b}}^2(p) - (H + \Delta z)^2} + \Delta y\right)^2 + H^2} \qquad (6-33)$$

可以发现,式(6-33)是根据目标与实际航迹的最短斜距来反推理想航迹下的最短斜距。

## 6.2.2　基于 POS 和回波数据的联合补偿技术

从机载平台运动特性的分析可知,超高分辨率成像的最大难点在于由平台姿态、速度变化带来的位置误差、低次相位误差和由高频运动带来的多次相位误差,虽然基于 POS 系统的运动补偿算法可对以上的误差进行一定程度的补偿,但对平台的非稳定及高频运动误差估计不足。在实际的试飞过程中,仅靠 POS 数据不能有效补偿;尤其是对超高分辨率成像,合成孔径时间较长,需采用基于 POS 和回波数据的联合补偿技术消除各种残余高频运动误差造成的严重影响。

基于 POS 和回波数据的联合运动补偿处理流程主要包括以下三步。

第一步:基于 POS 数据对距离非空变运动误差粗补偿,此项处理可以结合在对回波数据的距离脉压中完成。

第二步:利用回波数据,采用相位梯度自聚焦(Phase Gradient Autofocus,PGA)对距离非空变运动误差和距离空变运动误差进行精补偿。

经数据粗补偿后,将 SAR 全孔径数据划分为若干个重叠子孔径。针对每个子孔径数据,利用 PGA 进行距离非空变相位误差估计,并利用估计的运动误差进行残余距离徙动校正和相位误差补偿。通过这一步的非空变运动误差补偿,可有效校正残余距离徙动,对剩余空变相位误差进行精确估计。

第三步:全孔径运动补偿。

将第二步中估计的各子孔径相位误差进行拼接,并对全孔径相位误差函数滤波。在子孔径划分时采用重叠子孔径分块,相邻子孔径间线性相位差异可以直接通过重叠孔径部分确定。最后对全孔径数据进行相位补偿和图像域自聚焦。

其具体流程框图如图 6-28 所示。

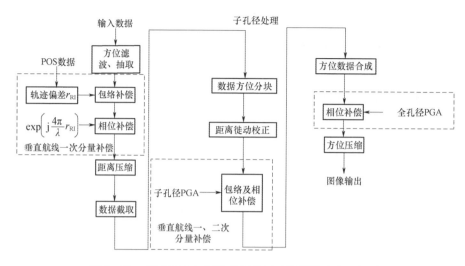

图 6-28　基于 POS 和回波数据的运动补偿算法流程框图

以实测数据为例进行分析。图 6-29(a) 是脉压后未经过运动补偿的距离包络,可明显看出由于运动误差的存在,距离包络存在明显的误差轨迹,图 6-29(b) 是根据 POS 数据得到的载机运动误差轨迹,对比二者可以看出,运动误差轨迹与距离包络轨迹比较一致。

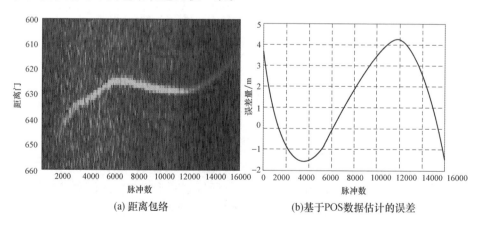

(a) 距离包络　　　　　　　　(b)基于POS数据估计的误差

图 6-29　数据包络轨迹与 POS 数据运动误差轨迹对比(见彩图)

图 6-30(a) 所示为采用 POS 数据补偿后的距离包络图,与图 6-29 相比,距离包络得到明显的改善,但左侧的包络上翘,经过补偿后仍然存在残余误差;图 6-30(b) 是利用基于数据的 PGA 提取的残余误差量。

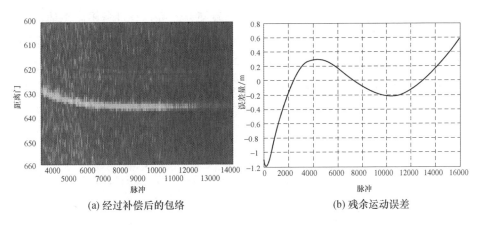

(a) 经过补偿后的包络　　　　　　　　(b) 残余运动误差

图 6-30　经过 POS 数据补偿后的距离包络和 PGA 提取的残余误差(见彩图)

图 6-31 是采用 PGA 提取的运动误差补偿后的距离包络,基本处于同一距离门内,运动误差得到较好的补偿,充分说明了联合运动补偿算法的有效性。

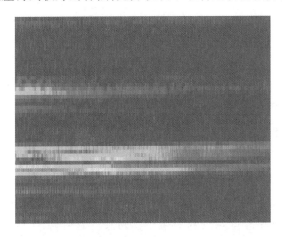

图 6-31　采用联合运动补偿后的距离包络(见彩图)

# 6.3　超高分辨率成像算法

## 6.3.1　常规高分辨率成像算法简介

目前已有多种成熟的 SAR 成像算法,原理上任何算法均是对空变二维匹配滤波不同程度的近似。一般而言,近似的目的在于降低成像的运算时间,其代价是对系统参数、适用模式和场景范围的限制。从工程应用的角度考虑,选择合适的成像算法往往也需从计算量和性能限制方面进行合理折中。总体而言，SAR 成像算法可分为时域类和频域(多普勒域)类两个大的类别，时域类计算量大，但近似少，因而适用范围广；频域类可充分利用 FFT 的优势，计算量小，但相对的限制也较多。此外，大多数各类扩展算法的原理通常是在时域类算法中引入频域的处理，或是在频域算法中引入时域处理，以期获得更为细致的折中。

极坐标算法(Polar Format Algorithm，PFA)是一种经典的高分辨成像算法，最早从医学成像中借鉴过来，并且在聚束 SAR 成像应用中获得了极大成功。该算法首先对回波在场景中心点进行解调(Dechirp)处理，然后把极坐标格式下的二维波数域数据重采样转换到直角坐标系下，最终利用二维傅里叶变换实现散射点聚焦。PFA 成像算法实现步骤简单，成像精度高，但是由于采用了平面波假设，因而对成像场景尺寸有限制。后续发展起来的基于波前弯曲校正的改进 PFA 则可以实现对较大场景的成像，兼顾了成像精度和场景尺寸的需求[86]。

20 世纪 80 年代末至 90 年代初，Cafforio 和 Rocca 等将在地震信号处理中使用的一种算法引入到 SAR 成像中，即距离徙动算法(Range Migration Algorithm，RMA)[87]。该算法利用 STOLT 插值来消除散射点距离徙动的影响，可以认为是一种频域最优的 SAR 成像算法。然而该算法的缺点是需要复杂的插值处理，运算量较大。此外，还有变标算法 Chirp - Scaling (CS)[88] 和 Lanari 等提出的 Two - step 方法[89]等。

反投影(Back Projection，BP)算法源于计算机辅助层析(Computer - Aided Tomography，CAT)成像技术[90]。D. C. Munson 等在 1983 年从算法原理上揭示了 CAT 和聚束 SAR 成像之间的相似关系，据此使得人们可以将已经相对成熟的 CAT 成像技术应用于聚束 SAR 成像的研究中。简单说来，BP 算法是一种逐点成像的算法，是一个点对点的图像重建过程。在实际中，雷达发射的是球面波，那么散射点回波信号在距离压缩后的徙动轨迹是弯曲的，且不同距离散射点轨迹的弯曲程度不一样，因而不同散射点需要进行不同的聚焦处理。而 BP 逐点成像的特性恰好能满足这个要求，它可以通过计算每个像素到每个天线位置的距离，沿每个散射点的轨迹对其进行时域相干叠加实现高分辨率成像。

## 6.3.2　基于子孔径合成的超高分辨率大幅宽成像算法

针对机载远距离超高分辨率 SAR 成像，本节介绍一种基于子孔径合成的超高分辨率成像处理方法[17-18]。

假设雷达发射线性调频信号，对于场景中的点目标 $P(R_B, X)$，忽略幅度的

影响,主要考虑回波信号的相位信息,其回波信号可以表示为

$$s(\hat{t}, t_a) = \exp\left( j2\pi f_c\left( -\frac{2R(R_B, X)}{c} \right) + j\pi\gamma\left( \hat{t} - \frac{2R(R_B, X)}{c} \right)^2 \right) \quad (6-34)$$

式中:$c$ 为光速;$\gamma$ 为发射信号调频率;$f_c$ 为雷达载频;$\hat{t}$ 为快时间;$t_a$ 为慢时间;$R(R_B, X)$ 为存在运动误差时天线相位中心到点目标 $P(R_B, X)$ 的瞬时斜距,其表达式可以表示为

$$R(R_B, X) = \sqrt{R_B^2 + (vt_a - X)^2} + \Delta R(t_a)$$
$$= \sqrt{R_B^2 + (vt_a - X)^2} + a_0 + a_1 t_a + a_2 t_a^2 + a_3 t_a^3 + \cdots \quad (6-35)$$

式中:$\Delta R(t_a)$ 为运动误差,它可以用慢时间 $t_a$ 的多项式表示;$a_0$、$a_1$、$a_2$、$a_3$ 等为多项式系数。数据采集系统是以参考斜距 $R_s$ 为基准录取数据的,令

$$t_r = \hat{t} - \frac{2R_s}{c} \quad (6-36)$$

则 $t_r$ 是关于零对称的。将回波信号变换到距离频域,可得

$$S(R_B, f_r) = \exp\left( -j\frac{4\pi(f_c + f_r)}{c}(R(R_B, X) - R_s) - j\frac{4\pi}{\lambda}R_s \right)\exp\left( -j\frac{\pi}{\gamma}f_r^2 \right)$$
$$(6-37)$$

式中:$f_r$ 为距离频率。距离脉压并且忽略式(6-37)中的常数相位项,可以得到

$$S_1(R_B, f_r) = \exp\left( -j\frac{4\pi(f_c + f_r)}{c}(R(R_B, X) - R_s) \right) \quad (6-38)$$

存在运动误差时,通过 PGA 处理,可以估计出运动误差中的 3 次项及高次项并进行补偿,此时由式(6-34),可得

$$\begin{cases} S_1(f_r, t_a) = \exp\left( -j\frac{4\pi}{c}(f_c + f_r)\left( \sqrt{R_B^2 + (vt_a - X)^2} + a_0 + a_1 t_a + a_2 t_a^2 - R_s \right) \right) \\[4mm] \approx \exp\left( -jK_r\left( \begin{array}{l} \left( \dfrac{R_B}{\cos\theta} + a_0 - R_s \right) - \left( \sin\theta - \dfrac{a_1}{v} \right)vt_a \\[3mm] + \left( \cos^3\theta + \dfrac{v_{ins}^2 - v^2}{v^2} \right)\dfrac{v^2 t_a^2}{2R_B} + \sin\theta\cos^4\theta\dfrac{v^3 t_a^3}{2R_B^2} \end{array} \right) \right) \\[8mm] = \exp\left( -jK_r\alpha R_B + jK_r R_s + jK_r\beta vt_a - jK_r\gamma\dfrac{v^2 t_a^2}{2R_B} - jK_r\chi\dfrac{v^3 t_a^3}{2R_B^2} \right) \end{cases}$$
$$(6-39)$$

式中:$\cos\theta = \dfrac{R_B}{\sqrt{R_B^2 + X^2}}$;$\sin\theta = \dfrac{X}{\sqrt{R_B^2 + X^2}}$;$K_r = \dfrac{4\pi}{c}(f_c + f_r)$;$\alpha = \dfrac{R_B}{\cos\theta} + a_0$;

$$\beta = \sin\theta - \frac{a_1}{v} \; ; \; \gamma = \cos^3\theta + \frac{v_{\mathrm{ins}}^2 - v^2}{v^2} \; ; \; \chi = \sin\theta \cos^4\theta \; ; \; v_{\mathrm{ins}} = \sqrt{v^2 + 2a_2 R_{\mathrm{B}}} \; 。 \; 考$$

虑宽波束或斜视, $\sqrt{R_{\mathrm{B}}^2 + (vt_{\mathrm{a}} - X)^2}$ 需要展开到 3 次项, $v_{\mathrm{ins}}$ 可以认为是等效速度。采用距离徙动算法,需要获得回波信号的二维谱。

$$
\begin{aligned}
S_1(K_{\mathrm{r}}, f_{\mathrm{a}}) &= \int \exp\left( -\mathrm{j}\left( K_{\mathrm{r}}\left( \alpha R_{\mathrm{B}} - R_{\mathrm{s}} - \beta v t_{\mathrm{a}} + \gamma \frac{v^2 t_{\mathrm{a}}^2}{2R_{\mathrm{B}}} + \chi \frac{v^3 t_{\mathrm{a}}^3}{2R_{\mathrm{B}}^2} \right) + 2\pi f_{\mathrm{a}} t_{\mathrm{a}} \right) \right) \mathrm{d}t_{\mathrm{a}} \\
&= \exp(\mathrm{j}\phi(K_{\mathrm{r}}, f_{\mathrm{a}})) \quad\quad\quad\quad\quad (6-40)
\end{aligned}
$$

对于含有高次相位项的回波信号,可以采用驻相点方法求其方位谱。令

$$\varphi = -K_{\mathrm{r}}\alpha R_{\mathrm{B}} + K_{\mathrm{r}}R_{\mathrm{s}} + K_{\mathrm{r}}\beta v t_{\mathrm{a}} - K_{\mathrm{r}}\gamma \frac{v^2 t_{\mathrm{a}}^2}{2R_{\mathrm{B}}} - K_{\mathrm{r}}\chi \frac{v^3 t_{\mathrm{a}}^3}{2R_{\mathrm{B}}^2} - 2\pi f_{\mathrm{a}} t_{\mathrm{a}} \quad (6-41)$$

通过 $\frac{\partial \varphi}{\partial t_{\mathrm{a}}} = 0$ ,可以近似求出驻定点为 $t_{\mathrm{a}} = R_{\mathrm{B}} \dfrac{K_{\mathrm{r}}\beta v - 2\pi f_{\mathrm{a}}}{K_{\mathrm{r}}\gamma v^2}$ ,则 $\phi(K_{\mathrm{r}}, f_{\mathrm{a}})$ 可以表示为

$$\phi(K_{\mathrm{r}}, f_{\mathrm{a}}) = -K_{\mathrm{r}}\alpha R_{\mathrm{B}} + K_{\mathrm{r}}R_{\mathrm{s}} + \frac{(K_{\mathrm{r}}\beta v - 2\pi f_{\mathrm{a}})^2}{2K_{\mathrm{r}}\gamma \dfrac{v^2}{R_{\mathrm{B}}}} - \frac{K_{\mathrm{r}}\chi v^3}{2R_{\mathrm{B}}^2}\left( \frac{K_{\mathrm{r}}\beta v - 2\pi f_{\mathrm{a}}}{K_{\mathrm{r}}\gamma \dfrac{v^2}{R_{\mathrm{B}}}} \right)^3$$

$$(6-42)$$

获得回波信号的二维谱后,可以采用扩展 RMA 进行成像处理[91-92]。下面推导出存在运动误差情况下,子孔径成像处理后点目标 $P$ 的聚焦位置及聚焦后的幅度和相位信息。

第一步进行中心点匹配,匹配函数为

$$H_{\mathrm{mat}} = \exp\left( \mathrm{j}R_{\mathrm{s}}\sqrt{K_{\mathrm{r}}^2 - \left( \frac{2\pi f_{\mathrm{a}}}{v_{\mathrm{ins}}} \right)^2} - \mathrm{j}R_{\mathrm{s}}K_{\mathrm{r}} \right) \quad\quad (6-43)$$

$S_1(K_{\mathrm{r}}, f_{\mathrm{a}})$ 和式(6-43)相乘,结果为

$$
\begin{aligned}
S_2(K_{\mathrm{r}}, f_{\mathrm{a}}) &= \exp\left( \mathrm{j}\phi(K_{\mathrm{r}}, f_{\mathrm{a}}) + \mathrm{j}R_{\mathrm{s}}\sqrt{K_{\mathrm{r}}^2 - \left( \frac{2\pi f_{\mathrm{a}}}{v_{\mathrm{ins}}} \right)^2} - \mathrm{j}R_{\mathrm{s}}K_{\mathrm{r}} \right) \\
&= \exp(\mathrm{j}\varphi(K_{\mathrm{r}}, f_{\mathrm{a}})) \quad\quad\quad\quad (6-44)
\end{aligned}
$$

式中:

$$\varphi(K_{\mathrm{r}}, f_{\mathrm{a}}) = -K_{\mathrm{r}}\alpha R_{\mathrm{B}} + R_{\mathrm{s}}\sqrt{K_{\mathrm{r}}^2 - K_x^2} + $$

$$\frac{(K_{\mathrm{r}}\beta v - 2\pi f_{\mathrm{a}})^2}{2K_{\mathrm{r}}\gamma \dfrac{v^2}{R_{\mathrm{B}}}} - \frac{K_{\mathrm{r}}\chi v^3}{2R_{\mathrm{B}}^2 v}\left( \frac{K_{\mathrm{r}}\beta v - 2\pi f_{\mathrm{a}}}{K_{\mathrm{r}}\gamma \dfrac{v^2}{R_{\mathrm{B}}}} \right)^3 \quad (6-45)$$

式 $(6-45)$ 中，$K_x = \dfrac{2\pi f_a}{v_{\text{ins}}}$；$K_r = \sqrt{K_x^2 + \left(\sqrt{K_{r0}^2 - K_x^2} + K_y\right)^2}$。变量代换后，将 $\varphi(K_r, f_a)$ 展开为关于 $K_y$ 的常数项和线性项。

$$\varphi(K_r, f_a) \approx \varphi(K_{r0}, f_a) + \left.\frac{\partial \varphi(K_r, f_a)}{\partial K_r} \frac{\partial K_r}{\partial K_y}\right|_{K_y = 0} K_y$$

$$= \varphi(K_{r0}, f_a) + \left( \begin{array}{l} -\alpha R_B + \dfrac{\beta^2}{2\gamma} R_B - \dfrac{2\pi^2 f_a^2}{K_{r0}^2 \gamma v^2} R_B + R_s \dfrac{K_{r0}}{\sqrt{K_{r0}^2 - \left(\dfrac{2\pi f_a}{v_{\text{ins}}}\right)^2}} - \\[2em] \dfrac{1}{2} R_B \chi \left( \dfrac{\beta^3}{\gamma^3} - 3\dfrac{\beta}{\gamma}\left(\dfrac{2\pi f_a}{K_{r0}\gamma v}\right)^2 + 2\left(\dfrac{2\pi f_a}{K_{r0}\gamma v}\right)^3 \right) \end{array} \right) A(f_a) K_y$$

$$(6-46)$$

式中：$A(f_a) = \sqrt{K_{r0}^2 - \left(\dfrac{2\pi f_a}{v_{\text{ins}}}\right)^2}\Big/K_{r0}$。距离脉压后点目标所处距离单元为

$$R_{\text{focus}}(R_B, X) = \left( \begin{array}{l} \alpha R_B - \dfrac{\beta^2}{2\gamma} R_B + \dfrac{2\pi^2 f_a^2}{K_{r0}^2 \gamma v^2} R_B - R_s \dfrac{K_{r0}}{\sqrt{K_{r0}^2 - \left(\dfrac{2\pi f_a}{v_{\text{ins}}}\right)^2}} + \\[2em] \dfrac{1}{2} R_B \chi \left( \dfrac{\beta^3}{\gamma^3} - 3\dfrac{\beta}{\gamma}\left(\dfrac{2\pi f_a}{K_{r0}\gamma v}\right)^2 + 2\left(\dfrac{2\pi f_a}{K_{r0}\gamma v}\right)^3 \right) \end{array} \right) A(f_a)$$

$$= R_B \left( \left( \alpha - \frac{\beta^2}{2\gamma} + \frac{\chi\beta^3}{2\gamma^3} \right) + \frac{2\pi^2 f_a^2}{\gamma v^2 K_{r0}^2}\left(1 - \frac{3\beta}{\gamma^2}\chi\right) + \frac{\chi}{\gamma^3}\frac{8\pi^3 f_a^3}{v^3 K_{r0}^3} \right) A(f_a)$$

$$(6-47)$$

扩展的距离徙动算法是通过插值来实现距离徙动校正的。假设通过运动补偿后，点目标的距离徙动都能得到良好校正，即在点目标回波信号方位谱支撑区内，式 $(6-47)$ 的取值动态范围不超过一个距离分辨单元，将 $f_a = \dfrac{2v}{\lambda}\sin\theta$ 代入式 $(6-47)$ 就可以得到点目标 $P$ 的距离向聚焦位置。

距离脉压后，方位信号的相位信息可以表示为

$$\varphi(K_{r0}, f_a) = -K_{r0}\alpha R_B + R_s \sqrt{K_{r0}^2 - \left(\frac{2\pi f_a}{v_{\text{ins}}}\right)^2} +$$

$$\frac{(K_{r0}\beta v - 2\pi f_a)^2}{2K_{r0}\gamma\dfrac{v^2}{R_B}} - \frac{K_{r0}\chi}{2R_B^2}v^3\left(\frac{K_{r0}\beta v - 2\pi f_a}{K_{r0}\gamma\dfrac{v^2}{R_B}}\right)^3$$

$$= -K_{r0}R_B\left(\alpha - \frac{\beta^2}{2\gamma} + \frac{\chi\beta^3}{2\gamma^3}\right) + R_s\sqrt{K_{r0}^2 - \left(\frac{2\pi f_a}{v_{ins}}\right)^2} +$$

$$R_B\left(\frac{2\pi f_a}{\gamma v}\left(\frac{3\chi\beta^2}{2\gamma^2} - \beta\right) + \frac{2\pi^2 f_a^2}{\gamma v^2 K_{r0}}\left(1 - 3\frac{\chi\beta}{\gamma^2}\right) + \chi\frac{4\pi^3 f_a^3}{\gamma^3 v^3 K_{r0}^2}\right) \quad (6-48)$$

距离脉压完成后，再进行方位聚焦处理。首先补偿方位相位函数，即

$$H_{com} = \exp\left(jR_{focus}(R_B,X)\left(\sqrt{K_{r0}^2 - \left(\frac{2\pi f_a}{v_{ins}}\right)^2} - K_{r0}\right) - jR_s\sqrt{K_{r0}^2 - \left(\frac{2\pi f_a}{v_{ins}}\right)^2}\right)$$

$$(6-49)$$

及二次相位函数：

$$H_{ramp} = \exp\left(j\frac{R_{focus}}{2K_{r0}}\left(\frac{2\pi f_a}{v_{ins}}\right)^2\right) \quad (6-50)$$

由此可以得到

$$\psi(K_{r0},f_a) = -K_{r0}R_B\left(\alpha - \frac{\beta^2}{2\gamma} + \frac{\chi\beta^3}{2\gamma^3}\right) + R_{focus}\left(\sqrt{K_{r0}^2 - \left(\frac{2\pi f_a}{v_{ins}}\right)^2} - K_{r0}\right) +$$

$$R_B\left(\frac{2\pi f_a}{\gamma v}\left(\frac{3\chi\beta^2}{2\gamma^2} - \beta\right) + \frac{2\pi^2 f_a^2}{\gamma v^2 K_{r0}}\left(1 - 3\frac{\chi\beta}{\gamma^2}\right) + \chi\frac{4\pi^3 f_a^3}{\gamma^3 v^3 K_{r0}^2}\right) +$$

$$\frac{R_{focus}}{2K_{r0}}\left(\frac{2\pi f_a}{v_{ins}}\right)^2$$

$$\approx -K_{r0}R_B\left[\alpha - \frac{\beta^2}{2\gamma} + \frac{\chi\beta^3}{2\gamma^3}\right] - \frac{R_{focus}}{8K_{r0}^3}\left(\frac{2\pi f_a}{v_{ins}}\right)^4 +$$

$$R_B\left(\frac{2\pi f_a}{\gamma v}\left(\frac{3\chi\beta^2}{2\gamma^2} - \beta\right) + \frac{2\pi^2 f_a^2}{\gamma v^2 K_{r0}}\left(1 - 3\frac{\chi\beta}{\gamma^2}\right) + \chi\frac{4\pi^3 f_a^3}{\gamma^3 v^3 K_{r0}^2}\right)$$

$$= E_0 + E_1 f_a + E_2 f_a^2 + E_3 f_a^3 + E_4 f_a^4 \quad (6-51)$$

式中：

$$\begin{cases} E_0 = -K_{r0}R_B\left(\alpha - \dfrac{\beta^2}{2\gamma} + \dfrac{\chi\beta^3}{2\gamma^3}\right) \\[2mm] E_1 = R_B\dfrac{2\pi}{\gamma v}\left(\dfrac{3\chi\beta^2}{2\gamma^2} - \beta\right) \\[2mm] E_2 = R_B\dfrac{2\pi^2}{\gamma v^2 K_{r0}}\left(1 - 3\dfrac{\chi\beta}{\gamma^2}\right) \\[2mm] E_3 = R_B\dfrac{4\pi^3\chi}{\gamma^3 v^3 K_{r0}^2} \\[2mm] E_4 = -\dfrac{2\pi^4 R_{focus}}{K_{r0}^3 v_{ins}}\left(\dfrac{2\pi}{v_{ins}}\right)^4 \end{cases} \quad (6-52)$$

对于机载 SAR 系统,6 次以上相位项的影响很小,可以通过级数反演的方法将式(6 - 51)变换到方位时域,进行方位去斜操作,将信号聚焦在方位频域。式(6 - 51)变换到方位时域可以表示为

$$\psi(K_{r0}, t_a) = E_0 - \frac{\pi^2}{E_2}\left(t_a + \frac{E_1}{2\pi}\right)^2 - \frac{E_3}{E_2^3}\pi^3\left(t_a + \frac{E_1}{2\pi}\right)^3 -$$

$$\left(\frac{9E_3^2}{4E_2^5} - \frac{E_4}{E_2^4}\right)\pi^4\left(t_a + \frac{E_1}{2\pi}\right)^4 - \left(\frac{27}{4}\frac{E_3^3}{E_2^7} - 18\frac{E_3 E_4}{E_2^6}\right)\pi^5\left(t_a + \frac{E_1}{2\pi}\right)^5$$

$$(6 - 53)$$

其常数相位项为

$$\psi_0(K_{r0}, t_a) = E_0 - \frac{E_1^2}{4E_2} - \frac{E_3 E_1^3}{8E_2^3} -$$

$$\frac{1}{16}\left(\frac{9E_3^2}{4E_2^5} - \frac{E_4}{E_2^4}\right)^2 E_1^4 - \frac{1}{32}\left(\frac{27}{4}\frac{E_3^3}{E_2^7} - 18\frac{E_3 E_4}{E_2^6}\right)E_1^5 \qquad (6 - 54)$$

一次项为

$$\psi_1(K_{r0}, t_a) = -2\pi t_a \left( \begin{array}{l} \dfrac{E_1}{2E_2} + \dfrac{3E_3 E_1^2}{8E_2^3} + \dfrac{1}{4}\left(\dfrac{9E_3^2}{4E_2^5} - \dfrac{E_4}{E_2^4}\right)E_1^3 \\ + \dfrac{5}{32}\left(\dfrac{27}{4}\dfrac{E_3^3}{E_2^7} - 18\dfrac{E_3 E_4}{E_2^6}\right)E_1^4 \end{array} \right) \qquad (6 - 55)$$

因此,点目标的方位信号聚焦在频点,有

$$f_a = -\left(\frac{E_1}{2E_2} + \frac{3E_3 E_1^2}{8E_2^3} + \frac{1}{4}\left(\frac{9E_3^2}{4E_2^5} - \frac{E_4}{E_2^4}\right)E_1^3 + \frac{5}{32}\left(\frac{27}{4}\frac{E_3^3}{E_2^7} - 18\frac{E_3 E_4}{E_2^6}\right)E_1^4\right)$$

$$(6 - 56)$$

子孔径成像处理后,为了进行相干合成,需要将 $\psi_0(K_{r0}, t_a)$ 进行补偿。

图 6 - 32 给出了算法的处理流程框图。对于录取的子孔径数据,首先用 POS 数据进行运动补偿及距离脉压。考虑到大幅宽处理的工程效率,通常对距离脉压后的数据进行分段处理,对中间段数据采用 PGA 估计高次运动误差(有可能需要经过多次迭代),经过必要的修正,补偿各距离段的运动误差,成像处理获取聚焦良好但分辨率较低的子图像。在波束覆盖的场景中按所需分辨率(由雷达系统参数和工作模式确定)均匀划分网格单元,通过在聚焦的子图像中进行二维插值(投影),获取每一网格单元的幅度和相位信息,构造相位补偿函数,并进行相干合成。随着子孔径数量的增加,点目标方位分辨率会逐步提高,最终达到全孔径方位信号对应的分辨率,从而获得高分辨图像。各距离段图像

拼接就可以获得宽幅高分辨率的大场景图像。

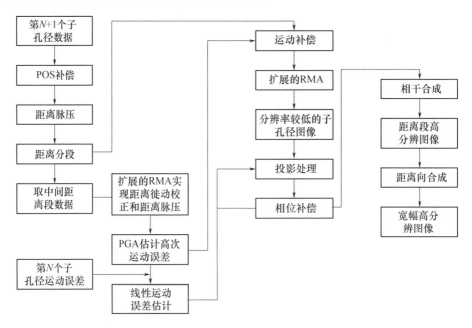

图6-32　基于子孔径合成的超高分辨率SAR成像算法流程

## 6.3.3　仿真及实测数据验证

为了验证算法的有效性,本小节用点目标仿真试验和实测数据处理对算法进行验证。

### 1. 仿真验证

采用仿真试验进行验证,场景中只有一个点目标,载机运动误差已知,如图6-33所示,回波信号产生时考虑了该运动误差。处理时分成了6个子孔径,前后两个子孔径间有一半数据是重叠的。投影处理时,在斜距平面内以点目标为中心分别沿方位向和距离向按间隔0.1m布置一个64×64的投影网格,如图6-34(a)~(f)所示,横坐标为方位单元,纵坐标为距离单元。从图中可以看出,点目标的分辨率随着子孔径合成数目的增多逐步提高。图6-35(a)~(f)所示为成像处理后各距离单元方位信号频谱变化的过程,并与图6-34(a)~(f)一一对应。图6-36所示为6个子孔径合成后,点目标所在距离单元方位频域信号的相位信息,从图中可以看到,和方位谱支撑区相对应的一段,其相位变化平缓,抖动不超过0.2rad。因此,对于点目标,经合成处理及补偿相位后,各子孔径信号的相干性良好,成像算法是可行的。图 6-37 所示为成像后点目标的等高线图,可以看到成像结果良好。

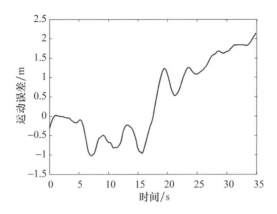

图 6-33　从实测数据中提取的载机运动误差

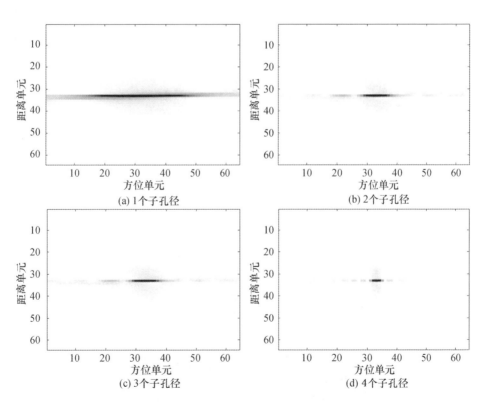

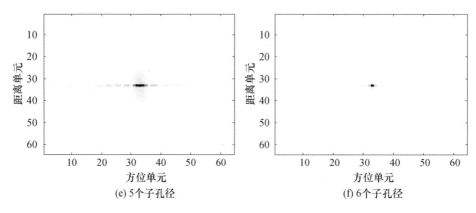

(e) 5个子孔径

(f) 6个子孔径

图 6 - 34　逐个子孔径合成后成像结果

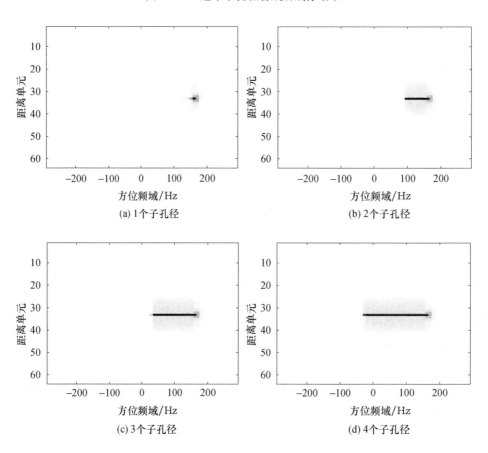

(a) 1个子孔径

(b) 2个子孔径

(c) 3个子孔径

(d) 4个子孔径

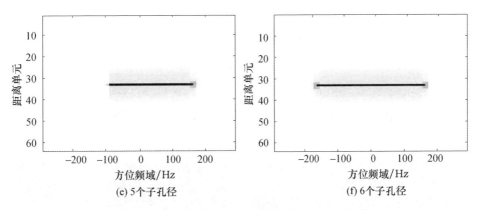

图 6-35    逐个子孔径合成后各距离单元的方位谱

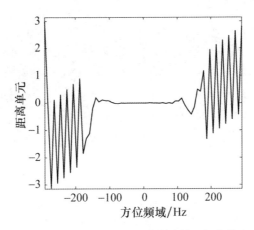

图 6-36    子孔径合成后方位频域信号相位信息

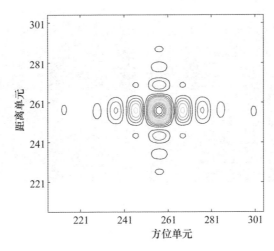

图 6-37    成像后点目标等高线图(8 倍插值)

**2. 超高分辨率实测数据验证**

结合某机载系统试验,典型的超高分辨率图像如图 6 - 38 所示,图中包含不同场景的典型地物。图 6 - 38(a)所示为一棵孤立的小树,由于分辨率较高,树叶依稀可辨;图 6 - 38(b)所示为某房顶的成像效果,可以清晰地看到房顶的各个孤立点的状态;图 6 - 38(c)所示为某池塘的喷泉水管,图 6 - 38(d)所示为用草坪修理成的图案。

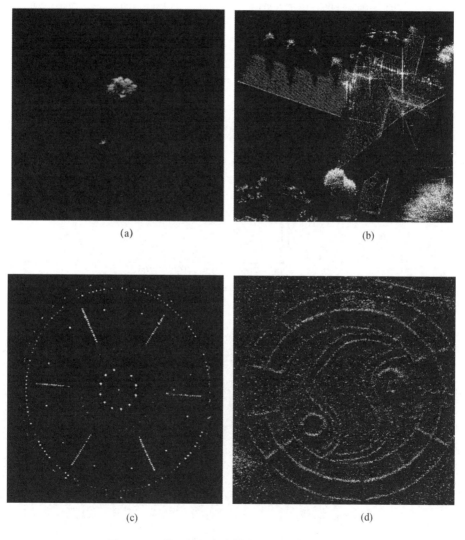

图 6 - 38　典型的超高分辨率图像场景(见彩图)

## 6.4　多角度成像算法

多角度 SAR 成像通过对目标的多方位观测,获取目标全方向图像信息,可以得到目标多侧面立体图像,发现、识别各类复杂目标,解决传统 SAR 对部分目标存在观测盲区的问题[93-96]。多角度成像体制,从工作机理上克服了传统 SAR 单角度观测盲区的缺陷,填补了 SAR 多方位成像的空白。

### 6.4.1　多角度成像优势

多角度成像对目标观测具有重要意义,主要体现在以下几个方面。

**1. 多方位角观测可有效提升图像质量**

传统的 SAR 单方位角获取的图像信噪比较低,目标轮廓特征弱。多方位角观测模式利用获取的多方位角信息,能够显著提升图像质量。

**2. 获取目标多方位角散射信息以提升目标识别能力**

SAR 图像军事应用的核心在于如何提高 SAR 图像目标识别的效率和准确度。从信息获取的角度看,为支持 SAR 图像的解译,其关键在于如何提升 SAR 对目标信息的观测能力,以及如何通过先进的处理方法将探测的信息在 SAR 图像上进行表征,从而降低目标识别、确认与描述的难度。传统 SAR 图像反映的是目标在较小方位角范围内的目标散射信息,多方位角 SAR 可对目标实施多角度观测。通过获取多角度 SAR 图像,可以充分获取目标散射单元在多角度范围内对雷达入射波的响应,提供更为丰富的目标散射特性信息,更好地反映目标的散射特性和轮廓信息,提升 SAR 图像的可视化效果,有效提高对目标类型、类别判断的准确性,为判断目标提供更详细的图像信息,从体制和数据源上缓解 SAR 图像判读和解译的难题,显著提升 SAR 图像的目标精细解译与情报生成能力。

**3. 对热点地区和重点目标实施高分辨率持续监视**

由于目前机载不能在指定区域上空持续监视,对目标监视周期长,不利于及时发现目标变化,尤其是对高价值时敏目标的战场态势的动态监视能力还很有限。多角度观测 SAR 改变了传统机载只能在一定时间对目标实施观测的状况,利用 SAR 系统方位向大扫描特性,可实现对重点目标的持续监视。

### 6.4.2　多角度成像与图像处理方法

针对单视角 SAR 难以稳定获得目标的重要部件信息问题,对多视角成像融合进行了探讨。多视角 SAR 图像融合通过集成多幅 SAR 子视角图像中互补信息获得一幅融合图像,能更加丰富、准确和全面地描述目标整体特征。稀疏图像融合方法是提取多幅 SAR 子视角中显著信息的有效途径[97-98]。

稀疏的含义:假设任意信号均可以表示成少数几个原子的线性组合,所有的原子构成一个冗余的字典,其中每个原子都是一个最具有代表性的显著特征,如点、线、拐角等。通过稀疏分解和冗余字典,SAR 子视角图像和稀疏系数建立了一一对应的关系。因此,非零系数对应的原子可以有效地反映 SAR 子视角图像的显著特征。此外,由于稀疏表示对噪声具有很强的鲁棒性,因此基于稀疏表示的多视角 SAR 图像融合方法有效地解决了噪声图像的融合难题。

首先将同一目标的多视角 SAR 图像信号构成一个信号整体;然后对信号整体进行联合稀疏表示,将其分解成共同稀疏部分和不同稀疏部分;最后通过共同稀疏部分和不同稀疏部分得到融合图像。

通过融合稀疏模型获得的共同与不同稀疏部分充分反映出多幅图像之间的内在联系,解决了多视角 SAR 图像中互补信息难以分离的问题。该算法能精确分离同一场景中多源图像之间的互补信息,从而提升多视角 SAR 图像的融合性能。

多角度图像融合同时还需要解决多个视角下不同图像对同一散射点的配对问题,即图像匹配[99-100]。随着图像匹配技术的广泛应用以及国内外研究人员对图像匹配的深入研究,针对 SAR 图像的本身特性,基于特征的匹配方法得到广泛应用。基于特征的图像匹配方法是通过 SAR 图像上具有代表性的特征信息进行图像之间的匹配,首先提取两幅 SAR 子图像各自特征点集之间的映射关系,再找到匹配的点对,从而实现图像配准的目的。

基于特征匹配方法中最典型的算法为尺度不变特征转换算法(SIFT)[101],尺度不变特征转换(SIFT)是一种计算机视觉算法,其作用是侦测与描述影像中的局部特征,在空间尺度中寻找极值点,并提取出其位置、尺度、旋转不变量。SIFT 特征是图像的局部特征,其对旋转、尺度缩放、亮度变化保持不变性,对视角变化、仿射变换、噪声也保持一定程度的稳定性,基于这些特征,使用 SIFT 特征描述符对粗配准的多视角 SAR 图像进行精配准。

SIFT 算法以特征点为中心裁切一定大小的图像区域,提取区域内某些特征,使这些特征依附于该稳定点。为了解决物体之间的旋转问题,SIFT 算法提取了特征的“主方向”,所有特征都以主方向为参考。具体流程如图 6 - 39 所示。

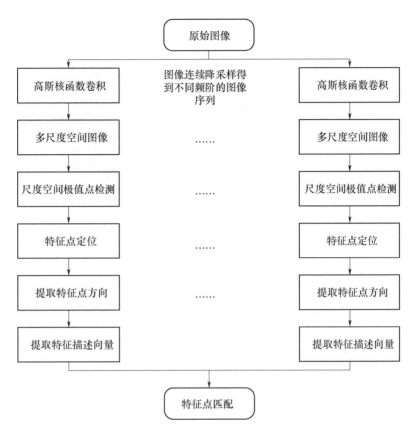

图 6-39 SIFT 算法流程框图

**1. 图像尺度空间和降采样图像生成**

尺度空间理论目的是模拟图像的多尺度特征,二维图像的尺度空间定义为

$$L(x,y,\sigma) = G(x,y,\sigma) \otimes I(x,y) \qquad (6-57)$$

式中:$\otimes$ 为卷积操作 $G(x,y,\sigma)$ 为尺度可变高斯函数;$(x,y)$ 为图像的空间坐标;$\sigma$ 为尺度空间坐标,有

$$G(x,y,\sigma) = \frac{1}{2\pi\sigma^2}\exp\left(\frac{-(x^2+y^2)}{2\sigma^2}\right) \qquad (6-58)$$

为了在尺度空间上检测到稳定的特征点,需要采用高斯差分尺度空间,即将不同尺度的高斯差分核和图像进行卷积。

$$\begin{aligned} G(x,y,\sigma) &= [G(x,y,k\sigma) - G(x,y,\sigma)] \otimes I(x,y) \\ &= L(x,y,k\sigma) - L(x,y,\sigma) \end{aligned} \qquad (6-59)$$

图 6-40 是高斯差分算子构建的高斯差分金子塔。

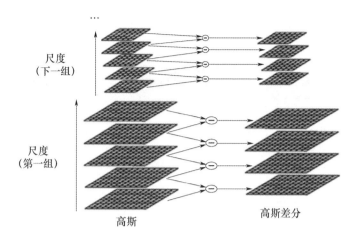

图 6-40 图像金字塔和高斯差分

## 2. 尺度空间极值点的检测

如图 6-41 所示,将每个采样点和所有相邻点进行比较,判断该采样点是否为尺度空间中的极值点。

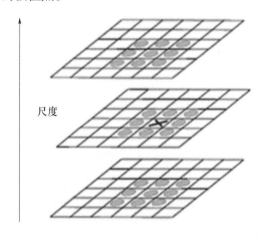

图 6-41 高斯差分尺度空间局部极值点的检测

构建尺度空间需要确定的参数主要有尺度空间坐标 $\sigma$、频阶坐标 $O$ 和降采样尺度坐标 $S$。$\sigma$ 和 $O$、$S$ 的关系为

$$\sigma(O,S) = \sigma_0 2^{(O+S)/S} \quad O \in O_{\min} + [0,\cdots,O-1] \quad S \in [0,\cdots,S-1]$$

$$(6-60)$$

式中:$\sigma_0$ 为基准层尺度,空间坐标 $x$ 是频阶 $O$ 的函数,设 $x_0$ 是 $O$ 频阶的空间坐标,则

$$x = 2^O x_0, O \in Z, x_0 \in [0, \cdots, N_0 - 1] \times [0, \cdots, M_0 - 1] \quad (6-61)$$

如果 $[M_0, N_0]$ 是频阶 $O = 0$ 的分辨率,则其他频阶的分辨率由式(6-62)获得,即

$$\begin{cases} N_O = \left\lfloor \dfrac{N_0}{2^O} \right\rfloor \\[2mm] M_O = \left\lfloor \dfrac{M_0}{2^O} \right\rfloor \end{cases} \quad (6-62)$$

**3. 极值点位置的精确确定**

为了使匹配稳定,剔除掉不稳定的边缘响应点和对比度比较低的特征点。一个性能差的高斯差分算子的极值在横跨边缘的地方有较大的主曲率,而在垂直边缘的地方有较小的主曲率。主曲率通过一个 $2 \times 2$ 阶的 Hessian 矩阵 $\boldsymbol{H}$ 进行计算

$$\boldsymbol{H} = \begin{bmatrix} D_{xx} & D_{xy} \\ D_{yx} & D_{yy} \end{bmatrix} \quad (6-63)$$

其导数 $D_{xx}, D_{xy}, D_{yx}$ 和 $D_{yy}$ 由采样点相邻求差估计得到。$D$ 的主曲率和 $\boldsymbol{H}$ 的特征值成正比,令 $\alpha$ 为 $H$ 最大特征值,$\beta$ 为 $H$ 最小特征值,则

$$\text{tr}\boldsymbol{H} = D_{xx} + D_{yy} = \alpha + \beta$$
$$\det\boldsymbol{H} = D_{xx}D_{yy} - D_{xy}^2 = \alpha \cdot \beta \quad (6-64)$$

其中:tr 表示矩阵 $H$ 对角线元素之和 det 表示矩阵 $H$ 的行列式。

再令 $\alpha = r\beta$,则

$$\frac{\text{tr}^2\boldsymbol{H}}{\det\boldsymbol{H}} = \frac{(\alpha + \beta)^2}{\alpha\beta} = \frac{(r\beta + \beta)^2}{r\beta^2} = \frac{(r+1)^2}{r} \quad (6-65)$$

$(r+1)^2/r$ 的值在两个特征值相等时最小,随着 $r$ 的增大而增大。因此,为了检测主曲率是否在某域值 $r$ 下,只需检测

$$\frac{\text{tr}^2\boldsymbol{H}}{\det\boldsymbol{H}} < \frac{(r+1)^2}{r} \quad (6-66)$$

**4. 特征点主方向的提取**

利用特征点周围图像的梯度方向分布统计来确定特征点的主方向,从而保证了 SIFT 算法具有旋转不变的性能。计算时需要根据直方图统计窗口图像内所有像素的梯度方向,对以特征点为中心的窗口图像进行采样。

利用关键点邻域像素的梯度方向分布特性为每个关键点指定方向参数,使算法具备旋转不变性。$(x, y)$ 处梯度的模值和方向的计算公式为

$$\begin{cases} m(x,y) = \sqrt{(L(x+1,y)-L(x-1,y))^2 + (L(x,y+1)-L(x,y+1))^2} \\ \theta(x,y) = atan2\left(\dfrac{(L(x,y+1)-L(x,y-1))}{(L(x+1,y)-L(x-1,y))}\right) \end{cases}$$

$$(6-67)$$

式中：$L$ 为每个关键点各自所在的尺度。至此，图像的关键点已检测完毕，每个关键点有 3 个信息，即位置、所处尺度、方向。由此可以确定一个 SIFT 特征区域。

**5. 特征点描述向量生成**

将图像的坐标轴旋转至特征点的主方向，然后再以特征点为中心取一定大小的窗口图像。

至此，SIFT 特征向量描述符便生成了，且对图像的缩放、平移、一定角度的旋转等都具有一定的不变性。接下来要将它们各自对应的 SIFT 特征描述符进行匹配，这也是决定配准效果非常关键的一步。特征点是否匹配的判断准则一般采用特征点描述符之间的欧几里得距离。假设参考图像的一个特征向量是 $\boldsymbol{R}_i = (r_{i1}, r_{i2}, \cdots, r_{i128})$，待配准图像的特征向量是 $\boldsymbol{S}_i = (s_{i1}, s_{i2}, \cdots, s_{i128})$，则它们两个之间的欧几里得距离定义为

$$d(\boldsymbol{R}_i, \boldsymbol{S}_i) = \sqrt{\sum_{j=1}^{128} (r_{ij} - s_{ij})^2} \qquad (6-68)$$

特征点可以被认为匹配的条件为

$$\frac{待配准图像中距离\ \boldsymbol{R}_i\ 最近的点\ \boldsymbol{S}_j}{待配准图像中距离\ \boldsymbol{R}_i\ 的次最近点\ \boldsymbol{S}_p} < 阈值$$

阈值一般会进行双向匹配，即先以其中一幅图像的特征向量为基准，去跟另一幅图像的所有特征点进行比较，当满足条件时，即可认为匹配，记下与此匹配的点的位置。等对所有特征向量都匹配完成时，交换两幅图像的顺序，重复以上操作，然后寻找两次配准中相同的点，剔除单方面配准的点。

为验证算法的有效性，采用机载不同视角的实测数据进行匹配融合处理。图 6-42(a) 和图 6-42(b) 分别是参考图像和待配准图像。从图中可以看出，这是对同一场景不同区域所成的 SAR 图像。

图 6-43 所示为参考图像与待配准图像的 SIFT 特征点集，每个特征点所包含的信息有坐标、所在尺度、方向。每个 SIFT 向量的起始点即为图像中 SIFT 特征点的位置，向量的方向即为特征点的主方向，向量的长度（即模值）代表了该特征点的尺度大小。

(a)参考图像　　　　　　　　　(b)待配准图像

图 6 - 42　参考图像与待配准图像

(a) 参考图像　　　　　　　　　(b) 待配准图像

图 6 - 43　SIFT 特征点

因为两幅图像之间存在有公共部分,所以在进行图像配准之后,还要找到它们的相同部分与不同部分,进行两幅图像的拼接与融合,以求得到同一场景的更多信息。图 6 - 44 是两幅图像拼接与融合的结果,可以看到,两幅图像中相同空间位置重合在了一起。

图 6 – 44　两幅图像的拼接融合

　　图 6 – 45 所示的实测数据融合结果进一步验证了多视角成像对目标信息
获取的重要性。两个单视角成像结果分别如图 6 – 45(a)和图 6 – 45(b)所示。
利用以上提出的图像融合方法进行融合处理,得到多视角成像融合的图像结
果,如图 6 – 45(c)所示,多视角融合后的目标结构轮廓更加清楚。图中蓝色部
分由视角 1 的结果提供,红色部分由视角 2 的结果提供,白色部分为两个视角
成像重叠部分。通过以上多视角数据的融合处理,使目标部件信息更加完整,
结构轮廓更加清楚,便于后期目标识别。

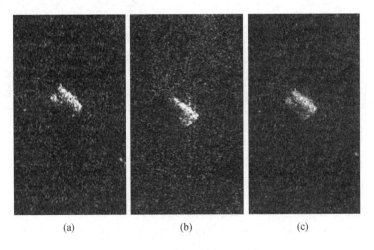

(a)　　　　　　　(b)　　　　　　　(c)

图 6 – 45　多视角成像效果(见彩图)

# 第 7 章

## 多孔径地面运动目标检测

地面运动目标检测(GMTI)技术能够有效检测地面运动目标,对于军事上能否及时并准确掌握战场态势起着关键作用。多孔径地面动目标检测技术,因其具有技术上的优势而逐渐成为地面运动目标检测的主流技术。本章对多孔径地面运动目标检测的系统误差校正、快速/慢速运动目标检测技术及运动目标成像技术等进行了介绍。

## 7.1 多孔径 SAR – GMTI 慢速动目标检测技术

多孔径地面动目标检测技术利用多个通道先后重复观测同一片场景,不同观测时间静止目标和运动目标在多通道 SAR 图像上存在相位/幅度差异来区分和检测运动目标,尤其是慢速运动目标。

### 7.1.1 系统误差影响分析及通道均衡

对于多孔径地面运动目标检测,系统误差的存在严重影响通道间的一致性,需要进行通道均衡处理。这些系统误差主要包括带内频率响应误差、通道间幅度/相位误差、姿态误差以及基线测量误差等。下面分别介绍各种误差的校正方法。

**1. 带内频率响应误差**

带内误差指接收机的频率响应误差[102],在雷达接收机中,含有滤波器、放大器、混频器等子设备,其中任意子设备的误差均会导致接收机的频率响应误差,导致系统处理的回波信号与理想的回波信号之间存在偏差。

带内频率响应误差的存在将影响距离向线性调频函数脉压的结果,不仅会引起成对回波,还会恶化峰值旁瓣比和积分旁瓣比,需要进行校正。

带内频率响应误差校正主要有相位梯度自聚焦以及基于内定标信号的校正方法。

1)相位梯度自聚焦(PGA)

PGA 是一种无参数的自聚焦技术,对于估计线性调频信号的相位误差非常有效。设接收的回波信号为

$$s(t) = |s(t)| e^{j[\phi(t) + \phi_e(t)]} \qquad (7-1)$$

式中:$|s(t)|$ 和 $\phi(t)$ 分别为回波的幅度和相位;$\phi_e(t)$ 为系统相位误差。

在 $s(t)$ 右端乘以 $e^{-j\phi(t)}$,消除直达波的相位 $\phi(t)$,得到

$$y(t) = |s(t)| e^{j\phi_e(t)} \qquad (7-2)$$

对 $y(t)$ 求导,得到相位误差的导数 $\dot{\phi}_e(t)$ 为

$$\dot{\phi}_e(t) = \frac{\mathrm{Im}[y^*(t)\dot{y}(t)]}{|y(t)|^2} \qquad (7-3)$$

式中:$\mathrm{Im}[c]$ 代表虚部; $*$ 代表共轭。式(7-3)在最小方差的意义下是 $\dot{\phi}_e(t)$ 的最优估计,可以证明,相位梯度实际上是 $\dot{\phi}_e(t)$ 的线性无偏最小方差估计。

对 $\dot{\phi}_e(t)$ 积分,就可以得到相位误差的估计 $\hat{\phi}_e(t)$,即

$$\hat{\phi}_e(t) = \int \dot{\phi}_e(t)\mathrm{d}t \qquad (7-4)$$

将直达波信号与 $e^{-j\hat{\phi}_e(t)}$ 相乘,就可以消除估计的相位误差,即

$$s_c(t) = s(t) e^{-j\hat{\phi}_e(t)} \qquad (7-5)$$

可以看出,用相位梯度算法校正宽带线性调频信号的相位误差是采取先估计相位误差然后补偿的思路,其流程如图 7-1 所示。

2)基于内定标信号的校正方法

PGA 算法是基于回波信号的相位校正方法,只有当回波是类似角反射体这样的强点目标回波时,才能比较准确地提取误差,实际中雷达接收的回波是从地物返回的多个散射体回波的叠加,这种情况下 PGA 准确提取和校正误差较为困难。

工程上常采用内定标信号来对回波信号的带内误差进行校正。内定标利

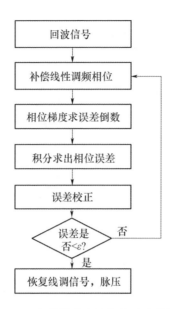

图 7 – 1 相位梯度自聚焦方法流程框图

用雷达系统自身的发射复制信号(参考信号)对发射功率的变化、脉冲信号特性的变化和雷达整个接收主通道增益和灵敏度的变化进行测量,为压缩处理提供补偿参量。

内定标信号处理方法的具体操作可在接收机波门关闭的时候,利用宽带校正信号输入接收机前端,设校正信号频谱为 $X(f)$ ,经过接收机后的频谱为 $Y(f)$ ,由此得到接收机系统的频率响应函数为

$$H(f) = \frac{Y(f)}{X(f)} = A(f)\exp[\,\mathrm{j}\phi(f)\,] \qquad (7-6)$$

基于以上频响函数的带内误差校正可表示为

$$\widehat{s}_{\mathrm{r}}(f) = \frac{s_{\mathrm{r}}(f)}{H(f)} = \frac{s_{\mathrm{r}}(f)}{A(f)}\exp[\,-\mathrm{j}\phi(f)\,] \qquad (7-7)$$

采用上述方法校正雷达回波信号后,基本可消除带内频率响应误差的影响。与 PGA 方法不同,内定标信号校正方法不需要场景中具有强散射点回波,具有更好的带内频响误差校正性能。该方法的流程如图 7 – 2 所示。

**2. 通道间幅度/相位误差**

雷达的接收机包含射频、中频放大、基带、采样保持以及 A/D 转换等模块,对多通道系统,通道间的接收机性能差异将导致通道间的频率响应误差。由于多通道杂波抑制方法需要不同通道间回波数据具有较高的一致性,因此通道间

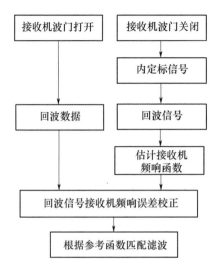

图 7 – 2　内定标校正方法流程框图

的频响误差将影响 GMTI 的性能,需要进行均衡处理。

1)固定幅相误差校正

设通道间的幅度误差 $A_{\mathrm{m}}$、相位误差 $\varphi_{\mathrm{m}}$ 为固定值,即

$$X_{\mathrm{m}}(f_{\mathrm{r}}) = (1 + A_{\mathrm{m}}) \times \exp(\mathrm{j}\varphi_{\mathrm{m}}) \qquad (7-8)$$

由于误差不随时间而变化,因此可以直接在脉冲域校正;同时由于 SAR 成像处理过程为线性系统,即通道间经过二维匹配滤波之后,误差项 $(1 + A_{\mathrm{m}})\exp(\mathrm{j}\varphi_{\mathrm{m}})$ 仍以相同的形式表现在图像域,因此可以在图像域均衡处理消除该幅相误差的影响。显然,固定幅相误差也可以在距离 – 方位二维频域进行补偿。不过,考虑频域均衡方法通常采用距离/方位解耦的方式,估计的固定幅相误差可能存在偏差。因此,对固定幅相误差,首先在脉冲域进行逐脉冲补偿,然后在图像域均衡校正剩余的误差。

图像域均衡处理常采用样本协方差矩阵特征分解的方法,根据大特征值对应的特征向量与误差向量一致,可以均衡不同通道的数据。设成像后第 $(i,j)$ 个像素对应的多通道数据构成的向量为

$$\boldsymbol{x}(i,j) = \sigma(i,j)\boldsymbol{\Gamma}(i,j)\boldsymbol{a}(i,j) + \boldsymbol{n} \qquad (7-9)$$

式中:$\sigma(i,j)$ 为该像素点的幅度;$\boldsymbol{a}(i,j)$ 为导向矢量;$\boldsymbol{n}$ 为噪声分量;$\boldsymbol{\Gamma}(i,j) = \mathrm{diag}[\,1 \quad \varepsilon_2\mathrm{e}^{\mathrm{j}\phi_2} \quad \varepsilon_3\mathrm{e}^{\mathrm{j}\phi_3} \quad \cdots \quad \varepsilon_M\mathrm{e}^{\mathrm{j}\phi_M}\,]$ 为误差矩阵($\varepsilon_m$、$\phi_m$ 分别为通道 $m$ 相对于通道 1 的幅度和相位误差)。

设 $\boldsymbol{x}(i,j)$ 的协方差矩阵为 $\boldsymbol{R}(i,j)$(实际常采用样本协方差矩阵替代),其

最大特征值对应的特征向量 $\boldsymbol{u}$ 与 $\boldsymbol{\Gamma}(i,j)\boldsymbol{a}(i,j)$ 一致,因此将 $\boldsymbol{x}(i,j)$ 中各个元素除以 $\boldsymbol{u}$ 的对应元素,可以完成通道间均衡处理。

2)非固定的幅相误差校正

在通道间的幅度误差、相位误差不为固定值时,则需要将以上数据变换至二维频率进行均衡,即

$$S_1(f_r,f_a) = X_2(f_r)S_2(f_r,f_a) \tag{7-10}$$

以最小二乘均方误差为目标函数,可计算均衡函数 $X_2(f_r)$ 为

$$
\min_{H(f_r)} \int \left| S_1(f_r,f_a) - X_2(f_r)S_2(f_r,f_a) \right|^2 \mathrm{d}f_a
$$

$$\Downarrow \tag{7-11}$$

$$
\widehat{X}_2(f_r) = \frac{\int \left| S_1(f_r,f_a)S_2^*(f_r,f_a) \right| \mathrm{d}f_a}{\int \left| S_2^2(f_r,f_a) \right| \mathrm{d}f_a}
$$

进而有频响误差均衡过程为

$$\widehat{S}_2(f_r,f_a) = \widehat{X}_2(f_r)S_2(f_r,f_a)$$

综上,通道间幅相误差均衡的流程如图 7-3 所示。

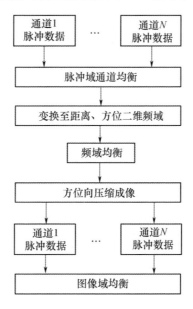

图 7-3　通道间幅相误差均衡

**3. 通道间空域误差**

通道间空域误差可分为方位向方向图误差、俯仰向方向图误差以及波束指

向误差。在实际的 SAR 系统中,天线内部的硬件电路受温度和其他一些自然因素的影响,导致雷达天线在移动过程中方向图及波束指向不断变化,这里认为旁瓣区不一致所导致的影响可忽略,主要是主瓣区的差异。此外,天线安装过程也可能引入通道间的空域误差。

俯仰方向图造成同一距离门的回波数据在通道间存在差异,相当于乘上了固定的幅度和相位误差,因此该项误差并不影响二维压缩效果。但是该误差随着距离门缓变,影响多通道杂波抑制的效果,需要进行补偿。

方位向方向图误差导致方向图的频域函数随通道变化,不同通道的成像结果存在差异,将影响通道间图像的相干性。

固定的通道间俯仰波束指向误差将造成不同通道的俯仰方向图沿距离向偏移,进而使得不同通道下的同一距离门回波数据功率存在差异。固定的通道间方位向波束指向误差将造成多普勒中心偏移。

1)俯仰方向图误差校正

俯仰方向图误差等同于沿距离向的通道间幅相误差,可在二维频域进行均衡,具体校正方法与通道间幅相误差相同,这里不再叙述。

2)方位向方向图误差校正

以两通道系统为例给出校正方法。将距离压缩后的回波数据变换至二维频率域,忽略由通道间距造成的固定相位项,则有

$$\begin{cases} \widehat{S}_1(f_r,f_a) = G_1(f_a)S_1(f_r,f_a) \\ \widehat{S}_2(f_r,f_a) = G_2(f_a)S_2(f_r,f_a) \end{cases} \tag{7-12}$$

根据式(7-12),有

$$\frac{\widehat{S}_1(f_r,f_a)}{\widehat{S}_2(f_r,f_a)} = \frac{G_1(f_a)}{G_2(f_a)} = G(f_a) \tag{7-13}$$

以最小二乘均方根误差为目标函数求解补偿函数 $G(f_a)$,有

$$\min_{G(f_a)} \int |S_1(f_r,f_a) - G(f_a)S_2(f_r,f_a)|^2 \mathrm{d}f_r \tag{7-14}$$

求偏导,可得

$$G(f_a) = \frac{\int |S_1(f_r,f_a)S_2^*(f_r,f_a)|\mathrm{d}f_r}{\int |S_2^2(f_r,f_a)|\mathrm{d}f_r} \tag{7-15}$$

因此,有均衡过程 $S_1(f_r,f_a) = S_2(f_r,f_a)G(f_a)$。

由于天线方向图误差和频响误差均是在二维频域进行,则两个均衡过程可

以同时进行。同样目标函数采用最小二乘均方根误差准则,有

$$\min_{G(f_a)H(f_r)} \iint \left| S_1(f_r,f_a) - G(f_a)H(f_r)S_2(f_r,f_a) \right|^2 \mathrm{d}f_r\mathrm{d}f_a$$

$$\Rightarrow \begin{cases} G(f_a) = \dfrac{\int |H(f_r)S_1(f_r,f_a)S_2^*(f_r,f_a)|\mathrm{d}f_r}{\int |H(f_r)S_2(f_r,f_a)|^2 \mathrm{d}f_r} \\[4mm] H(f_r) = \dfrac{\int |G(f_a)S_1(f_r,f_a)S_2^*(f_r,f_a)|\mathrm{d}f_a}{\int |G(f_a)S_2(f_r,f_a)|^2 \mathrm{d}f_a} \end{cases} \tag{7-16}$$

由于两个均衡函数互相依赖,因此通常采用以下迭代方法得到近似最优解,即

$$\begin{cases} S_2^{n+1}(f_r,f_a) = S_2^n(f_r,f_a) \dfrac{\int |S_1^*(f_r,f_a)S_2^n(f_r,f_a)|\mathrm{d}f_r}{\int |S_2^n(f_r,f_a)|^2 \mathrm{d}f_r} \\[4mm] S_2^{n+2}(f_r,f_a) = S_2^{n+1}(f_r,f_a) \dfrac{\int |S_1^*(f_r,f_a)S_2^{n+1}(f_r,f_a)|\mathrm{d}f_a}{\int |S_2^{n+1}(f_r,f_a)|^2 \mathrm{d}f_a} \end{cases} \tag{7-17}$$

3)波束指向误差

俯仰向上的固定波束中心指向误差对不同距离门回波信号的影响类似于通道间幅相误差的影响,因此可在二维频域均衡。

方位向上的固定波束中心指向误差造成不同通道间回波的多普勒中心偏移。由于偏移量固定,不同通道的图像相当于沿方位向移动,在误差较小时,对整幅场景图像的影响可忽略;否则需要在数据域校正回波信号的多普勒中心。

综上,通道间的空域误差校正流程如图 7-4 所示。

**4. 基线测量误差**

基线测量误差可以分解成垂直航迹基线误差和沿航迹基线误差,在动目标检测模式下,希望平台间只有沿航迹基线,而垂直航迹基线为零;否则,在存在垂直航迹基线情况下,不同通道间杂波的回波相位存在差异,该相位差会沿距离向逐渐改变,将影响杂波抑制与动目标检测的性能,同时,垂直航迹基线的存在会引入高程干扰相位,对于场景中不同高度的像素单元,其高程干涉相位互不相同,将严重影响通道间的杂波相干性,进而影响杂波抑制性能。以上分析的相位误差涉及 GMTI 和 InSAR 多模式之间的耦合,补偿过程比较复杂,不在

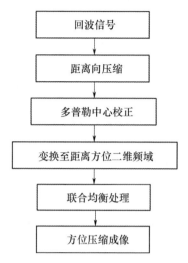

图 7-4　空域误差校正方法

本章节讨论的范围,这里主要研究沿航迹基线误差。对于无人机系统,沿航迹基线误差主要由平台的姿态误差以及安装误差导致。

在估计动目标径向速度时,采用具有相位中心测量误差的导向矢量与真实导向矢量进行匹配,必然会导致径向速度的估计误差,进而影响方位向定位误差。

最小二乘方法拟合通道绝对相位特性与多普勒频率的线性关系可获得沿航迹基线长度的正确估计,该方法基于回波数据估计多通道相位中心,可有效校正基线测量误差。在距离 - 多普勒频域,多通道杂波在多普勒通道(对应多普勒值为 $f_{d0}$)上的理想导向矢量可表达为

$$\boldsymbol{a}_{c}(f_{d0}) = \left[\begin{array}{cccc} 1 & \exp\left(j\dfrac{\pi d_2}{v_a}f_{d0}\right) & \cdots & \exp\left(j\dfrac{\pi d_N}{v_a}f_{d0}\right) \end{array}\right]^{T} \qquad (7-18)$$

式中:$d_i(i = 2\cdots N)$ 分别为第 $i$ 通道的等效相位中心与第一个通道之间的沿航迹基线长度;$v_a$ 为平台速度。

对距离 - 多普勒频域数据的杂波协方差矩阵进行特征分解 $\boldsymbol{R}_c = \dfrac{1}{L}\displaystyle\sum_{l=1}^{L} \boldsymbol{x}_l$

$\boldsymbol{x}_l^{H} = \displaystyle\sum_{l=1}^{L} \lambda_l \boldsymbol{v}_l \boldsymbol{v}_l^{H}$,其最大特征值对应的特征矢量 $\boldsymbol{v}_c$ 与杂波流形一致,对 $\boldsymbol{v}_c$ 归一化之后,可得

$$\{\varphi^{m}(f_{d0}) = \mathrm{angle}(e^{j\frac{\pi d_m}{v_a}f_{d0}})\}_{m=2}^{N} \qquad (7-19)$$

因此,联合 $P$ 个多普勒通道数据分别进行上述处理,可以得到与每个阵元间距 $d_m$ 有关的相位矢量,即

$$\boldsymbol{\varPhi}^m = \left[ \varphi^m(f_{d1}) \quad \cdots \quad \varphi^m(f_{dP}) \right]^T \hat{=} \left[ \varphi^m(1) \quad \cdots \quad \varphi^m(P) \right]^T \quad (7-20)$$

实际中,以上相位是对真实相位进行 $2\pi$ 取模的结果,对此可根据两个相邻多普勒通道间的相位差 $\Delta\varphi^m = \varphi^m(p+1) - \varphi^m(p)$ 进行解模糊,当 $|\Delta\varphi^m| < \pi$ 时可认为 $\varphi^m(p+1)$ 无模糊,当 $|\Delta\varphi^m| > \pi$ 时对 $\varphi^m(p+1)$ 加上或减去 $2\pi$ 便可获得无模糊的相位差。

由于选择的多普勒通道可以关于零多普勒通道不对称,则相位矢量可表达为

$$\boldsymbol{\varPhi}^m = \boldsymbol{k}_f d_m + b\boldsymbol{B} \begin{bmatrix} d_m \\ b \end{bmatrix} \quad (7-21)$$

式中: $\boldsymbol{k}_f = \left[ \dfrac{\pi}{v_a} f_{d1} \quad \cdots \quad \dfrac{\pi}{v_a} f_{dP} \right]^T$ ; $\boldsymbol{B} = \left[ \boldsymbol{k}_f \quad \boldsymbol{1}_{P\times 1} \right]_{P\times 2}$ 。采用最小二乘方法可有效地降低沿航迹基线长度的估计方差,有

$$\begin{bmatrix} \widehat{d}_m \\ \widehat{b} \end{bmatrix} = (\boldsymbol{B}^T\boldsymbol{B})^{-1} \boldsymbol{B}^T \widehat{\boldsymbol{\varPhi}}^m \quad (7-22)$$

以上方法可以有效地根据回波数据估计沿航迹基线,其处理流程如图 7 - 5 所示。

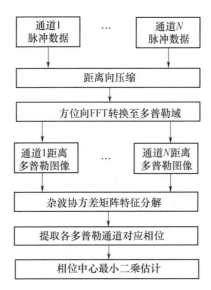

图 7 - 5　沿航迹相位中心位置估计流程框图

## 5. 试验验证

采用某机载四通道实测数据进行误差校正性能验证。以通道 1 和通道 2

为例,误差校正前后的干涉相位如图 7 - 6 和图 7 - 7 所示。

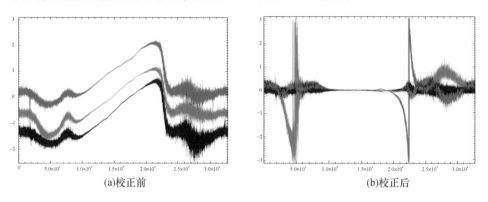

(a)校正前　　　　　　　　　　　　　　　(b)校正后

图 7 - 6　误差校正前、后通道间相位差(见彩图)

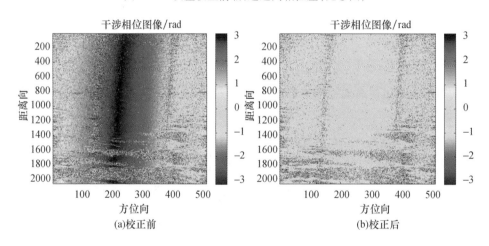

(a)校正前　　　　　　　　　　　　　　　(b)校正后

图 7 - 7　误差校正前、后通道间干涉相位图像(见彩图)

### 7.1.2　地杂波对消与动目标检测

#### 1. 多通道杂波抑制基本原理

多通道杂波抑制的基本原理:利用多个通道先后重复观测同一片场景,理论上不同通道的场景图像可认为是同一幅图像根据阵元间距进行延时处理得到的结果。但是对于动目标而言,由于存在径向速度,不同时间观测的动目标回波数据将对应不同的斜距,因此不同通道的动目标回波数据含有与其速度有关的差异。正是由于场景和动目标回波在多通道 SAR 图像上的相位差异,杂波抑制才得以进行。

杂波抑制方法主要思路有图像对消和自适应杂波抑制两类(实际上图像相

消可以认为是一种特殊的自适应抑制方法),理论上不同通道的场景图像在预处理之后将完全一致,因此两图相减便可以消除杂波。然而,实际中由于各种误差的影响,两幅图像并不完全一致,结合多像素联合处理的自适应杂波抑制方法具有更好的处理性能。下面分别介绍几种经典的多通道 SAR – GMTI 处理方法。

**2. 偏置相位中心天线**

机载/星载雷达的广泛应用带来了地杂波频谱展宽这一问题。为了解决这一问题,在 20 世纪中期提出了偏置相位中心天线(Displaced Phase Center Antenna,DPCA)[103-104]技术。该技术的主要思想就是使天线相位中心随平台的运动而进行相对调整,使得其相对于地面静止点的位置不变。

图 7 – 8 所示为 DPCA 的工作原理,沿雷达平台飞行方向放置两副天线,天线 2 发射线性调频信号,两副天线同时接收回波信号。天线 1 和天线 2 间距为 $d$,雷达平台飞行速度为 $v_a$,雷达脉冲重复频率为 PRF。接收第 1 个回波信号时,天线 2 的接收相位中心在 $O_2$ 点,天线 1 的接收相位中心在 $O$ 点。随着雷达平台的运动,接收第 $m+1$ 个回波信号时,天线 2 的接收相位中心移到 $O'_2$ 点,天线 1 的接收相位中心在 $O'$ 点,如果 SAR 系统满足

$$\frac{d}{2} = \frac{mv_a}{\mathrm{PRF}} \quad m \text{ 为正整数} \tag{7-23}$$

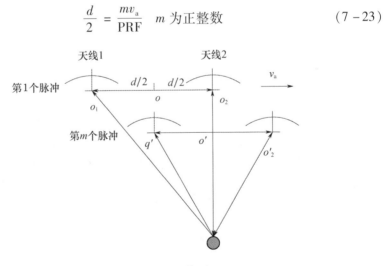

图 7 – 8 DPCA 工作原理

则 $O'_2$ 和 $O'$ 的方位向位置相同,因此天线 2 接收的第一个回波信号与天线 1 接收的第 $m+1$ 个回波信号包含相同的静止目标信息,而动目标由于在这 $m$ 个脉冲时间间隔内位置发生改变,因此这两个回波信号将包含不同的动目标信息,将这两个回波信号相减,就能够对消掉静止目标信号,而保留动目标信号。

图 7-9 所示为复图像域 DPCA 动目标检测方法流程框图。

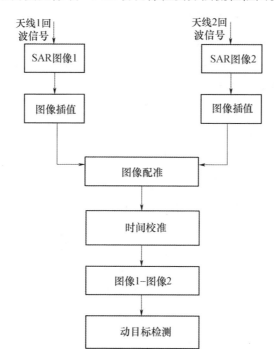

图 7-9  图像域 DPCA 检测流程框图

### 3. 沿航迹干涉

干涉 SAR 利用干涉原理,可以从多个通道观测数据中精确地提取出高度差或者位置差数据。当多个天线沿着雷达航迹放置时,通过沿航迹干涉技术 (Along-Track Interferometry,ATI)[105-112],可以实现运动目标的检测(图 7-10)。其工作原理在于:相对雷达具有径向速度的运动目标在不同通道的 SAR 成像结果中的干涉相位差不等于零,而静止目标干涉相位差等于零,根据相位信息,就可以消除地杂波,只保留动目标信息。

$$\varphi_1 = -\frac{2\pi}{\lambda} 2R_1(t) \tag{7-24}$$

$$\varphi_2 = -\frac{2\pi}{\lambda} 2R_2(t + \Delta t) \tag{7-25}$$

$$\Phi_{12} = \varphi_1 - \varphi_2 = \frac{4\pi}{\lambda}(v_r \Delta t) \tag{7-26}$$

式中:$\varphi_1$ 和 $\varphi_2$ 分别为同一个目标 $P$ 在第一通道和第二通道成像时得到的相位;$\Phi_{12}$ 为形成干涉图的相位差;$\lambda$ 为雷达波长;$t$ 为第一个通道对目标进行观测的

时刻；$\Delta t$ 为时延；$R_1(t)$ 和 $R_2(t+\Delta t)$ 为分别从第一个通道 $A_1$ 和第二个通道 $A_2$ 到同一个目标的斜距；$v_a$ 为雷达平台速度；$v_r$ 为目标的径向速度，当天线与目标之间的距离增加时假设为正。对 $\Phi_{12}$ 设置一定的阈值，即可检测出运动目标。

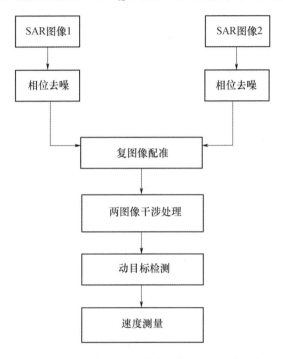

图 7 - 10　沿航迹干涉技术目标检测流程框图

**4. 杂波抑制干涉处理(CSI)**[113]

传统的三通道 SAR – GMTI 系统中常常采用两两通道图像相消抑制杂波以检测运动目标，并进一步级联干涉处理进行目标运动参数估计，由于在干涉前进行了杂波抑制，可以有效地提高动目标检测性能。三通道 CSI 处理方法如图 7 – 11 所示。

**5. 图像域多像素联合杂波对消**

下面介绍一种适用于实际系统的 SAR – GMTI 方法——图像域多像素联合杂波对消方法[114]，该方法对系统误差具有更高的鲁棒性。

由于不同通道间的 SAR 回波信号不可避免地存在误差，仅使用单个像素单元的多通道数据进行自适应处理将存在性能损失。多像素联合的多消一方法利用待检测像素单元周围的像素信息，可以补偿通道间存在的误差，提高检测性能，以两通道数据为例，两通道多消一方法的数据矢量构造方法如图 7 – 12 所示。

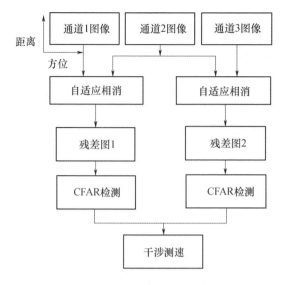

图 7 – 11　三通道 CSI 处理方法

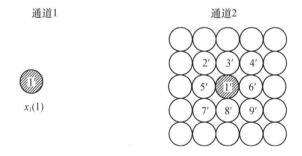

$$\boldsymbol{x}_2=[x_2(1),x_2(2),x_2(3),x_2(4),x_2(5),x_2(6),x_2(7),x_2(8),x_2(9)]^{\mathrm{T}}$$

$$\boldsymbol{X}=[x_1(1),\boldsymbol{x}_2^{\mathrm{T}}]^{\mathrm{T}}$$

图 7 – 12　两通道多消一数据矢量构造示意图

对更一般的多通道数据,可构造数据矢量为

$$\boldsymbol{X} = [\ \boldsymbol{x}_1 , \boldsymbol{x}_2 , \cdots \boldsymbol{x}_N\ ]^{\mathrm{T}} \tag{7 – 27}$$

其中每个 $\boldsymbol{x}_n(n > 2)$ 均按照图 7 – 12 中通道 2 中的挑选方法构造数据矢量, $\boldsymbol{x}_1$ 对应通道 1 中待抑制像素单元的回波数据。

由于目标在 SAR 图像上的位置不确定,要在整幅图像上进行最优的匹配滤波处理是不现实的,工程上一般分为检测目标和估计动目标参数两步。首先用非理想导向矢量 $\widehat{\boldsymbol{\alpha}}(v_r) = [1,0\cdots0]^{\mathrm{T}}$ 来代替目标导向矢量,这样做的目的是使杂波的输出功率尽可能小,但是不能保证目标信号不受损失。此时杂波抑制的权矢量变为

$$w = \mu \boldsymbol{R}^{-1} \widehat{\boldsymbol{\alpha}}(v_r) \tag{7-28}$$

对 SAR 图像中的每个像素分别利用上述的权矢量进行自适应波束形成,然后就可以通过恒虚警率(CFAR)技术来检测运动目标,从而确定其在 SAR 图像上的位置。

接着再使用最优权矢量 $w = u\boldsymbol{R}_J^{-1}\boldsymbol{\alpha}(v_r)$ 进行匹配处理,可以有效地估计出目标参数,具体过程在 7.1.3 小节详细介绍。图 7-13 所示为该方法的处理流程框。

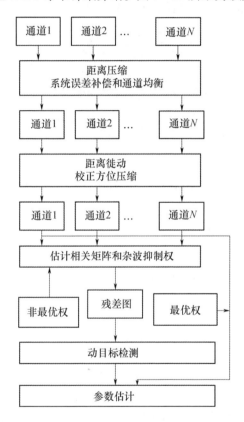

图 7-13　图像域多像素联合杂波对消方法流程框图

## 7.1.3　动目标速度与位置估计

根据前面介绍的杂波对消和动目标检测方法的不同,动目标测速方法也有所区别,主要分为以下两种方法。

### 1. 两通道干涉(ATI)测速

对检测处理的运动目标,采用干涉法估计径向速度,相应的径向速度的误差的计算公式为

$$
\begin{cases}
v_{\mathrm{r}} = \dfrac{v \cdot \lambda \cdot \phi'_{21}}{4\pi D} \\[2mm]
\dfrac{\partial v_{\mathrm{r}}}{\partial v} = \dfrac{\lambda \cdot \phi'_{21}}{4\pi D}, \dfrac{\partial v_{\mathrm{r}}}{\partial \phi'_{21}} = \dfrac{v \cdot \lambda}{4\pi D}, \dfrac{\partial v_{\mathrm{r}}}{\partial D} = \dfrac{-v \cdot \lambda \cdot \phi'_{21}}{4\pi D^2} \\[2mm]
\sigma_{v_{\mathrm{r}}}^2 = \left(\dfrac{\partial v_{\mathrm{r}}}{\partial \phi'_{21}}\right)^2 \sigma_{\phi'_{21}}^2 + \left(\dfrac{\partial v_{\mathrm{r}}}{\partial v}\right)^2 \sigma_v^2 + \left(\dfrac{\partial v_{\mathrm{r}}}{\partial D}\right)^2 \sigma_{\mathrm{D}}^2
\end{cases} \tag{7-29}
$$

对应的方位向定位和定位误差的计算公式为

$$
\begin{cases}
a = \dfrac{v_{\mathrm{r}}}{v} \cdot r = \dfrac{r \cdot \lambda \cdot \phi'_{21}}{4\pi D} \\[2mm]
\dfrac{\partial a}{\partial r} = \dfrac{\lambda \cdot \phi'_{21}}{4\pi D}, \dfrac{\partial a}{\partial \phi'_{21}} = \dfrac{r \cdot \lambda}{4\pi D}, \dfrac{\partial a}{\partial D} = \dfrac{-r \cdot \lambda \cdot \phi'_{21}}{4\pi D^2} \\[2mm]
\sigma_{\mathrm{a}}^2 = \left(\dfrac{\partial a}{\partial r}\right)^2 \sigma_{\mathrm{r}}^2 + \left(\dfrac{\partial a}{\partial \phi'_{21}}\right)^2 \sigma_{\phi'_{21}}^2 + \left(\dfrac{\partial a}{\partial D}\right)^2 \sigma_{\mathrm{D}}^2
\end{cases} \tag{7-30}
$$

式中：$v$ 为平台速度；$r$ 为目标斜距；$v_{\mathrm{r}}$ 为目标径向速度；$D$ 为沿航迹基线(等效自发自收对应的沿航迹基线)长度；$\Delta a$ 为估计的方位偏移；$\phi'_{21}$ 为估计的目标干涉相位；$\sigma_{\mathrm{r}}^2$ 为目标距离测量误差；$\sigma_{\phi'_{21}}^2$ 为干涉相位估计误差；$\sigma_{\mathrm{D}}^2$ 为沿航迹基线测量误差；$\sigma_v^2$ 为平台沿航迹速度误差；$\sigma_{v_{\mathrm{r}}}^2$ 为目标径向速度估计误差；$\sigma_{\mathrm{a}}^2$ 为目标方位向相对定位误差。

**2. 图像域匹配滤波测速(AMF)**

如7.1.2节中所述，在复图像域通过自适应处理方法可以有效地抑制杂波，其基本结构是一个匹配滤波器。基于线性约束最小方差准则的自适应权矢量可以写为

$$
\boldsymbol{w}_{\mathrm{opt}} = \mu \boldsymbol{R}^{-1} \boldsymbol{a}(v_{\mathrm{r}}) \tag{7-31}
$$

式中：$\boldsymbol{R}$ 为数据的协方差矩阵；$\boldsymbol{a}(v_{\mathrm{r}})$ 为信号的导向矢量。设 $v_{\mathrm{r}}$ 为目标的径向速度，$v_{\mathrm{a}}$ 为平台沿航迹速度，$D$ 为两个通道(自发自收)的沿航迹基线长度，则 $\boldsymbol{a}(v_{\mathrm{r}}) = \left[1, \exp\left(-\dfrac{4\pi D v_{\mathrm{r}}}{\lambda v_{\mathrm{a}}}\right)\right]$。双通道数据的协方差矩阵可以采用以下公式近似计算得到，即

$$
\boldsymbol{R} = \frac{1}{n} \sum_{k=1}^{n} \boldsymbol{Z}_k \boldsymbol{Z}_k^{\mathrm{H}} \tag{7-32}
$$

式中：$\boldsymbol{Z}_k$ 为双通道数据矢量；$n$ 为估计协方差矩阵所用的样本数。

当构造的空域导向矢量中的 $v_{\mathrm{r}}$ 等于运动目标的径向速度时，输出信杂噪比达到最大。剩余杂波功率可表示为

$$\sigma_{\text{out}}^2 = \boldsymbol{w}_{\text{opt}}^{\text{H}} \boldsymbol{R} \, \boldsymbol{w}_{\text{opt}} \tag{7-33}$$

若 $b$ 表示运动目标的回波幅度,则杂波抑制后的 SCNR 为

$$\text{SCNR}_{\text{out}} = \frac{|b|^2 \, |\boldsymbol{w}_{\text{opt}}^{\text{H}} \boldsymbol{a}(v_{\text{r}})|^2}{\boldsymbol{w}_{\text{opt}}^{\text{H}} \boldsymbol{R} \, \boldsymbol{w}_{\text{opt}}^{\text{H}}} \tag{7-34}$$

对应的目标径向速度估计公式为

$$\hat{v}_{\text{r}} = \arg\max_{v_{\text{r}}} \text{SCNR}_{\text{out}} \tag{7-35}$$

**3. 试验验证**

利用某机载四通道实测数据进行试验验证,如图 7-14 和图 7-15 所示。红色和绿色标注的为检测并重定位后的地面运动目标,其中红色表示目标径向速度方向为接近飞机,绿色表示目标径向速度方向为远离飞机。

图 7-14　实测数据 SAR-GMTI 处理结果(见彩图)

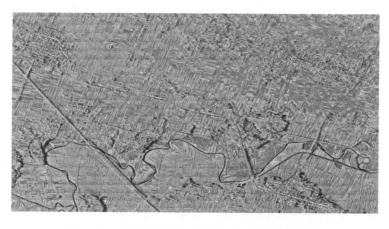

图 7-15　实测数据 SAR-GMTI 处理结果(见彩图)

## 7.2 多孔径 SAR – GMTI 快速动目标检测技术

### 7.2.1 快速动目标检测存在的问题

在检测慢速目标的同时,SAR 感知的战场环境或者监测的交通状况中往往还存在大量的快速运动目标,由于径向和沿航线方向速度较大,这些目标成像后会在方位上产生位置偏移,获得的图像会存在严重散焦。在 SAR 图像中低信噪比的目标很可能无法被检测到,而高信噪比的动目标仍然会被检测到,由于快速目标运动引起的相位变化在两相邻回波间或者成像后两通道图像间可能会存在相位模糊,快速目标即使被检测到也无法准确测速和定位,所以具有较大越距离单元徙动和多普勒偏移的快速目标检测问题最近几年也开始受到广泛关注。本节重点介绍针对快速运动目标的检测方法。

快速运动目标的 GMTI 处理要求 PRF 越高越好,当目标运动产生的多普勒偏离杂波主瓣频谱但偏移量小于 PRF/2 时,通过设计合适的多普勒滤波器就可以对快速目标进行检测。但是 SAR 成像与 GMTI 对 PRF 的要求是矛盾的,SAR成像要求 PRF 较低以避免距离模糊,因此该方法对快速地面运动目标就不再适用了,当动目标的多普勒中心超过 PRF/2 时,就引起多普勒中心模糊,需要采取其他有效的方法进行处理。本节介绍一种快速运动目标多普勒中心解模糊方法[115],即在方位压缩后的距离频域( Range Frequency and Azimuth Compressed Domain,RFAC)利用快速目标运动引起的模糊数与目标直线轨迹斜率的对应关系求模糊数。

### 7.2.2 快速动目标检测方法[115]

#### 1. 信号模型

考虑三通道 SAR – GMTI 系统,假设天线各通道间距为 $D$,几何关系如图 7 – 16 所示。

载机高度为 $h$,飞行方向为 $X$ 轴方向,飞行速度为 $v_a$,天线 1 ~ 3 沿航向依次排列,采用全孔径发射三天线同时接收的模式,并工作在正侧视模式。地面运动目标 $T$ 的坐标为 $(x_n, y_n)$,速度为 $(v_x, v_y)$。设雷达发射信号为 $s(\hat{t}) = a_r(\hat{t}) \exp(j\pi\gamma\hat{t}^2)$,$\gamma$ 为线性调频信号的调频率,根据等效相位中心原理,回波信号模型为[12]

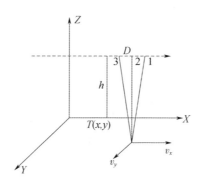

图 7 - 16　SAR - GMTI 天线与动目标的几何关系

$$S_i(\hat{t}, t_m; R_n) = \sigma_n a_r\left(\hat{t} - \frac{2R_i(t_m, n)}{C}\right) a_a(t_m) \exp\left(j\pi\gamma\left(\hat{t} - \frac{2R_i(t_m, n)}{C}\right)^2\right) \cdot$$

$$\exp\left(-j\frac{4\pi R_i(t_m, n)}{\lambda}\right)$$

$$R_i(t_m; n) = \sqrt{(x_n + v_x t_m - d_i - v_a t_m)^2 + (y_n + v_y t_m)^2 + h^2}$$

$$\approx R_n + \frac{x_n^2}{2R_n} + \frac{d_i^2 - 2x_n d i}{2R_n} + \frac{(d_i - x_n)(v_a - v_x) + y_n v_y}{R_n} +$$

$$\frac{(v_a - v_x)^2}{2R_n} t_m^2$$

$$(7-36)$$

式中: $C$ 为光速; $d_1 = D/2$、$d_2 = 0$、$d_3 = -D/2$ 分别为各天线等效相位中心间距; $R_n = \sqrt{y_n^2 + h^2}$ 为目标到雷达的最近斜距; $\sigma_n$ 为点目标回波振幅; $a_r(\cdot)$、$a_a(\cdot)$ 分别为线性调频信号的窗函数和方位窗函数,与天线方向图有关。

**2. 距离频域方位时域回波信号分析**

将式(7 - 36)变换到距离频域方位多普勒域,有

$$S_i(f_r, f_a; R_n) = \sigma_n a_r\left(\frac{f_r}{\gamma}\right) a_a\left(-\frac{f_a R_n C}{2B(f_r + f_c)} - \frac{A_i}{B}\right) \exp\left(-j\pi\frac{f_r^2}{\gamma}\right) \cdot$$

$$\exp\left(-j\frac{4\pi(f_r + f_c)R_1}{C}\right) \exp\left(j\frac{2\pi A_i f_a}{B}\right) \exp\left(j\frac{2\pi(f_r + f_c)A_i^2}{BR_n C}\right) \exp\left(j\frac{\pi R_n C f_a^2}{2B(f_r + f_c)}\right)$$

$$(7-37)$$

其中 $A_i = (d_i - x_n)(v_a - v_x) + y_n v_y$, $B = (v_a - v_x)^2 + v_y^2$, $R_1 = R_n + \frac{xn^2}{2R_n} + \frac{d_i^2 - 2x_n d_i}{2R_n}$

构造杂波对应的方位脉压函数,即

$$S_M = \exp\left(-\mathrm{j}\,\frac{\pi R_n C f_\mathrm{a}^2}{2v_\mathrm{a}^2(f_\mathrm{r}+f_\mathrm{c})}\right) \tag{7-38}$$

在多普勒域完成匹配滤波,得到距离频域方位压缩域信号,即

$$S_i(f_\mathrm{r},t_\mathrm{m};R_n) = \sigma_n a_\mathrm{r}\left(\frac{f_\mathrm{r}}{\gamma}\right)a_\mathrm{a}\left[-\frac{v_\mathrm{a}^2}{(B-v_\mathrm{a}^2)}\left(t_m + \frac{R_n C \cdot N \cdot \mathrm{PRF}}{2v_\mathrm{a}^2(f_\mathrm{r}+f_\mathrm{c})} + \frac{A_i}{v_\mathrm{a}^2}\right)\right]\cdot$$
$$\exp\left[\mathrm{j}\Phi_i(f_\mathrm{r},t_m) - \mathrm{j}\,\frac{\pi}{4}\right] \tag{7-39}$$

式中:

$$\Phi_i(f_\mathrm{r},t_m) = -\pi\frac{f_\mathrm{r}^2}{\gamma} - \frac{4\pi(f_\mathrm{r}+f_\mathrm{c})R_1}{C} + \frac{2\pi A_i N \cdot \mathrm{PRF}}{B} + \frac{\pi R_n C\,(N \cdot \mathrm{PRF})^2}{2B(f_\mathrm{r}+f_\mathrm{c})} +$$
$$\frac{2\pi(f_\mathrm{r}+f_\mathrm{c})A_i^2}{BR_nC} + \frac{\pi\left[2(f_\mathrm{r}+f_\mathrm{c})(A_i+Bt_m) + R_nC \cdot N \cdot \mathrm{PRF}\right]^2 v_\mathrm{a}^2}{2BR_nC(f_\mathrm{r}+f_\mathrm{c})(B-v_\mathrm{a}^2)}$$
$$\tag{7-40}$$

由于 $\dfrac{1}{f_\mathrm{r}+f_\mathrm{c}} \approx \dfrac{1}{f_\mathrm{c}} - \dfrac{f_\mathrm{r}}{f_\mathrm{c}^2}$,则有

$$a_\mathrm{a}\left(-\frac{v_\mathrm{a}^2}{(B-v_\mathrm{a}^2)}\left(t_m + \frac{R_n C \cdot N \cdot \mathrm{PRF}}{2v_\mathrm{a}^2(f_\mathrm{r}+f_\mathrm{c})} + \frac{A_i}{v_\mathrm{a}^2}\right)\right) =$$
$$a_\mathrm{a}\left(-\frac{v_\mathrm{a}^2}{(B-v_\mathrm{a}^2)}\left(t_m - \frac{R_n C \cdot N \cdot \mathrm{PRF}}{2v_\mathrm{a}^2 f_\mathrm{c}^2}f_\mathrm{r} + \frac{R_n C \cdot N \cdot \mathrm{PRF}}{2v_\mathrm{a}^2 f_\mathrm{c}} + \frac{A_i}{v_\mathrm{a}^2}\right)\right)$$
$$\tag{7-41}$$

运动目标将会引起方位散焦。在距离频域方位脉压域,运动目标的包络表现为一条直线,斜率为

$$\mu = \frac{R_n C \cdot N \cdot \mathrm{PRF}}{2v_\mathrm{a}^2 f_\mathrm{c}^2} \tag{7-42}$$

补偿由于通道间距引入的时延差后,前后通道进行 DPCA 对消,得到

$$S_{12}(f_\mathrm{r},t_m;R_n) = S_1(f_\mathrm{r},t_m;R_n) - S_2(f_\mathrm{r},t_m;R_n)$$
$$= S_2(f_\mathrm{r},t_m;R_n) \cdot 2\mathrm{j}\exp\left(-\mathrm{j}\,\frac{\pi(f_\mathrm{r}+f_\mathrm{c})Dy_n v_y v_x}{(B-v_\mathrm{a}^2)R_nC} - \mathrm{j}\,\frac{\pi Dv_x \cdot N \cdot \mathrm{PRF}}{2(B-v_\mathrm{a}^2)}\right)\cdot$$
$$\sin\left(-\frac{\pi(f_\mathrm{r}+f_\mathrm{c})Dy_n v_y v_x}{(B-v_\mathrm{a}^2)R_nC} - \frac{\pi Dv_x \cdot N \cdot \mathrm{PRF}}{2(B-v_\mathrm{a}^2)}\right)$$
$$\tag{7-43}$$

这里假设 $R_n \gg L$，$L$ 为合成孔径长度，当 $v_y = 0$，$N$ 也必然为 0，静止杂波被抑制。

### 3. 解 PRF 模糊

由上面分析可知，模糊数可由下式得到，即

$$N = \frac{2\mu v_a^2 f_c^2}{R_n C \cdot \text{PRF}} \tag{7-44}$$

模糊数与直线斜率、载机速度有关，而与动目标的速度值无关。下面以点目标仿真为例，说明如何确定模糊数。仿真参数如表 7-1 所列。仿真 5 个点目标，其中 3 个为静止目标(其中一个目标置于坐标原点)，另外两个为动目标径向速度，分别为 2m/s 和 40m/s，横向速度均为 0m/s。

表 7-1　主要仿真参数

| 波长/m | 0.03 |
|---|---|
| 载机速度/(m/s) | 120 |
| 重复频率/Hz | 786 |
| 场景中心距离/km | 12 |
| 载机高度/km | 9 |
| 天线长度 | 1.17 |
| 通道数 | 3 |

原始数据进行方位脉压后如图 7-17(a) 所示，两通道对消结果如图 7-17(b) 所示，接着对其进行 Radon 变换，可以得到各个直线的斜率，进而得到各个目标的模糊数。由于模糊数为整数，不必对所有可能的角度进行搜索，可以假定模糊数已知为 $\hat{N}$，那么直线斜率为

$$\hat{\mu} = \frac{R_n C \cdot \hat{N} \cdot \text{PRF}}{2 v_a^2 f_c^2} \tag{7-45}$$

进行 Radon 变换后结果如图 7-17(c) 所示，其峰值对应的横坐标即为快速目标的模糊数，具体求解方法可以取 Radon 变换模糊数对应的一列差分后的方差[116]或最小熵[117]为准则函数搜索模糊数。

### 4. 快速目标聚焦与检测

已知模糊数后，对快速目标数据进行方位走动校正，作方位傅里叶变换，变换到距离频域方位多普勒域，乘以走动相位因子，并作方位逆傅里叶变换回到距离频域方位时域，此时方位走动已经校平。距离脉压得到

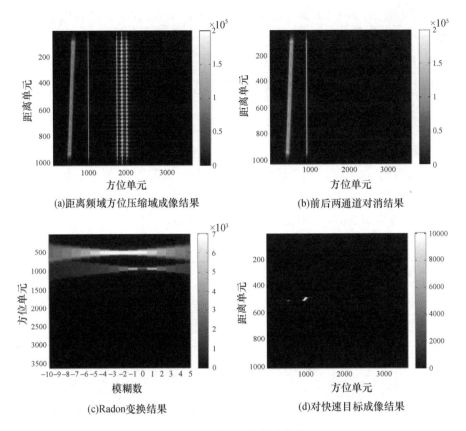

(a)距离频域方位压缩域成像结果

(b)前后两通道对消结果

(c)Radon变换结果

(d)对快速目标成像结果

图 7-17 快速目标仿真结果

$$S_{12}(\hat{t}, t_m; R_n) = \sigma_n \text{sinc}\left(\Delta f_r\left(\hat{t} - \frac{2R_n}{C}\right)\right) a_a\left(-\frac{v_a^2}{(B - v_a^2)}\left(t_m + \frac{A_2}{v_a^2} + \frac{R_n\lambda \cdot N \cdot \text{PRF}}{2v_a^2}\right)\right) \cdot$$

$$2\text{jexp}\left(\text{j}\frac{\pi D y_n v_y}{\lambda R_n(v_a - v_x)} + \text{j}\frac{\frac{\pi D}{2}}{v_a - v_x} \cdot N \cdot \text{PRF}\right) \cdot$$

$$\sin\left(\frac{\pi D y_n v_y}{\lambda R_n(v_a - v_x)} + \frac{\frac{\pi D}{2}}{v_a - v_x} \cdot N \cdot \text{PRF}\right) \tag{7-46}$$

注意:此时由于目标运动导致匹配函数失配,方位是散焦的,这里采用参数搜索方法完成动目标方位聚焦,其中目标函数取为图像 $I(x,y)$ 的熵。

方位聚焦后,得

$$S_{12}(\hat{t}, t_m; R_n) = 2\text{j}\sigma_n \text{sinc}\left(\Delta f_r\left(\hat{t} - \frac{2R_n}{C}\right)\right) \cdot$$

$$\mathrm{sinc}\left(\frac{k_a L}{v_a - v_x}\left(t_m + \frac{A_2}{B} + \frac{R_n \lambda \cdot N \cdot \mathrm{PRF}}{2B}\right)\right)\exp(\mathrm{j}\phi)\sin(\phi)$$

$$\phi = \frac{\pi D y_n v_y (v_a - v_x)}{\lambda R_n B} + \frac{\pi D (v_a - v_x)}{2B} \cdot N \cdot \mathrm{PRF} \qquad (7-47)$$

式中:$L$ 为合成孔径长度。对快速目标仿真成像的结果如图 7 - 17(d)所示,由于是针对快速目标进行徙动校正和聚焦,慢速目标发生了距离徙动和方位散焦。

通过聚焦得到参数 $B$,同理可得到 $S_{32}(\hat{t},t_m;R_n)$。又由 $S_{12}(\hat{t},t_m;R_n)$ 和 $S_{32}(\hat{t},t_m;R_n)$ 的干涉相位

$$\varphi = 2\phi = \frac{2\pi D y_n v_y (v_a - v_x)}{\lambda R_n B} + \frac{\pi D (v_a - v_x)}{B} \cdot N \cdot \mathrm{PRF} \qquad (7-48)$$

联立方程可以得到 $v_x$、$v_y$,仿真结果如表 7 - 2 所列。

表 7 - 2　仿真目标参数估计结果

| 目标 | $\varphi/\mathrm{rad}$ | $f_{\mathrm{dc}}/\mathrm{Hz}$ | 理论 $v_\mathrm{r}/(\mathrm{m/s})$ | 实际 $\hat{v}_\mathrm{r}/(\mathrm{m/s})$ | PRF 模糊数 $N$ |
|---|---|---|---|---|---|
| 1 | −0.87 | −84.75 | 1.32 | 1.32 | 0 |
| 2 | −1.34 | −130.69 | 26.46 | 26.60 | −2 |

## ▶▶▶ 7.3　多孔径广域监视动目标检测技术

### 7.3.1　空时自适应算法简介

空时二维自适应处理方法是稳健的多通道运动目标检测方法,可以大大减小最小可检测速度。下面介绍其基本原理。

地杂波谱在空时之间有很强的耦合性,当载机速度一定时,某处地杂波的多普勒频率与跟它相对于载机的方向和载机速度向量的夹角余弦成正比。假设载机沿 $X$ 向飞行,天线沿航向放置,阵元间隔为 $d$,杂波散射单元 $P$ 相对于天线的方位角和俯仰角分别为 $\theta$ 和 $\varphi$,则该杂波散射单元的多普勒频率为

$$f_a = \frac{2v}{\lambda}\cos\theta\cos\varphi = f_{\mathrm{dM}}\cos\psi \qquad (7-49)$$

式中:$f_{\mathrm{dM}} = \dfrac{2v}{\lambda}$;$\psi$ 为相对于天线的锥角。

对于空时二维处理,控制时域滤波的权相当于改变其多普勒($f_a$)响应特

性,而控制空域等效线阵的权相当于改变其锥角余弦( $\cos\psi$ )的波束响应,杂波谱在空时二维平面上反映为一条 $f_{dM}$ 的直线,在空时二维平面上,由于目标在雷达视线上的径向运动速度的存在,其多普勒频率和它所处的杂波单元的多普勒频率是不同的。另外,和运动目标相同的多普勒频率的杂波单元,与运动目标的回波信号相对雷达的入射方向是不一样的,因此,在空时二维上,杂波和运动目标回波,即使是低速目标回波也是可分的,可以通过斜凹口滤波器将杂波滤除,目标便显示出来,如图 7 – 18 所示。

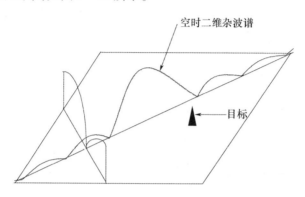

图 7 – 18　空时二维滤波器原理

杂波滤波器可以通过空时二维权值矢量 $\boldsymbol{W}$ 与雷达空时二维信号矢量 $\boldsymbol{X}$ 的内积来实现,即

$$y = \boldsymbol{W}^{\mathrm{H}}\boldsymbol{X} \tag{7 – 50}$$

信号的空时二维导向矢量为 $\boldsymbol{S}$ ,因此在均方误差最小下的最优权矢量 $\boldsymbol{W}_{\mathrm{opt}}$ 满足下列约束条件的权矢量,即

$$\begin{cases} \min_{\boldsymbol{W}} \mathrm{E}(\,|\,y\,|^2\,) \\ \mathrm{s.\,t.}\ \boldsymbol{W}^{\mathrm{H}}\boldsymbol{S} = 1 \end{cases} \tag{7 – 51}$$

这个约束保证加权使目标方向和多普勒上的能量不变,而杂波方向和多普勒的能量最小。这个约束条件下最优权矢量 $\boldsymbol{W}_{\mathrm{opt}}$ 为

$$\boldsymbol{W}_{\mathrm{opt}} = \frac{\boldsymbol{R}_{\mathrm{c}}^{-1}}{\boldsymbol{S}^{\mathrm{H}}\boldsymbol{R}_{\mathrm{c}}\boldsymbol{S}} \tag{7 – 52}$$

式中: $\boldsymbol{R}_{\mathrm{c}} = \mathrm{E}(\boldsymbol{X}\cdot\boldsymbol{X}^{\mathrm{H}})$ 为杂波相关矩阵。

以上是全空时自适应处理的基本原理。但是全空时自适应处理通常难以实现。首先,在动目标检测过程中,全自适应 STAP(Space – Time Adaptive Processing,空时自适应处理)需要对 $NK \times NK$ 维的杂波协方差矩阵求逆,需要非常大的运算量;其次要想获得杂波特性的精确估计,需要的样本量非常大,为了克服这些困难,从 20 世纪 80 年代起,人们广泛开展了 STAP 降维方法研究[118-119],降维方法通过在空域或时域降低权向量的维数以减小矩阵运算的运算量,同时又具有较高的检测性能,其中以 3DT – STAP 方法为主要代表[120]。图 7 – 19 所示为 3DT – STAP 方法处理流程。

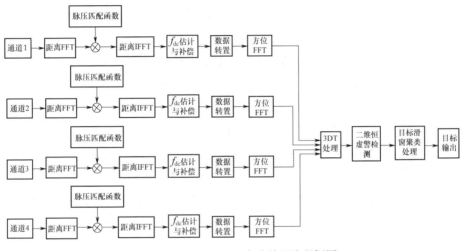

图 7 – 19　3DT – STAP 方法处理流程框图

## 7.3.2　动目标角度测量

### 1. 信号模型

目标导向矢量可以写成

$$\boldsymbol{S}_{\mathrm{s}} = \boldsymbol{S}_{\mathrm{a}} \otimes \boldsymbol{S}_{\mathrm{e}} \tag{7-53}$$

式中: $\boldsymbol{S}_{\mathrm{a}} = \left[\, 1 \quad \mathrm{e}^{\mathrm{j}2\pi\frac{d}{\lambda}\cos\theta\cos\varphi} \quad \cdots \quad \mathrm{e}^{\mathrm{j}2\pi\frac{d}{\lambda}(N-1)\cos\theta\cos\varphi} \,\right]^{\mathrm{T}}$ 为方位导向矢量, $\boldsymbol{S}_{\mathrm{e}} = \left[\, 1 \quad \mathrm{e}^{\mathrm{j}2\pi\frac{d}{\lambda}\sin\varphi} \quad \cdots \quad \mathrm{e}^{\mathrm{j}2\pi\frac{d}{\lambda}(M-1)\sin\varphi} \,\right]^{\mathrm{T}}$ 为俯仰导向矢量; $\theta$ 为方位角; $\varphi$ 为俯仰角。

下面给出两种常用的运动目标测角方法,即最大似然方法以及和差波束测角方法。

### 2. 最大似然测角方法

假设数据矢量为 $\boldsymbol{X}_1$,最大似然目标估计也就是要解决以下最优估计问题,即

$$\min_{\theta,\varphi,a} J_4(\theta,\varphi,a) = \min_{\theta,\varphi,a} \left( \boldsymbol{X}_1 - a s(\theta,\varphi) \right)^{\mathrm{H}} \boldsymbol{R}^{-1} \left( \boldsymbol{X}_1 - a s(\theta,\varphi) \right) \tag{7-54}$$

式中：$\boldsymbol{R} = \mathrm{E}[\boldsymbol{X}_0\,\boldsymbol{X}_0^{\mathrm{H}}]$、$\boldsymbol{X}_1 = a_t s(\theta_t,\varphi_t) + \boldsymbol{X}_0$ 为包含目标的检测单元数据矢量；$\boldsymbol{X}_0$ 为不包含目标的杂波或干扰和噪声分量。式($7-54$)的意义是当估计的目标参数和实际的目标参数一致的情况下代价函数简化为对杂波噪声数据进行白化处理，此时代价函数可以达到最小。

对 $J_4(\theta,\varphi,a)$ 关于 $a$ 求导可以得到 $a$ 的最大似然估计，即

$$a = (s^{\mathrm{H}}\,\boldsymbol{R}^{-1}\,s)^{-1}\,s^{\mathrm{H}}\,\boldsymbol{R}^{-1}\,\boldsymbol{X}_1 \tag{7-55}$$

代入到式($7-54$)，可得

$$\min_{\theta,\varphi} J_4(\theta,\varphi) = \min_{\theta,\varphi} \boldsymbol{X}_1^{\mathrm{H}}(\boldsymbol{R}^{-1} - \boldsymbol{R}^{-1}s(s^{\mathrm{H}}\,\boldsymbol{R}^{-1}\,s)^{-1}\,s^{\mathrm{H}}\,\boldsymbol{R}^{-1})\boldsymbol{X}_1 \tag{7-56}$$

由于 $\boldsymbol{X}_1^{\mathrm{H}}\,\boldsymbol{R}^{-1}\,\boldsymbol{X}_1$ 独立于未知参数，式($7-56$)可以等价为

$$\min_{\theta,\varphi} J_4(\theta,\varphi) = \max_{\theta,\varphi} \frac{|s^{\mathrm{H}}\,\boldsymbol{R}^{-1}\,\boldsymbol{X}_1|^2}{s^{\mathrm{H}}\,\boldsymbol{R}^{-1}s} = \max_{f_a,f_e} J_{40}(f_a,f_e) \tag{7-57}$$

式中：$f_e = \dfrac{2d}{\lambda}\sin\varphi$；$f_a = \dfrac{2d}{\lambda}\cos\theta\cos\varphi$；$J_{40}(f_a,f_e) = \dfrac{|s^{\mathrm{H}}\,\boldsymbol{R}^{-1}\,\boldsymbol{X}_1|^2}{s^{\mathrm{H}}\,\boldsymbol{R}^{-1}s}$。式($7-57$)是一个二维函数，为了得到其最大值，一般需要二维搜索，计算量很大。这里采用 $f_a$ 和 $f_e$ 独立估计，也就是估计 $f_a$ 时固定 $f_e$，通常假设 $f_e$ 为主波束中心对应的 $f_{e0}$。同样地，估计 $f_e$ 时固定 $f_a$，通常假设 $f_a$ 为主波束中心对应的 $f_{a0}$。

1）$f_a$ 估计

利用 Kronecker 积的性质，$s$ 可以写成

$$s = (\boldsymbol{I}_a \otimes \boldsymbol{S}_e)\boldsymbol{S}_a \tag{7-58}$$

把式($7-58$)代入式($7-57$)，可得

$$
\begin{aligned}
J_{40}(f_a,f_e) &= \frac{s^{\mathrm{H}}\,\boldsymbol{R}^{-1}\,\boldsymbol{X}_1\,\boldsymbol{X}_1^{\mathrm{H}}\,\boldsymbol{R}^{-1}s}{s^{\mathrm{H}}\,\boldsymbol{R}^{-1}s}\\[2mm]
&= \frac{\boldsymbol{S}_a^{\mathrm{H}}(\boldsymbol{I}_a \otimes \boldsymbol{S}_e)^{\mathrm{H}}\,\boldsymbol{R}^{-1}\,\boldsymbol{X}_1\,\boldsymbol{X}_1^{\mathrm{H}}\,\boldsymbol{R}^{-1}(\boldsymbol{I}_a \otimes \boldsymbol{S}_e)\boldsymbol{S}_a}{\boldsymbol{S}_a^{\mathrm{H}}(\boldsymbol{I}_a \otimes \boldsymbol{S}_e)^{\mathrm{H}}\,\boldsymbol{R}^{-1}(\boldsymbol{I}_a \otimes \boldsymbol{S}_e)\boldsymbol{S}_a}\\[2mm]
&= \frac{\boldsymbol{S}_a^{\mathrm{H}}\,\boldsymbol{A}_e\,\boldsymbol{S}_a}{\boldsymbol{S}_a^{\mathrm{H}}\,\boldsymbol{B}_e\,\boldsymbol{S}_a}
\end{aligned}
\tag{7-59}
$$

式中：$\boldsymbol{A}_e = (\boldsymbol{I}_a \otimes \boldsymbol{S}_e)^{\mathrm{H}}\,\boldsymbol{R}^{-1}\,\boldsymbol{X}_1\,\boldsymbol{X}_1^{\mathrm{H}}\,\boldsymbol{R}^{-1}(\boldsymbol{I}_a \otimes \boldsymbol{S}_e)$，$\boldsymbol{B}_e = (\boldsymbol{I}_a \otimes \boldsymbol{S}_e)^{\mathrm{H}}\,\boldsymbol{R}^{-1}(\boldsymbol{I}_a \otimes \boldsymbol{S}_e)$。

令 $J_1 = \boldsymbol{S}_a^{\mathrm{H}}\,\boldsymbol{A}_e\,\boldsymbol{S}_a$、$J_2 = \boldsymbol{S}_a^{\mathrm{H}}\,\boldsymbol{B}_e\,\boldsymbol{S}_a$、$J_{40}(f_a,f_e)$ 可以写为

$$J_{40}(f_a,f_e) = \frac{J_1}{J_2} \tag{7-60}$$

然后可以利用角度搜索方法来得到 $f_a$ 的最大似然解。

2) $f_e$ 估计

利用 Kronecker 积的性质，$s$ 同样可以写成

$$s = (S_a \otimes I_e) S_e \tag{7-61}$$

把式(7-61)代入式(7-57)，可得

$$J_{40}(f_{a0}, f_e) = \frac{S_e^H A_a S_e}{S_e^H B_a S_e} \tag{7-62}$$

其中：$A_a = (S_a \otimes I_e)^H R^{-1} X_1 X_1^H R^{-1} (S_a \otimes I_e)$；$B_a = (S_a \otimes I_e)^H R^{-1} (S_a \otimes I_e)$。

令 $J_1 = S_e^H A_a S_e$、$J_2 = S_e^H B_a S_e$、$J_{40}(f_a, f_e)$ 可以写为

$$J_{40}(f_a, f_e) = \frac{J_1}{J_2} \tag{7-63}$$

然后可以通过角度搜索方法来得到 $f_e$ 的最大似然解。

**3. 自适应和差测角**

搜索似然函数的最大值所需的计算量很大，为了缓解这个问题，可以利用自适应和差技术来估计目标角度。

1) $f_a$ 估计

最大似然解满足以下方程，即

$$Re\left(\frac{s_a^H(f_a) R^{-1} X_1}{s^H(f_a) R^{-1} X_1}\right) = Re\left(\frac{s_a^H(f_a) R^{-1} s(f_a)}{s^H(f_a) R^{-1} s(f_a)}\right) \tag{7-64}$$

式中：$s_a$ 为方位差波束导向矢量。由于上述方程求解需要用到超越方程求解问题，需要采用近似的方法来获得近似解。典型的方法就是将分子、分母中第一个导向矢量中的 $f_a$ 用 $f_{a0}$ 来近似，此时方程简化为

$$Re\left(\frac{d_a^H X_1}{w^H X_1}\right) = Re\left(\frac{d_a^H s(f_a)}{w^H s(f_a)}\right) \tag{7-65}$$

式中：$d_a = R^{-1} s_a(f_{a0})$ 和 $w = R^{-1} s(f_{a0})$ 分别为自适应差权矢量和自适应和权矢量。上述方程左边表示差通道滤波输出与和通道滤波输出之比的实部，右边表示差波束方向图与和波束方向图之比的实部。当然，在实际中为了降低自适应波束的旁瓣水平，需要对导向矢量进行加权，此时的自适应差权矢量和自适应和权矢量就是导向矢量加权后的权矢量。

令 $F(f_a) = Re\left(\dfrac{d_a^H s(f_a)}{w^H s(f_a)}\right)$ 表示差波束方向图与和波束方向图之比的实部，

在主波束中心 $f_{a0}$ 处进行一阶泰勒展开，得

$$F(f_a) = F(f_{a0}) + F'(f_{a0})(f_a - f_{a0}) \tag{7-66}$$

式中：$F(f_{a0}) = Re\left(\dfrac{\boldsymbol{d}_a^H \boldsymbol{s}(f_{a0})}{\boldsymbol{w}^H \boldsymbol{s}(f_{a0})}\right)$；

$$F'(f_{a0}) = Re\left(\dfrac{\boldsymbol{d}_a^H \boldsymbol{s}_a(f_{a0})}{\boldsymbol{w}^H \boldsymbol{s}(f_{a0})}\right) - Re\left(\dfrac{\boldsymbol{w}^H \boldsymbol{s}_a(f_{a0}) \cdot \boldsymbol{d}_a^H \boldsymbol{s}(f_{a0})}{\boldsymbol{w}^H \boldsymbol{s}(f_{a0}) \cdot \boldsymbol{w}^H \boldsymbol{s}(f_{a0})}\right) 。$$

如果自适应差权矢量和自适应和权矢量中的导向矢量没有加权，那么

$$F'(f_{a0}) = Re\left(\dfrac{\boldsymbol{s}_a^H(f_{a0}) \boldsymbol{R}^{-1} \boldsymbol{s}_a(f_{a0})}{\boldsymbol{s}^H(f_{a0}) \boldsymbol{R}^{-1} \boldsymbol{s}(f_{a0})}\right) - Re\left(\dfrac{\boldsymbol{s}^H(f_{a0}) \boldsymbol{R}^{-1} \boldsymbol{s}_a(f_{a0}) \cdot \boldsymbol{s}_a^H(f_{a0}) \boldsymbol{R}^{-1} \boldsymbol{s}(f_{a0})}{\boldsymbol{s}^H(f_{a0}) \boldsymbol{R}^{-1} \boldsymbol{s}(f_{a0}) \cdot \boldsymbol{s}^H(f_{a0}) \boldsymbol{R}^{-1} \boldsymbol{s}(f_{a0})}\right)$$

$$\tag{7-67}$$

由于 $\dfrac{\boldsymbol{s}_a^H(f_{a0}) \boldsymbol{R}^{-1} \boldsymbol{s}_a(f_{a0})}{\boldsymbol{s}^H(f_{a0}) \boldsymbol{R}^{-1} \boldsymbol{s}(f_{a0})}$ 和 $\dfrac{\boldsymbol{s}^H(f_{a0}) \boldsymbol{R}^{-1} \boldsymbol{s}_a(f_{a0}) \cdot \boldsymbol{s}_a^H(f_{a0}) \boldsymbol{R}^{-1} \boldsymbol{s}(f_{a0})}{\boldsymbol{s}^H(f_{a0}) \boldsymbol{R}^{-1} \boldsymbol{s}(f_{a0}) \cdot \boldsymbol{s}^H(f_{a0}) \boldsymbol{R}^{-1} \boldsymbol{s}(f_{a0})}$ 都是实数，

式（7-67）可以简化为

$$F'(f_{a0}) = \dfrac{\boldsymbol{s}_a^H(f_{a0}) \boldsymbol{R}^{-1} \boldsymbol{s}_a(f_{a0})}{\boldsymbol{s}^H(f_{a0}) \boldsymbol{R}^{-1} \boldsymbol{s}(f_{a0})} - \dfrac{\boldsymbol{s}^H(f_{a0}) \boldsymbol{R}^{-1} \boldsymbol{s}_a(f_{a0}) \cdot \boldsymbol{s}_a^H(f_{a0}) \boldsymbol{R}^{-1} \boldsymbol{s}(f_{a0})}{\boldsymbol{s}^H(f_{a0}) \boldsymbol{R}^{-1} \boldsymbol{s}(f_{a0}) \cdot \boldsymbol{s}^H(f_{a0}) \boldsymbol{R}^{-1} \boldsymbol{s}(f_{a0})}$$

$$= \dfrac{c_{22}}{c_{11}} - \dfrac{c_{12} c_{21}}{c_{11}^2} \tag{7-68}$$

因此，可以得到角度估计为

$$f_a = f_{a0} + \dfrac{F(f_a) - F(f_{a0})}{F'(f_{a0})} \tag{7-69}$$

2）$f_e$ 估计

同理可得，俯仰角度估计为

$$f_e = f_{e0} - \dfrac{Re\left(\dfrac{\Delta}{\Sigma}\right) - Re\left(\dfrac{c_{12}}{c_{11}}\right)}{\dfrac{c_{12} c_{21}}{c_{11}^2} - \dfrac{c_{22}}{c_{11}}} \tag{7-70}$$

令 $\boldsymbol{\Sigma} = \boldsymbol{s}^H \boldsymbol{R}^{-1} \boldsymbol{X}_1$，$\boldsymbol{\Delta} = \boldsymbol{s}_e^H \boldsymbol{R}^{-1} \boldsymbol{X}_1$ 分别表示和波束输出和俯仰差波束输出，$\boldsymbol{s}_e$ 为俯仰差波束导向矢量。$c_{11} = \boldsymbol{s}^H \boldsymbol{R}^{-1} \boldsymbol{s}$，$c_{21} = \boldsymbol{s}_e^H \boldsymbol{R}^{-1} \boldsymbol{s}$，$c_{12} = \boldsymbol{s}^H \boldsymbol{R}^{-1} \boldsymbol{s}_e$，$c_{22} = \boldsymbol{s}_e^H \boldsymbol{R}^{-1} \boldsymbol{s}_e$。

### 7.3.3 动目标航迹关联

GMTI 航迹处理方法由以下 3 部分组成，即点迹预处理、点迹和航迹联合相

关处理及航迹滤波处理。

**1. 点迹预处理**

由于雷达波束存在一定的宽度,对于远距离的目标,雷达能在相邻几帧(几个波位)发现目标。真实目标回波在相邻帧之间的观测数据存在着很强的相关性,而虚警则不然。因此,可以利用这一特性来甄别真实目标和虚警。通过帧间发送脉冲重复周期彼此满足互素条件的脉冲串,利用回波数据的时域和频域信息以及载机的运动信息进行聚类分析,将满足一定判决条件的回波信号作为真实的目标回波,并提取信息以进一步处理。为提高聚类分析的辨识精度、降低虚警率和运算量,可以借助一些地形和地图等先验信息形成先验判决条件,如利用数字地图中的公路网信息、铁路网信息、山川地貌和城市群落等信息,用以实现:①剔除公路网和铁路网之外的区域,如农田、水塘、沼泽等区域中的虚警;②根据公路网和铁路网的分布信息和雷达波束宽度确认聚类分析阈值,提高目标的分辨率、降低点迹误融合、漏检测和点迹分裂的概率;③根据公路网和铁路网以及山川地面的信息为点迹赋予目标类型同运动状态有关的先验信息,为后续的目标分类、滤波参数和模型选择做好前期准备工作。

对于提取出来的目标回波数据,首先可以利用真实目标回波数据的空间几何特性以及幅度、相位之间的相关性剔除虚假目标,然后再结合天线的方向图和目标回波信号的起伏情况,对目标的角度进行精细化处理。对于目标的距离,可以利用平台的惯导信息对帧间回波数据的距离游动进行补偿和凝聚,用以提高目标距离的探测精度。

**2. 点迹和航迹联合相关处理**

点迹和航迹的联合相关处理是为已建立的航迹和新发现的点迹进行最优相关处理,尽量避免漏相关造成的航迹分裂现象和误相关造成的航迹错误融合现象。在进行相关之前,首先要解决的是不同运动模型和不同运动目标之间所产生的点迹与航迹的相关误差归一化问题。这可以通过航迹的协方差矩阵实现。设点迹的观测值为 $X = (R, V, A, E)$,航迹的预测值为 $\overline{X} = (\overline{R}, \overline{V}, \overline{A}, \overline{E})$,航迹的协方差矩阵为 $\Sigma$,则归一化的误差值定义为

$$\varepsilon = \sqrt{(X - \overline{X})\Sigma^{-1}(X - \overline{X})^{\mathrm{T}}} \qquad (7-71)$$

若假设的航迹运动模型和目标的真实运动模型相同(这在雷达天线扫描速度较快的情况下近似成立),而目标的距离、速度、方位和俯仰观测误差可以假设为相互独立。因此,对于任何目标,$\varepsilon^2$ 都可以看成一个服从自由度为 4 的 $\chi^2$

分布。因此,统计量 $\varepsilon$ 可以看成一个与目标类型无关的归一化误差值,可以用于评估不同的航迹与点迹之间的相关性。

在正式进行最优相关计算之前,先利用统计量 $\varepsilon^2$ 作为检验统计量对某一航迹 $i$ 和某一点迹 $j$ 是否相关进行显著性检验。若满足检验条件,则用 $\varepsilon$ 作为误差值代入 $0-1$ 规划中,即令 $\varepsilon_{i,j} = \varepsilon$;否则令 $\varepsilon_{i,j} = \infty$。然后再利用以下的 $0-1$ 整数规划求解点迹与航迹的最优相关。

$$\begin{cases} \min \sum\limits_{i=1}^{n} \sum\limits_{j=1}^{m} \varepsilon_{i,j} x_{i,j} \\ \text{s. t.} \sum\limits_{j=1}^{n} x_{i,j} \leqslant 1 \quad i = 1,2\cdots,m, x_{i,j} \in \{0,1\} \end{cases} \tag{7-72}$$

式中:$m$ 为待相关的航迹数目;$n$ 为待相关的点迹数目;$x_{i,j}$ 为 $0$ 表示航迹 $i$ 和点迹 $j$ 不相关,$x_{i,j}$ 为 $1$ 表示航迹 $i$ 和点迹 $j$ 相关。

对于上述整数规划,可以采用枚举法算法进行求解。当 $m$ 和 $n$ 的值非常大时,可以对上述整数规划做降维处理,以减少计算量。

**3. 航迹滤波处理**

航迹滤波处理包括航迹起始的滤波初始化处理和有相关点迹时的航迹滤波处理两部分。航迹起始通过利用新点迹和目标运动假设模型建立新航迹。假设模型的选取有 3 种方法:一是只单纯利用点迹信息,建立起不同的运动模型;二是根据一些先验知识建立不同的模型,如利用数字地图公路网和铁路网及航道信息,对高速路上的汽车、火车和轮船分别建立起不同的模型;三是对用户特别感兴趣的目标(通过用户指令得到),建立起能得到高精度滤波结果的模型,如交互式多模型。当目标运动模型选定后,进行航迹起始处理。航迹的起始方法包括直观法、修正的逻辑法和修正的 Hough 变换法等。其中直观法较为简单、粗糙,但是在没有真假目标先验信息的情况下,比较适合使用;而修正的逻辑法和修正的 Hough 变换法较为复杂,起始航迹稍慢,但是能在密集杂波环境中有效地起始航迹,适合跟踪要求较高的情况。

航迹的滤波方法有很多[121-124],其中比较经典的滤波算法有 $\alpha-\beta$ 滤波、扩展卡尔曼滤波、不敏卡尔曼滤波、粒子滤波等。这些滤波算法的计算量和滤波精度都各不相同,其中 $\alpha-\beta$ 滤波最为粗糙和简单,适合目标多、但对精度要求不高的情况,而粒子滤波最复杂,适合目标少、精度要求高的情况。在 GMTI 模式下,对大量的、重要程度不高的目标,可以直接采用 $\alpha-\beta$ 滤波以减少系统运算量,而对于重要和用户特别感兴趣的目标,可以使用不敏卡尔曼滤波和粒子滤波等复杂的滤波方法。通过滤波和对平台运动的补偿处理,不仅能够提高目标的距离、角度和速度的跟踪精度,而且可以得到在大地坐标系下目标的高精度 0 阶位置分量和 1 阶位置分量,从而得到目标的航速、航向等雷达无法直接测得的目标信息。

# 7.4　动目标成像及辅助定位

## 7.4.1　动目标成像技术

提高动目标检测概率的直接方法是提高动目标的输入信杂比。有两种方法可以提高动目标输入信杂比:一种是尽可能地抑制静止杂波;另一种是提高动目标的功率水平。其中,静止杂波抑制效果是由多通道 SAR 图像杂波对消时所采用的对消准则决定的。而动目标的输入幅值主要与自身的有效雷达反射截面积有关,此外还与动目标自身的聚焦情况有关。由于动目标的相位历史与同一位置的静止目标不同,导致动目标在方位向没有完全聚焦,在 SAR 图像中是一条跨越多个距离及方位单元的拖影。通过动目标多普勒相位历史数据恢复和自聚焦成像技术改善动目标聚焦效果,可以提高信杂比,在同等虚警概率的条件下能够获得更高的检测概率。

**1. 动目标自聚焦成像**

结合多通道 SAR 动目标检测及自聚焦方法,在动目标幅度 CFAR 检测之前引入动目标提取及原始数据恢复和自聚焦技术,能够获得动目标聚焦结果,改善动目标检测的信噪比,可以使原本淹没在静止杂波中的弱反射目标凸显出来,更容易被检测到。

多通道 SAR 动目标检测及成像处理流程如图 7 - 20 所示。包含的处理步骤可以归为三个阶段。第一个阶段为预处理,包括成像、通道对准及杂波抑制,主要目的是抑制地面静止目标杂波,仅保留动目标的响应,保证后续动目标检测的输入 SCNR 足够高;第二个阶段可以分为两部分,第一部分为动目标提取及原始数据恢复,第二部分为动目标聚焦,此阶段的主要目的是从检测到的目标中筛选真实运动目标;第三个阶段为传统的处理方法,包括动目标参数估计及重定位。

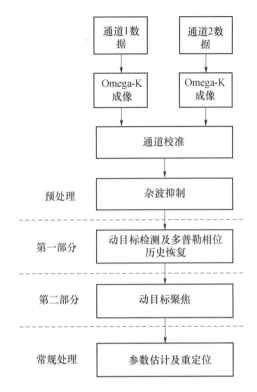

图 7 – 20  多通道 SAR 动目标检测及成像处理流程

在第二个阶段中,将模糊的动目标从杂波抑制之后的 SAR 图像中提取出来,恢复其多普勒相位历史,动目标数据恢复过程如下。首先将动目标从 SAR 图像中提取到子图像块中;然后扩展图像块,确保方位轴宽度大于动目标方位向信号的多普勒带宽,距离向轴的宽度能够容纳下动目标距离徙动的距离弯曲;最后采用逆成像算法恢复动目标的多普勒相位历史,进一步对其进行重新成像聚焦,从检测到的目标中筛选出真正的动目标。

在最后阶段中,估计被确认的动目标的运动参数,并且进行重定位处理。

利用实测数据进行性能验证。实测数据为四通道机载 SAR 数据。在动目标成像之前先对原始数据进行预处理,首先采用 Omega – K 对回波进行成像,然后采用 DPCA 方法抑制杂波。

图 7 – 21 给出了一个真实动目标的处理结果。动目标的像跨越多个距离单元,如图 7 – 21(a)和图 7 – 21(b)所示,这主要是由动目标径向速度所导致的,图 7 – 21(e)给出了运动补偿及方位向 FFT 处理之后的图像,从图中可以看出,动目标几乎位于一个距离单元以内,图 7 – 21(b)及图 7 – 21(e)的变化说明

距离走动已经被消除。方位向 PGA 后目标聚为一点,这种聚焦前后明显的变化说明其的确为动目标,有许多方法可以检测这种明显的变化,如计算图的信息熵。

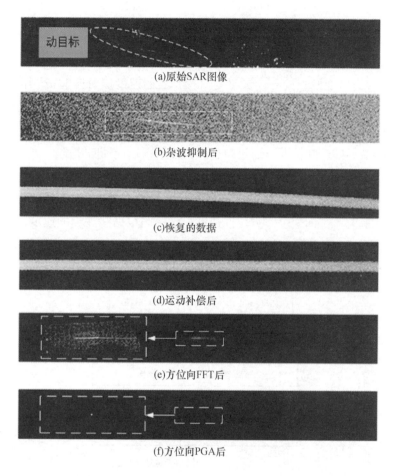

(a)原始SAR图像

(b)杂波抑制后

(c)恢复的数据

(d)运动补偿后

(e)方位向FFT后

(f)方位向PGA后

图 7 - 21　动目标的成像处理结果(见彩图)

**2. 动目标重聚焦成像**

当运动目标存在方位向速度时,其方位向调频率所对应的等效速度为平台速度与目标速度的叠加值,因此采用地面静止场景的参考函数进行匹配将不能准确地对动目标进行方位向压缩。采用动目标重聚焦技术,对动目标的径向速度和方位向速度分别进行估计,从而构造与动目标匹配的参考函数,实现动目标的聚焦成像[125]。

1）径向速度估计

动目标的径向速度 $v_r$ 与其导向矢量 $\boldsymbol{a}_t(v_r)$ 存在对应关系：

$$\boldsymbol{a}_t(v_r) = \left[ 1 \quad \exp\left(\mathrm{j}2\pi\frac{d_1 v_r}{\lambda v_a}\right) \quad \cdots \quad \exp\left(\mathrm{j}2\pi\frac{d_{N-1} v_r}{\lambda v_a}\right) \right]^{\mathrm{T}} \qquad (7-73)$$

式中：$\lambda$ 为波长；$v_a$ 为平台速度；$d_1 \sim d_N$ 为通道 2~N 与通道 1 的相位中心距离。

因此，当速度搜索的导向矢量与目标真实的速度值对应时，输出值理论上达到最大，借助这一原理可以估计其径向速度值。测速方法主要包括 MF、AMF、DOA，其中 MF 仅对目标导向进行匹配，而 AMF 包含杂波抑制过程；DOA 处理在杂波导向已知情况下通过拟合回波信号以估计径向速度。

2）方位向速度估计

设置方位向速度搜索区间，分别构造参考函数对动目标信号进行成像，可得到其准确的方位向速度。方位向速度搜索区间根据感兴趣的速度区间设置。对于方位向速度精度，一般认为在整个合成孔径时间内，方位向相位历程相对于参考相位的变化值小于 $\pi/4$ 时，数据仍可以有效相干积累。

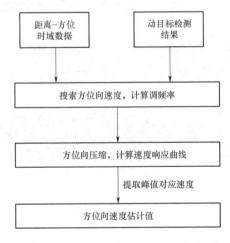

图 7-22　方位向速度估计流程框图

结合动目标径向速度和方位向速度估计设计动目标重聚焦成像算法，在距离－多普勒域采用 ADPCA 方法进行杂波抑制，对残差图像进行多次模糊的 Keystone 变换校正由动目标径向速度造成的距离走动（保留一个不作变换的原始图像），同时搜索动目标的方位向速度，构造一系列方位向参考函数进行压缩处理。具体流程如图 7-23 所示。

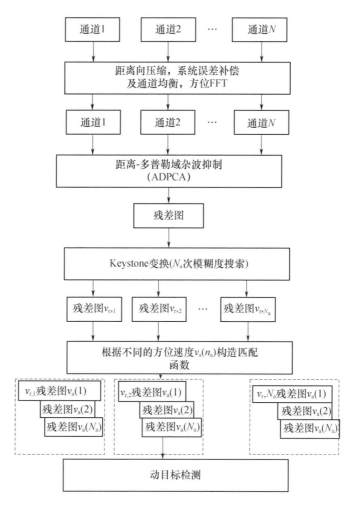

图 7 – 23　SAR – GMTI 重聚焦成像

## 7.4.2　动目标辅助定位方法

随着作用距离的增大,基于干涉相位检测运动目标并定位位置的方法的定位误差会越来越大,这成为限制 SAR – GMTI 模式在实战中应用的瓶颈问题。基于知识辅助的高精度 SAR – GMTI 目标定位方法,利用基于 SAR 图像的道路检测,可以有效提高运动目标的定位精度。

在前面分析的基础上,地面运动目标的径向速度和方位向速度均被精确估计出来,由此可以得到目标的运动速度矢量为

$$\boldsymbol{v} = \hat{v}_y + \mathrm{j}\hat{v}_x = \sqrt{\hat{v}_y^2 + \hat{v}_x^2}\,(\cos\theta + \mathrm{j}\sin\theta) \tag{7 – 74}$$

式中：$\hat{v}_y$ 和 $\hat{v}_x$ 分别为径向速度估计值和方位向速度估计值；$\theta$ 为速度矢量与径向速度之间的夹角。采用基于统计的边界检测方法进行 SAR 图像道路检测，可以提取 SAR 图像上的道路信息，通过将运动目标速度矢量与道路方向相匹配，可以大大提高动目标的定位精度。

图 7-24 给出了基于道路检测的高精度运动目标定位方法流程框图。

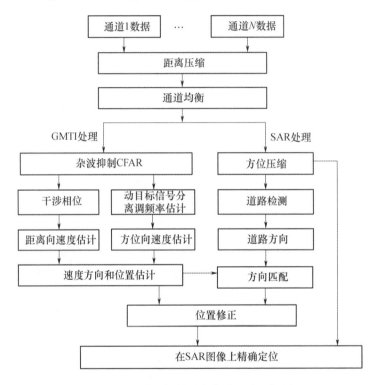

图 7-24　动目标辅助定位处理流程框图

# 第8章

# 地面目标识别技术

在军事应用中需要对地面目标进行分类,以确定打击对象、获取战场态势。地面敏感目标分动目标和静目标两类,对不同的目标采用不同的检测和识别手段。对于静止目标的检测和识别,目前常用的手段是基于 SAR 图像;而对于移动目标,军事上由于履带车的威胁更大,因此介绍了基于微动的履带车和轮式车分类算法。

## 8.1　基于 SAR 图像的地面静止目标识别技术

### 8.1.1　SAR 图像目标识别技术综述

与国内外在 SAR 系统研制方面取得的进展相比,SAR 目标检测与识别方法虽然得到了广泛研究,但仍缺乏实用的检测识别技术,难以实现海量图像数据向目标情报信息的快速、有效转化。该问题已经逐渐成为制约 SAR 应用的瓶颈,在我国显得尤为突出[126-129]。具体而言,大多数目标检测方法针对相对简单的场景,如海面背景下的舰船目标检测,难以适用于复杂的地物场景;大多数目标识别研究假设拥有完备的训练样本集,难以适用非合作目标的识别。进一步地,针对地面车辆目标的检测与识别,由于场景复杂、目标多变、训练样本难获取等原因,仍存在很多难点问题,尚未有效解决,如复杂地物场景下的地面车辆目标检测、目标与复杂人造杂波的鉴别、无完备训练样本集时的目标识别问题等。

美国麻省理工学院林肯实验室最先开展了 SAR 自动目标识别技术研究,他们提出的 SAR 自动目标识别三级处理流程目前仍广泛使用。该流程如图 8-1 所示。第一级为目标检测,用于从 SAR 图像中提取出可能包含目标的区域。第二级称为目标鉴别,其输入是第一级输出的小块疑似目标区域,通过对这些疑似区域进行处理,以进一步剔除杂波虚警,得到目标感兴趣区域(Region Of Interest,ROI)[130]。第三级是目标分类或识别,通过对 ROI 区域进行特征提取、分类等更加复杂的处理,最终得到目标的类别、型号等信息。

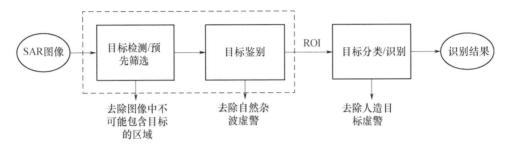

图 8-1  林肯实验室提出的 SAR 目标识别三级处理流程

在目标检测方面,传统的方法主要有两大类[131]。第一类方法利用图像的幅度或者强度信息,使用恒虚警检测(CFAR)技术进行目标检测,这类方法的发展趋势在于更加准确的杂波统计建模,以及通过 CFAR 算法设计提高杂波分布参数的估计精度与检测速度。其存在的一个重要问题是,只利用了图像强度信息进行检测,当目标散射强度较弱时会出现漏警,而当场景中存在大量强杂波时,又会检测出大量的虚警。第二类方法利用除强度以外的其他特征,包括子视相关性、视觉显著性、极化 SAR 数据中的物理散射机理、目标的反射对称特性等。可以看出,目标检测的一个发展趋势是寻找能够更好地区分目标与杂波的某种特征,实现特征域检测。

## 8.1.2  SAR 图像预处理技术

SAR 成像系统是基于相干成像原理的,因此 SAR 图像中不可避免地要带有斑噪声。

相干斑噪声的产生机理可以用图 8-2 来描述。地面分辨单元总是比雷达波的波长大得多,因此地面每个分辨单元可以看作由多个散射点组成。这些散射点到雷达接收机的距离不同,产生的回波相干叠加,得到每个分辨单元总的回波信号为

$$A = A_R + jA_J = \sum_{K=1}^{N} A_K = \sum_{K=1}^{N} |A_K| e^{j\phi_K} \quad (8-1)$$

式中:$A_R$ 和 $A_J$ 分别为回波信号的实部和虚部;$A_K$ 为第 $K$ 个散射点的回波;$|A_K|$

和 $\phi_K$ 分别为其幅度和相位；$N$ 为每个分辨单元内散射点个数。

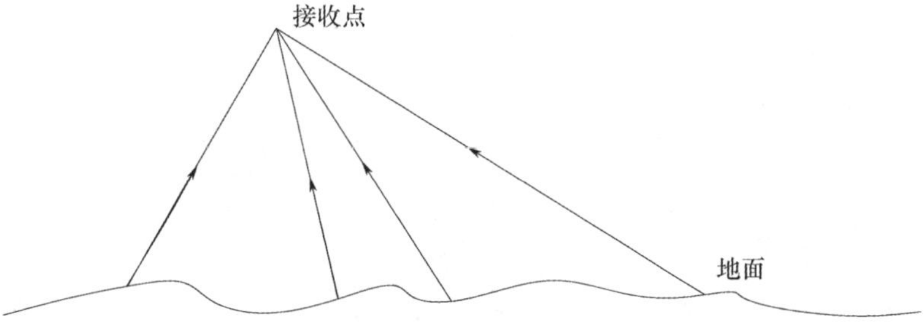

图 8 - 2　相干斑噪声形成机理示意图

　　由于每个散射中心的回波相位是随机的,因此总的回波信号的幅度和相位都是随机变化的。因此,一片本来比较均匀的地面区域,在 SAR 图像中却出现了灰度的剧烈变化,有的分辨单元呈现亮点,有的分辨单元呈现暗点。这些斑点可以看作叠加在图像上的一种噪声,由于某种原因其根源于雷达的相干叠加,因此称这种现象为相干斑噪声。

　　SAR 图像中的相干斑噪声与数字图像处理中所遇到的噪声有本质的不同,这是因为它们形成的物理过程有本质的差别。SAR 图像中的相干斑噪声是在雷达回波信号中产生的,是包括 SAR 系统在内所有基于相干原理的成像系统所固有的原理性缺点;而数字图像处理中的椒盐噪声和高斯噪声等是在对照片进行采样、量化、压缩、传输和解码等数字化过程中以及照片本身在保存过程中的退化所引起的,是直接作用到图像上的。图 8 - 3 是典型的被相干斑噪声污染的一幅 SAR 图像。

　　因此,SAR 图像相干斑抑制方法的研究就成为 SAR 成像处理技术中比较特殊而又极为重要的一部分。早在 1976 年,Arsenault 和 April 就证明相干斑噪声是乘性独立同分布的[132],可表示为

$$I(t) = R(t) \times u(t) \qquad\qquad (8-2)$$

式中：$I(t)$ 为观测值；$R(t)$ 为理想的、不受噪声影响的图像；$u(t)$ 为相干斑噪声。从式(8-2)可以看出,相干斑滤波就是从受相干斑噪声影响的观测值 $I(t)$ 中尽量恢复理想图像 $R(t)$。

　　SAR 图像可以假设用不相关的乘性噪声模型来表示。如何有效地滤除斑点噪声是 SAR 图像处理中的重要课题,至今已经有许多经典的滤波方法在滤除斑点噪声,同时保持图像细节方面取得很好的效果[133-142]。Kuan(1985)提出了非平稳均值非平稳方差(NMNV)图像模型,利用图像的区域统计量对图像进行

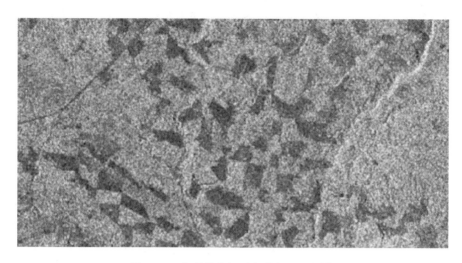

图 8 - 3　典型的含相干斑噪声 SAR 图像

线性最小均方误差估计,并且推导出乘性噪声条件下的最小均方误差估计等式。它在每个像素点上用了一阶泰勒展开式估算该信号值,其权值由最小均方误差的关系确定。这类算法在随机信号满足高斯分布时有最优的结果,SAR 图像观测信号近似满足高斯分布,所以用最小均方误差估计可以得到较好的结果。但近年来的深入研究表明,SAR 图像更准确的分布应是 Gamma 分布。Lopes(1990)根据实际的 SAR 图像强度的 Gamma 分布提出了 Gamma 最大后验(Gamma - MAP)滤波算法。应用 Kuan 滤波算法和 Gamma 最大后验估计滤波都有一个相同的局限,就是所有的采样数据都取自尺寸固定的窗口区域内,当区域中包含边界和孤立反射点时,这种处理方法显然是不合理的。Wu(1990)在 Kuan 滤波的基础上,设计了一种根据图像局部统计特征搜索最大相同区域(MHR)进行滤波的算法,把中心像素所处的区域分为 4 种类型,通过计算图像的局部方差大小和增大区域时方差变化量的大小,可以判断出像素点的类型,并进行相应的滤波处理。该方法可以近似找出与中心像素相同的区域并进行处理,因此能够很好地保持边界,但噪声大小对边界搜索效果影响很大。Hagg(1994)提出了边缘保持最优化斑点滤波(Edge Presserving Optimized Spot filtering,EPOS)算法,EPOS 算法与 MHR 算法有相同的思想,就是找到与中心像素相同的区域。不同的是该算法把相邻像素分成了不相交的 8 个邻域,并且用局部相对标准差判断均匀区域的范围。EPOS 算法寻找最大区域的策略是:规定一定的窗口大小,计算总的相对标准差,如果大于理论值,则剔除相对标准差最大的邻域,直到小于该值。若区域全部被剔除,则减小窗口大小,重复以上步骤,直到存在未被剔除的邻域则为相同邻域。试验结果表明,EPOS 算法处理的 SAR 图像在边缘保持方面比 Kuan 算法和 Gamm - MAP 算法有更好的效果。李小玮等提出了基于统计滤波的降噪新方法。柏正尧等利用 8 个 Kirsch 方向模板分别与 SAR 图像进行卷积运算,取其中的最大值作为加权,对模板内所有像素进行加权滤波,从而得到了无需估计方差的加权平滑滤波方法。Ferraiuolo 通过将 SAR 图像表达为一类 Markov 随机场,提出了一类 Bayesian 滤波方法,但其计算量很大,难以适应实时要求。Hondt 等提出了一类基于模型的滤波方法,可以有效地保护图像的纹理。而 Zeng、Bhuiyan 等提出的匹配滤波器主要用于克服膨胀效应。

在滤除斑点噪声的同时,保护偏振细节也非常重要。上述的滤波方法主要基于局部统计特性,难以适应保护偏振细节的要求。Cloude 等研究了基于特征向量的方差分解方法,但在实际应用中,偏振细节并不一定包含在最大特征值对应的特征向量中。Gu 等基于子空间分解提出了一类改进方法,利用高维参数向量来描述像素,因而可以保护更多的细节信息。由于整个方差矩阵可以按信号子空间和噪声子空间分解,偏振细节可以得到很好的保护。

## 8.1.3　SAR 图像识别技术

基于区域的目标检测与识别主要分为两个阶段,即提取候选区域和目标识别。所以本书介绍的模型分为两部分,即候选区域提取模型和目标识别模型,两个模型共享特征提取的卷积神经网络,实现了实时检测,如图 8 - 4 所示。首先,输入一幅图像由候选区域提取模型提取出候选区域,然后将图像及其候选区域送进目标识别模型,模型输出图像中含有目标类别及其相应的位置即矩形边界框,这样便达到目标检测的目的。

### 1. 候选区域提取

这里用候选提取网络( Region Proposal Networks,RPN )来提取候选区域,其目的是提取出尽可能少的候选区域覆盖尽可能多的目标,理想状态就是,所提取的候选区域刚好覆盖所有目标,其中每个区域有且仅有一个目标。RPN 是一个卷积神经网络,其输入是一幅图像,输出是矩形候选区域,并且每个候选区域都附有可能包含目标的分数。

为了产生候选区域,用一个较小的神经网络在最后一个共享卷积层输出的特征图( Feature Map )上滑动,该网络的输入是 $n \times n$ 大小的卷积特征图,每个滑窗中的特征图将映射为更低维的特征,最后低维特征送入两个并列的全连接层,一个是边界框回归层,一个是边界框分类层(有无目标)。候选区域提取过程如图8-5所示。

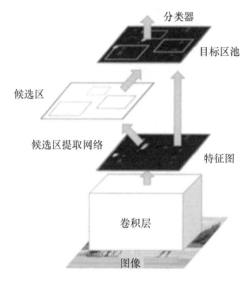

图8-4　Faster R-CNN 目标检测模型

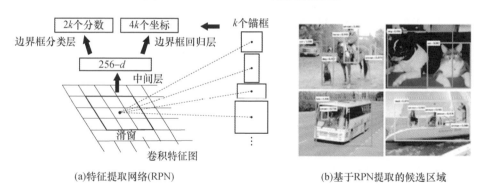

图8-5　候选区域提取过程

最终检测出来的目标具有多种尺度和长宽比,其中对于每个滑窗,小网络将同时预测多个候选区域,将每个滑窗可能预测的最大候选区域数量用 $k$ 表示。因此,边界框回归层将有 $4k$ 个输出用来编码这 $k$ 个候选区域边界框,边界框分类层将有 $2k$ 个输出,用来给每个边界框中有或无目标打分。将这每个窗预测出的 $k$ 个候选区域称为锚,这 $k$ 个锚是不同尺度和不同长宽比例的,作品中使用 3 个尺度和 3 个长宽比例,因此 $k=9$,对于每个 $W \times H$ 的卷积特征图,就会产生 $9WH$ 个锚。

### 2. 目标识别与边界回归

目标识别模型的输入为整幅输入图像和一组候选区域,输出为每个类别的分数及其对应的边界框位置,如图 8 - 6 所示,将其称为 Fast R - CNN。首先,卷积层分别对整幅图像和一组候选区域提取特征,此时由于输入大小不同导致提取的特征图大小不同;接下来,ROI 层将这些大小不同的特征图映射成相同大小的特征图;然后,将这些特征图送入全连接层;最后,全连接层又分成两个并列的全连接层,即一个边界框回归层、一个是 Softmax 分类层,即对每个边界框所包含的目标类别打分。

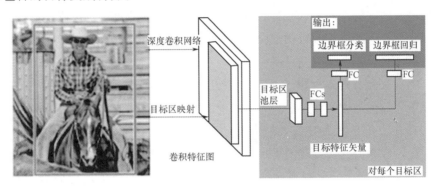

图 8 - 6　目标识别模型(Fast R - CNN)

## 8.1.4　变化检测技术

变化检测是指对同一地区不同时刻观测所得多时相遥感图像进行比较分析,从而获取所需变化信息的过程。在军事上,SAR 图像变化检测通过对同一地区不同时期的 SAR 图像间的差异来感知目标的状态变化信息,具有能够快速发现机场上的飞机数量、状态变化、战场上的军事部署变化等信息,减小对无人机通信链路传输速率的要求,具有十分重要的军事意义。

像素级变化检测又称为像元级变化检测,它直接利用图像的原始灰度信息,在像素级别上对配准后的多时相遥感图像进行变化分析,具有简单直观、易于理解、容易实现的特点,因而被广泛应用于变化检测的各个领域。目前,在基于光学图像和常规 SAR 图像的变化检测中,常用的像素级变化检测方法主要有图像差值法、图像比值法以及变化矢量分析法,其中变化矢量分析法主要用于多波段数据,因此一般用差值法和比值法。

图像差值法将配准后的多时相遥感图像进行逐像素相减生成差值图像,并根据插值图像中各像素的大小检测观测场景中的变化区域。与其他方法相比，图像差值在理论上最直观，同时也是目前应用最为广泛的变化检测方法。然而，在 SAR 图像变化检测中，图像差值法所得差值检验量的杂波分布与观测区域内各点的背景后向散射强度以及该区域的多时相相关系数密切相关，当观测区域内各点的背景后向散射强度或者多时相图像相关系数出现变化时，差值检验量的杂波分布也会随之改变。

对于背景后向散射强度相近的观测区域，其受外界环境影响的大小一般相近，如背景后向散射较强的树干区域受环境因素影响较大，而水泥路等后向散射区域较弱的树干间隙区域受环境影响因素较小，因此可以合理假设背景后向散射强度相近的区域多时相图像相关系数大小也相近。因此，本节介绍了基于 Otsu 的图像分割差值变化检测算法。

Otsu 法由日本人大津于 1979 年提出。Otsu 算法利用图像的灰度直方图，以背景与目标的类间方差最大为阈值选取准则，计算图像的最佳分割阈值。该算法具有计算简单、稳定有效等优点。

设一幅图像的灰度范围为 $0 \sim L-1$，灰度为 $i$ 的像素个数为 $n_i$，总的像素个数为 $N$，则灰度 $i$ 的出现概率为 $p_i = n_i/N$。假设阈值 $T$ 将灰度分为两类，即 $C_0\{0,1,\cdots,T-1\}$ 和 $C_1\{T,\cdots,L-1\}$，其出现的概率分别为 $P_0(T)$ 和 $P_1(T)$，灰度均值分别为 $u_0$ 和 $u_1$。定义类间方差为

$$\sigma_{\mathrm{B}}^2 = P_0 (u_0 - u)^2 + P_1 (u_1 - u)^2 \qquad (8-3)$$

式中：$P_0 = \sum_{i=0}^{T-1} p_i$；$P_1 = \sum_{i=T}^{L-1} p_i = 1 - P_0$；$u_0 = \sum_{i=0}^{T-1} ip_i/P_0$；$u_1 = \sum_{i=T}^{L-1} ip_i/P_1$。$u$ 为整个图像的平均灰度，即 $u = \sum_{i=0}^{L-1} ip_i = P_0 u_0 + P_1 u_1$。

最佳阈值 $T$ 应使类间方差最大，即

$$T^* = \mathrm{Arg} \max_{0 \leqslant T \leqslant L-1} (\sigma_{\mathrm{B}}^2) \qquad (8-4)$$

根据传统的 Otsu 算法所求的最佳阈值是使目标类与背景类离图像中心最远时所对应的灰度值。对于 SAR 图像而言，具有场景较大、边界模糊、存在大片阴影区域等特点，使得图像的中心不理想，从而导致求得的最佳阈值与实际需求相差较大，分割效果较差。因此，国内外研究者相继提出了很多的改进算法，如改进 Otsu 算法、快速的 Otsu 双阈值分割算法等（图 8-7 至图 8-10）。下面介绍基于图像方差信息的改进 Otsu 算法，即用方差代替 Otsu 方法下的均值，最佳阈值 $T$ 应满足以下约束，即

$$T^* = \mathrm{Arg} \max_{0 \le T \le L-1} \left[ P_0 \left( \sigma_0^2 - \sigma^2 \right)^2 + P_1 \left( \sigma_1^2 - \sigma^2 \right)^2 \right] \qquad (8-5)$$

其中：$\sigma_0^2 = \sum\limits_{i=0}^{T-1} (i - u_0)^2 p_i / P_0$；$\sigma_1^2 = \sum\limits_{i=T}^{L-1} (i - u_1)^2 p_i / P_1$；$\sigma^2 = \sum\limits_{i=0}^{L-1} (i - u)^2 p_i$。

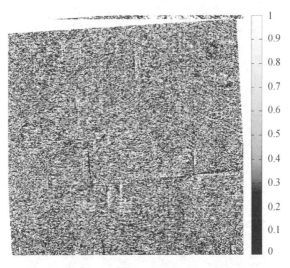

图 8-7　差值变化检测结果

图 8-8　Otsu 双阈值分割结果

图 8 − 9　基于 Otsu 的差值变化检测结果

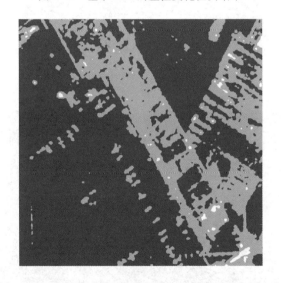

图 8 − 10　目标部分局部变化检测图(5 个框内为 5 辆卡车)

# 8.2　基于微动的履带车和轮式车分类

## 8.2.1　微动特性分类理论依据

　　雷达向物体发射电磁波时,物体会反射包含目标特征的雷达回波。当物体在雷达视线方向上有相对运动时,雷达回波的频率相比发射波频率将发生偏移,这是雷达系统中的多普勒效应[144-160]。

若一个点目标初始时刻距离雷达 $R_0$,并以相对雷达径向速度 $v_0$ 做匀速直线运动,则 $t$ 时刻点目标与雷达间距离可表示为 $R(t) = R_0 + v_0 t$,设雷达发射载频为 $f_c$ 的电磁波 $S(t) = \exp(j2\pi f_c t)$,则雷达回波可表示为

$$S_r(t) = \rho \exp(j(2\pi f_c t + \varphi_d(t))) \tag{8-6}$$

式中:$\rho$ 为雷达回波散射强度;$\varphi_d(t)$ 为目标平动产生的多普勒相位偏移,且有

$$\varphi_d(t) = \frac{4\pi R(t) f_c}{c} \tag{8-7}$$

则目标相对雷达径向运动激发的多普勒频移为

$$f_d \approx \frac{1}{2\pi} \frac{\mathrm{d}\varphi_d(t)}{\mathrm{d}t} = \frac{2v_0}{\lambda} \tag{8-8}$$

除主体运动外,如果目标或者结构部件存在相对于主体运动之外的振动、转动等微小运动等,假设微动部件是由许多散射点构成的,那么雷达与其中一个散射点之间的距离可写为

$$R(t) = R_0 + v_0 t + \Delta R(t) \tag{8-9}$$

于是,目标的平动和微动引起的多普勒和微多普勒频移之和为

$$f_d = \frac{2v_0}{\lambda} + \frac{2}{\lambda} \frac{\mathrm{d}\Delta R(t)}{\mathrm{d}t} \tag{8-10}$$

## 8.2.2　履带车和轮式车数学建模

本小节重点介绍轮式车和履带车的微动模型。为检测目标的微动特征,通常选取雷达发射信号频率较高的波段。此时,由于雷达波长远小于目标的尺度,因此可以采用多散射中心模型表征目标的雷达散射截面。只考虑目标直接散射,雷达接收到的回波信号为目标各散射点的回波之和。

建立图 8-11 所示的机载雷达坐标系 $OXYZ$,其中 $O$ 点位于机载雷达天线的相位中心,飞机平台沿 $X$ 轴方向以速度 $v$ 飞行。其次,建立固定坐标系 $O'X'Y'Z'$,其中 $O'$ 点、$X'$ 轴、$Y'$ 轴分别是初始时刻 $O$ 点、$X$ 轴、$Y$ 轴在地面的投影。最后,建立目标参考坐标系 $oxyz$。

在固定坐标系 $O'X'Y'Z'$ 中,目标坐标系中心 $O$ 初始坐标为 $(X'_0, Y'_0, 0)$,目标以速度 $\boldsymbol{v}_m = [v_x, v_y, 0]$ 做匀速直线运动,$t$ 时刻 $O$ 的坐标为 $(X'_0 + v_x t, Y'_0 + v_y t, 0)$。于是,$t$ 时刻雷达与目标坐标系中心 $O$ 之间的距离 $\| \boldsymbol{R}_t \| = [(X'_0 + (v_x - v_r)t)^2 + (Y'_0 + v_y t)^2 + h^2]^{1/2}$,俯仰角 $\beta = \arcsin(h/\| \boldsymbol{R}_t \|)$,方

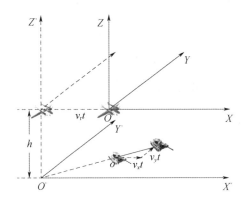

图 8 – 11   载机目标相对位置

位角 $\alpha = \arctan[(Y'_0 + v_y t)/(X'_0 + (v_x - v_r)t))]$。雷达视线方向的单位矢量 $\boldsymbol{n} = [\cos\beta\cos\alpha, \cos\beta\sin\alpha, -\sin\beta]$。

在图 8 – 12(a)中,设轮式车目标的车轮中心位于目标坐标系 $oxyz$ 原点 $o$。车轮位于 $yoz$ 平面内,沿 $oy$ 轴方向运动。散射点 $P$ 位于圆心为 $o$、半径为 $r_0$ 的圆周,初始相位角为 $\theta$。$t$ 时刻 $P$ 的坐标为

$$r_t = [0, r_0\cos(\theta - \omega t), r_0\sin(\theta - \omega t)] \qquad (8 - 11)$$

式中:$\omega$ 为转动角速度。

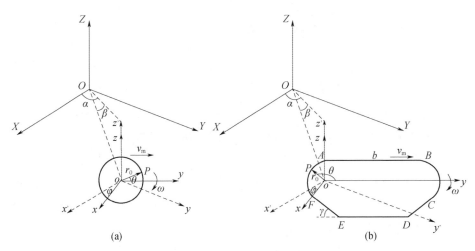

图 8 – 12   车轮和履带微运动

将目标坐标系 $oxyz$ 绕 $z$ 轴沿逆时针方向旋转 $\phi$ 角,得到 $ox'y'z'$,使得 $ox'$ 轴、$oy'$ 轴分别平行于雷达坐标系的 $OX$ 轴、$OY$ 轴。因为车轮沿 $oy$ 轴方向运动,

而 $v_y$ 平行于雷达坐标系的 $OY$ 轴,故 $\phi = \arctan(v_x/v_y)$,从目标坐标系 $oxyz$ 到 $ox'y'z'$ 的旋转矩阵为

$$\boldsymbol{B}_\mathrm{T} = \begin{pmatrix} \cos\varphi & -\sin\varphi & 0 \\ \sin\varphi & \cos\varphi & 0 \\ 0 & 0 & 1 \end{pmatrix} \tag{8-12}$$

在雷达坐标系 $OXYZ$ 中,$t$ 时刻 $P$ 的坐标为

$$\begin{aligned} \boldsymbol{R}_P &= \boldsymbol{R}_t + \boldsymbol{r}_t \cdot \boldsymbol{B}_\mathrm{T} \\ &= \left[ X'_0 + (v_x - v_r)t + r_0\cos(\theta - \omega t)\sin\varphi, Y'_0 + v_y t + \right. \\ &\quad \left. r_0\cos(\theta - \omega t)\cos\varphi, r_0\sin(\theta - \omega t) - h \right] \end{aligned} \tag{8-13}$$

散射点 $P$ 的回波时延为

$$\tau_P = \frac{2 \parallel \boldsymbol{R}_P \parallel}{c} \tag{8-14}$$

若车轮一周各点的散射强度为 $\xi_i$,随机相位为 $\psi_i$,则其回波信号是所有散射点回波信号之和,即

$$S_r(t) = \sum_{i=1}^n \xi_i \exp(\mathrm{j}\psi_i)\exp(\mathrm{j}2\pi f_0(t - \tau_P)) \tag{8-15}$$

特别地,若车轮上各散射点的散射强度都是 1,随机相位是 0,则其雷达回波可由单一散射点 $P$ 的雷达回波对初始相位角 $\theta_0$ 在 $[0,2\pi]$ 范围内积分,得到

$$S_r(t) = \int_0^{2\pi} \exp(\mathrm{j}2\pi f_0(t - \tau_P))\mathrm{d}\theta_0 \tag{8-16}$$

在图 8-12(b)中,履带车目标坐标系 $oxyz$ 原点 $O$ 与一端履带轮的圆心重合。履带轮半径为 $r_0$,履带上表面 $AB$ 间长度为 $b$,下表面 $DE$ 间长度为 $b'$。履带位于 $oxyz$ 的 $yoz$ 平面内,沿 $oy$ 轴方向运动。设履带车平动的速度为 $v_\mathrm{m}$,则履带 $AB$ 段的速度为 $v_\mathrm{m}$,$DE$ 段的速度为 $-v_\mathrm{m}$,$FA$ 和 $BC$ 段转动的角速度为

$$\omega = \frac{v_\mathrm{m}}{r_0} \tag{8-17}$$

对于 $FA$ 段,初始相位角为 $\theta$,$t$ 时刻在 $oxyz$ 中的坐标为

$$r_t = [0, r_0\cos(\theta - \omega t), r_0\sin(\theta - \omega t)] \tag{8-18}$$

对于 $AB$ 段,初始位置 $y$ 坐标值为 $y_0$,$t$ 时刻在 $oxyz$ 中的坐标为

$$r_t = [0, y_0 + v_\mathrm{m}t, r_0] \tag{8-19}$$

对于 $BC$ 段,初始相位角为 $\theta$,$t$ 时刻在 $oxyz$ 中的坐标为

$$r_t = [0, b + r_0\cos(\theta - \omega t), r_0\sin(\theta - \omega t)] \tag{8-20}$$

对于 $CD$ 段,初始位置 $z$ 坐标值为 $-z_0$ , $t$ 时刻在 $oxyz$ 中的坐标为

$$r_t = [0, b - (z_0 - r_0)\cot\gamma - v_\mathrm{m}\cos\gamma t, -z_0 - v_\mathrm{m}\sin\gamma t] \qquad (8-21)$$

对于 $DE$ 段,初始位置 $y$ 坐标值为 $y_0$ , $t$ 时刻在 $oxyz$ 中的坐标为

$$r_t = \left[0, y_0 - v_\mathrm{m}t, -r_0 - \frac{b - b'}{2}\tan\gamma\right] \qquad (8-22)$$

对于 $EF$ 段,初始位置 $z$ 坐标值为 $-z_0$ , $t$ 时刻在 $oxyz$ 中的坐标为

$$r_t = [0, (z_0 - r_0)\cot\gamma - v_\mathrm{m}\cos\gamma t, -z_0 + v_\mathrm{m}\sin\gamma t] \qquad (8-23)$$

雷达坐标系 $oxyz$ 中, $t$ 时刻散射点 $P$ 的坐标为

$$\boldsymbol{R}_P = \boldsymbol{R}_t + \boldsymbol{r}_t \cdot \boldsymbol{B}_\mathrm{T} \qquad (8-24)$$

式中: $\boldsymbol{R}_t = [X_\mathrm{m}, Y_\mathrm{m}, Z_\mathrm{m}] = [X'_0 + (v_x - v_r)t, Y'_0 + v_y t, -h]$ ;

$$B_\mathrm{T} = \begin{pmatrix} \cos\varphi & -\sin\varphi & 0 \\ \sin\varphi & \cos\varphi & 0 \\ 0 & 0 & 1 \end{pmatrix} 。$$

散射点 $P$ 的回波时延为

$$\tau_P = \frac{2\parallel \boldsymbol{R}_P \parallel}{c} \qquad (8-25)$$

履带上散射点 $P$ 的散射强度为 $\xi_i$ ,随机相位为 $\psi_i$ ,与车轮类似,履带的回波信号由履带上所有散射点的回波信号求和得到。

### 8.2.3　履带车和轮式车分类算法设计

雷达目标自动识别是从目标的雷达后向散射回波中提取能体现目标固有属性和特征的信息,并对目标身份做出判断的过程。可以被用于目标识别的信息包括但不限于能反映雷达散射特性的幅度、频率和极化等。将从雷达传感器获取的数据通过预处理和提取有效信息后,通过与已知特征比较就可以实现自动目标识别。

识别过程包括雷达收集数据、提取和选择目标特征、确定模型、训练分类器和评估分类器。

(1)雷达收集数据。在开始后续工作之前,需要依照需求采集用于训练和测试的数据。收集数据环节所收集的数据量对于分类器性能的影响是关键性的。小样本集只适用于对系统可行性进行简单的估计,大样本集才能保证训练出可靠的分类系统。同时,收集数据的精确度也会对分类器的设计和实现产生很大的影响。这里的精确度包括两个方面:由于环境因素带来的不精确可以通

过降噪等信号处理手段来降低;由于数据不能精准描述目标特性而引入的不精确,则需要对数据收集方法进行调整。

(2)提取和选择目标特征。提取并选择能够表示目标特有属性的特征是雷达自动目标识别系统中的重中之重。提取特征是依据需要解决的分类问题,从原始雷达回波数据中提取出合适的可实现目标分类的特征,并用特征向量来描述;选择特征是对提取特征得到的原始特征向量进行降维的过程。

(3)确定模型。为了给测试样本集提供比照的参考,就要针对各目标建立模型。同时,评估不同模型性能的差异也是很重要的,能帮助我们确定能够描述目标特性的模型。

(4)训练分类器。训练分类器是构建自动目标识别系统的关键。常用的分类器包括决策树分类器、基于规则的分类器、朴素贝叶斯分类器、$k$ 近邻分类器等。每个分类问题都有自己合适的分类器算法,根据经验,可以按照训练集规模和特定算法的优缺点选择出较为适于特定问题的分类器,更严格的方法是对各种不同的算法及其各参数进行广泛测试,通过交叉验证方法得出最优的分类器。但是在实际应用中往往需要考虑到效率和易用性,设计一个可用性强的分类器。

(5)分类器评估。分类算法发展至今,已经有了非常丰富的分类器及各种变种。不同的分类器对于不同的样本集有着不同的表现,根据需求选择合适的分类器和改进分类器需要对分类器做出正确的评估。评估需要用到试验样本和先验知识,常用的评价指标包括正确率、错误率、灵敏度和计算速度、鲁棒性等。

相应模型如图 8 - 13 所示。

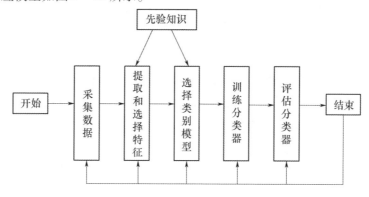

图 8 - 13　自动目标识别(ATR)系统流程

目标自动识别系统的设计流程如图 8 – 14。首先结合不同目标的微多普勒频率特征,根据多普勒谱周期性的差异实现对单兵和机动车的识别;其次实现对轮式车和履带车的分类,本书提取回波信号特征谱作为识别特征(见 8.3 节),选取适合小样本点的识别算法—支持向量机(SVM),对不同噪声环境下的轮式车辆和履带式车辆的回波分类识别,验证微多普勒频率特征对这三类地面目标的可分类性。

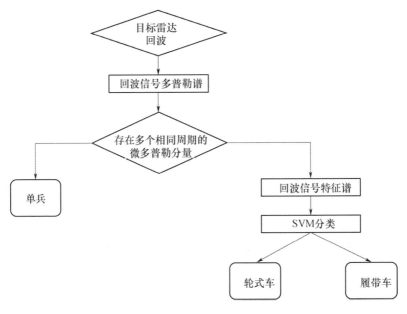

图 8 – 14    分类流程框图

## 8.3    基于特征谱的车辆目标分类识别

通常可以把目标特征分为物理特征和数学特征。物理特征可以通过人们的感觉器官感知,所以在生活中最常被用作识别。然而实际应用中使用的传感器难以模拟人体的视觉、触觉等器官,计算机相比人体的优势在于对数据的处理,所以在工程应用中数学特征被普遍使用。这些数学特征包括统计平均值、相关系数和本征向量等。

低分辨率雷达回波蕴藏的目标信息较少,因此基于低分辨率雷达的目标识别需要通过积累回波脉冲来得到目标运动变化的回波序列,从而提取能够反映目标结构和运动状态的有效识别特征[161 – 164]。

一般而言,照射车辆得到的雷达后向散射回波 $u(t)$ 可以写为

$$u(t) = s(t) + g(t) + w_n(t) \tag{8-26}$$

式中:$s(t)$ 为目标回波;$g(t)$ 为地面杂波;$w_n(t)$ 为接收机噪声。为了后续顺利提取回波中蕴含的有效信息,需要对 $u(t)$ 进行杂波抑制。假设该步骤之后 $u(t)$ 中的地杂波被完全去除,有

$$u(t) = s(t) + w_n(t) \tag{8-27}$$

其中,目标回波 $s(t)$ 中又包含车身分量和微运动分量,具有以下形式,即

$$s(t) = s_f(t) + s_{micro}(t) \tag{8-28}$$

式中:$s_f(t)$ 为车身回波信号;$s_{micro}(t)$ 为履带与车轮的回波信号。如果目标是轮式车辆,那么 $s_{micro}(t)$ 有以下形式,即

$$s_{micro}(t) = \sum_{k=1}^{K} \rho_k \sum_{n=-\infty}^{\infty} J_n(\zeta) e^{jn(\omega t + \theta_k)} \tag{8-29}$$

如果目标是履带式车辆,那么 $s_{micro}(t)$ 有以下形式,即

$$\begin{aligned}
s_{micro}(t) = &\sum_{k=1}^{K_i} \rho_k \sum_{n=-\infty}^{\infty} e^{jn\theta_k^i} J_n(\zeta) e^{jn\omega t} + \\
&\sum_{k=1}^{K_{ii}} \rho_k \exp\left[ -j\frac{4\pi}{\lambda}(y_k^{ii} + vt \cos\varphi) \right] + \\
&\sum_{k=1}^{K_{iii}} \rho_k \exp\left[ -j\frac{4\pi}{\lambda}(y_k^{iii} + vt) \right] + \\
&\sum_{k=1}^{K_{iv}} \rho_k \exp\left[ -j\frac{4\pi}{\lambda}(y_k^{iv} + vt \cos\varphi) \right] + \\
&e^{j\frac{4\pi b_u}{\lambda}} \sum_{k=1}^{K_v} \rho_k \sum_{n=-\infty}^{\infty} e^{jn\theta_k^v} J_n(\zeta) e^{jn\omega t} + \\
&\sum_{k=1}^{K_{vi}} \rho_k \exp\left[ -j\frac{4\pi}{\lambda}(y_k^{vi} - vt) \right]
\end{aligned} \tag{8-30}$$

因为雷达驻留时间有限,所以可将目标当做匀速运动的点目标,将车身引起的后向散射回波信号视作单频的,写为

$$s_f(t) = \exp(j2\pi f_d t) \tag{8-31}$$

因为 $s_f(t)$ 和 $s_{micro}(t)$ 都是有限项的谐波和,因此可以将式(8-27)重写为以下的离散序列形式,即

$$u(n) = \sum_{i=1}^{L} \rho_i \exp[j(\omega_i n + \phi_i)] + w(n) \quad n = 0, 1, \cdots, K-1 \tag{8-32}$$

式中:$L$ 为谐波次数;$w(n)$ 为复高斯白噪声且均值为 0、方差为 $\sigma^2$;$\phi_i$ 为初始

相位。

在以上分析的基础上,假设信号长度为 $K$ 且是一个宽平稳信号,可以将回波信号 $u(n)$ 的自相关矩阵写为

$$\boldsymbol{B}_u = \boldsymbol{B}_s + \sigma^2 \boldsymbol{I} = \sum_{i=1}^{L} W_i \boldsymbol{e}_i \boldsymbol{e}_i^{\mathrm{H}} + \sigma^2 \boldsymbol{I} \tag{8-33}$$

式中:$W_i$ 为第 $i$ 个谐波信号的功率;$e_i = \{1 \quad \exp(\omega_i) \quad \exp(2\omega_i) \quad \cdots \quad \exp((K-1)\omega_i)\}^{\mathrm{T}}$ 为信号向量;$\boldsymbol{I}$ 为单位矩阵。令 $K > L$,则 $K \times K$ 矩阵 $\boldsymbol{B}_s$ 不是满秩的。对 $\boldsymbol{B}_s$ 进行特征值分解,将 $\boldsymbol{B}_s$ 分解得到的特征值和特征向量记为 $\mu_i$ 和 $v_i$($i = 0$,$1, \cdots, K$),并按降序处理,则后 $K - L$ 个特征值为 0。那么 $\boldsymbol{B}_u$ 的特征值分解可以写为

$$\boldsymbol{B}_u = \sum_{i=1}^{L} (\mu_i + \sigma^2) \boldsymbol{v}_i \boldsymbol{v}_i^{\mathrm{H}} + \sum_{i=L+1}^{K} \sigma^2 \boldsymbol{v}_i \boldsymbol{v}_i^{\mathrm{H}} \tag{8-34}$$

$\boldsymbol{B}_u$ 的特征向量与 $\boldsymbol{B}_s$ 的特征值 $[\mu_1 \quad \mu_1 \quad \cdots \quad \mu_K]^{\mathrm{T}}$ 对应的特征向量都是 $[\boldsymbol{v}_1 \quad \boldsymbol{v}_2 \quad \cdots \quad \boldsymbol{v}_K]^{\mathrm{T}}$,$\boldsymbol{v}_1 \sim \boldsymbol{v}_L$ 构成了信号子空间,而 $\boldsymbol{v}_{L+1}$ 至 $\boldsymbol{v}_K$ 形成噪声子空间。这也就说明 $L$ 表明了多普勒分量的总数,而 $\mu_1 \sim \mu_L$ 反映了各多普勒频率的能量分布规律。

目标的雷达回波可以看作由多个不同频率的谐波叠加而成的信号。构成轮式车和履带车回波的谐波信号在数量和相对大小方面都有所不同,本书利用回波信号的特征谱描述两种车辆谐波的差异。

信号的特征谱是这样计算的:使用窗长为 $W$ 的窗函数滑窗,截取长度为 $N$ 的时域回波信号 $s$ 得到 $\boldsymbol{X} = [s_1 \quad s_2 \quad \cdots \quad s_{N-W+1}]$。对 $\boldsymbol{X}$ 的自相关矩阵 $\boldsymbol{R}_X$ 进行特征值分解,得到特征值从大到小排列的向量 $\boldsymbol{v}$,即信号的特征谱,窗长 $W$ 也即特征谱维数。

机载雷达照射的驻留时间比较短,为特征提取带来了一定的困难。特征谱是一个对信号长度稳定的特征,在信号长度较短的情况下仍可很好地刻画信号特征。这是因为对 $K$ 阶 Hermite 型 Toeplitz 矩阵 $\boldsymbol{T}_k = \{\kappa_{i,j}/\kappa_{j,i} = \xi_{i-j}, \xi_{-j} = \xi_j^*\}$,$i = 1, 2, \cdots, K$,$j = 1, 2, \cdots, K$,设 $T_l(l = 1, 2, \cdots, K-1)$ 是其 $l$ 阶主子式,则 $T_{k-1}$ 的特征值 $\mu_1, \mu_2, \cdots, \mu_{n-1}$ 确定的区间 $(\mu_1, +\infty)$,$(\mu_2, \mu_1)$,$\cdots$,$(-\infty, \mu_{n-1})$ 使得 $T_k$ 的特征值按非递增的顺序依次落在其中,也即 $K$ 阶特征值近似于 $K-1$ 阶主子式特征值的插值。

图 8-15(a) 是 30dB 高斯白噪声下对履带式车辆仿真回波信号提取不同维数的特征谱的结果。可见在回波信号长度变化时,信号的特征谱保持类

似的形状。图 8 - 15(b)是 20dB 高斯白噪声下两种车辆多次回波信号的特征谱。其中轮式车的特征谱形状较为陡峭,主要存在一个由车身平动引起的较大谐波分量对应的大特征值;而履带车的特征谱除一个大谐波分量外,还存在多个小微多普勒分量,特征谱形状较平缓,据此可以实现对两者的分类。

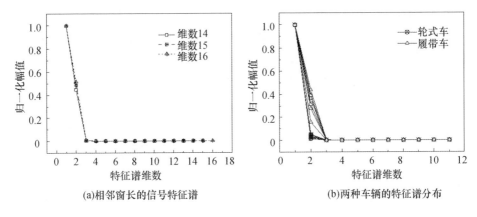

(a)相邻窗长的信号特征谱　　　(b)两种车辆的特征谱分布

图 8 - 15　回波信号特征谱

特征谱刻画回波信号谐波数目以及各次谐波能量的相对大小关系,相比回波信号多普勒谱的峰值位置容易受到目标平动速度变化的影响,特征谱的分布不随目标平动速度的变化而改变。此外,特征谱表现的是雷达回波中各次谐波之间的能量值对比,对车辆行驶速度变化引起的频带宽度变化并不敏感。选用特征谱描述回波不但可以减少预处理环节,还可以提升分类算法对于速度变化的鲁棒性。

## 8.4　地面目标识别体系未来发展趋势

SAR 图像的自动理解与解译,是模拟人类的视觉和分析过程,用计算机来完成 SAR 图像分析和理解的过程,并最终实现相关信息的获取。早期的遥感影像处理和分析都是通过目视解译,依靠纯人工在相片上解译,后来发展为人机交互方式,并应用一系列图像处理方法进行影像的增强,以提高影像的视觉效果,利用图像的影像特征(色调或色彩,即波谱特征)和空间特征(形状、大小、阴影、纹理、图形、位置和布局),与多种非遥感信息资料(如地形图、各种专题图)组合,运用相关规律,进行由此及彼、由表及里、去伪存真的综合分析和逻辑推理的思维过程。

随着计算机技术和大规模集成电路的发展,使我们有可能设计合适的算法通过计算机实现 SAR 图像的自动解译,自动解译比目视解译更为复杂,自动解译的过程不但要模拟目视解译的机理,而且还要结合计算机本身的特点。当前对 SAR 理解和解译的研究都是以目标识别为目的的,并利用特征提取过程模拟人感知目标的过程,用机器学习过程模拟人识别目标的过程。这些与真正意义上的 SAR 图像理解和解译,即信息的最终获得还相距甚远,但这些理论和方法为自动解译的有效实现奠定了基础。

与普通光学图像解译相比较,SAR 图像解译更为困难。之前能成功应用于光学图像的算法和技术对 SAR 图像都很难得到满意的效果。由于对雷达的辐射特性、SAR 的统计模型及 SAR 图像本身的特点认识不够,这使得 SAR 图像特征提取的有效性降低,从而导致分类和识别精度难以满足实际要求。

当前,SAR 图像的理解和解译逐渐发展成一个独立的研究方向,引起了各个领域研究人员的浓厚兴趣。然而,由于问题本身的难度,这些研究很多都还处于基础研究阶段,研究单位与个人往往受各方面的限制,其范围也往往局限于一个比较狭窄的领域,很多研究结果在某一方面效果很好,但是往往这些单个看起来很好的"点",在成系统时性能却不太理想。究其原因,除了数据受限制外,主要还在于 SAR 图像解译技术涉及面太宽,对信号处理、图像处理、模式识别、数据处理与数学建模等都有比较多的要求,因此系统进行 SAR 图像解译是一项复杂而且长期的学术研究过程。SAR 图像解译首先需要明确 SAR 图像解译的最终目的是什么,同时 SAR 成像场景的不同、成像波段不同、分辨率不同以及视角不同对后续的处理算法都有很大的影响。

目标识别是 SAR 图像解译系统的最终目的。目标识别首先对图像中的目标进行检测和测量,从而建立对图像信息的简单描述,包括为了实现特征提取而进行的图像分割、边缘检测和图像融合等,最终以能够区分和表征 SAR 图像内容的有效特征为表达方式,识别与分类模块完成 SAR 图像特征的分类,以分类的结果为基本依据进行目标识别。识别算法一方面模拟目视解译的机理,另一方面要适合计算机自动处理的特点。评估模块则是采用测试数据库对识别与分类模块的结果进行判断,在整个解译过程中还要尽可能结合领域知识(专题数据库)和专家知识(先验知识库),进一步修正识别与分类模块中算法的有效性,才能得到较好的识别结果。

一般认为,SAR 图像自动解译在以下两个层次进行。

（1）底层分析提供一系列确定和量化局部细节的工具。

（2）高层分析利用这些细节建立场景全局结构的描述，而这种描述正是图像分析人员决策所需要的信息。

只有决策建立在对数据中信息充分了解的基础上，自动生成的决策才可能会更好，因此只有低层分析和高层分析都是不充分的。对于 SAR 图像，由于 SAR 回波中包含丰富的散射信息，而且散射信息既与目标的几何参数和物理参数有关，又与入射雷达波的参数有关，同时还与目标相对于雷达的姿态有关。因此，底层分析需要克服细节图像的缺陷，如受相干斑的影响而间断的边缘，不同的 SAR 图像分辨率不同带来分析上的影响等。但是单纯的底层分析由于局部细节无法提供足够的决策所需的参量，分析会陷入局部，同样，如果底层工具提供的信息没有足够的灵敏度，高层分析就失去了价值。因此，研究的重点是如何组织和表示这些数据，突出其显著的特点，确定分析人员能够利用的参量，以便做出决策。

# 第9章

# 实时信号处理

随着技术的进步,数字信号处理技术逐步取代了光学处理方法而成为 SAR 信号处理的主流发展方向[2,165]。1988 年,美国环境研究所(ERIM)就成功研制了 P‑3 飞机 SAR 成像系统,该系统具有 L/C/X 三波段、四极化,测绘带宽度 6~48km,方位和距离分辨率为 2.2m×8.4m;1989 年,德国宇航院研制完成 E‑SAR系统,其测绘带宽度为 3km,距离和方位分辨率为 3m×3m;1993 年,丹麦成功研制了 EMI‑SAR 系统,该系统为 C 波段,方位和距离分辨率为 2m×2m。这些 SAR 成像处理器均采用了高性能的专用数字处理芯片完成实时性的要求。美国新一代的全球无人侦察机"全球鹰"携带的实时成像 SAR 处理器已经可以完成 0.5m×0.5m 的高分辨率二维成像处理,为战场提供实时的高分辨率图像,并经历了多次实战的检验。SAR 成像处理系统由于其良好的实时性和机动性在地面遥感和侦察中发挥越来越重要的作用[166‑168]。

## 9.1 信号处理系统架构

实时成像信号处理系统正在沿着更大的运算能力、更高成像指标以及更多的处理功能的方向发展,实现功能与性能的结合。随着芯片技术的发展,现在的数字信号处理芯片已经可以实现高精度复杂成像信号处理,大幅提升雷达的实时处理性能。

### 9.1.1 信号处理主要技术指标

多功能实时 SAR 成像处理系统具有多种工作方式:在同一个硬件单元内既能实现高分辨率二维成像,又能完成动目标的检测,具有更加广阔的应用场景。

系统主要功能如图 9 – 1 所示。

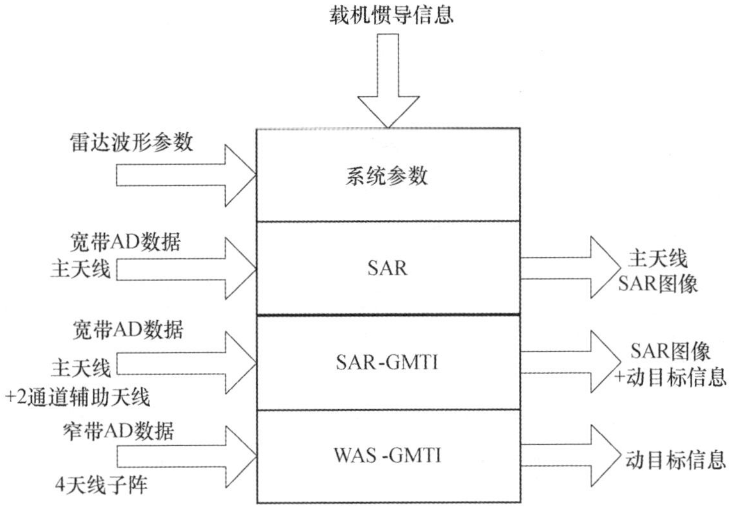

图 9 – 1　多功能实时 SAR 成像处理系统

实时信号处理系统输入雷达波形参数、载机惯导信息、多通道宽带 AD 数据、多子阵窄带 AD 数据。需要完成的主要功能有以下几个。

(1)完成 SAR 模式的实时成像处理:采用单通道 AD 数据进行超宽带高分辨率成像处理。实时成像的主要技术指标为幅宽、分辨率、作用距离。

(2)完成 SAR – GMTI 模式的实时成像处理:利用三通道波束合成后的结果进行实时成像、杂波对消与目标检测。实时处理的主要技术指标为幅宽、分辨率、作用距离、最小可检测速度。

(3)完成 WAS – GMTI 模式的实时目标检测:采用三通道波束合成后的结果进行实时目标检测。信号处理可采用多通道 STAP 处理或者形成和通道、方位差通道后进行 PD 处理。实时处理的主要技术指标为幅宽、最小可检测速度、目标最大检测个数。

理论上,WAS – GMTI 模式通道个数越多,杂波抑制性能越好。

**1. 成像雷达实时处理的典型指标**

幅宽、分辨率、作用距离、最小可检测速度是机载成像雷达关键的几个技术指标,也是决定实时信号处理系统性能的指标。表 9 – 1 对几款典型机载雷达的技术指标进行对比分析[169 – 171]。

表 9 – 1　典型雷达实时性能对比

| 项目 | 型号 | | | |
|---|---|---|---|---|
| | EL/M2055 | PAMIR | Lynx | MP – RTIP |
| 国籍 | 以色列 | 德国 | 美国 | 美国 |
| 装机平台 | 无人机 | TransallC – 160 | 捕食者（MQ – 1） | 全球鹰（RQ – 4B） |
| 工作频段 | Ku | X | X | X |
| 工作方式 | SAR | SAR/InSAR/GMTI | SAR | SAR |
| 信号带宽 | 600MHz | 1.82GHz | 1.5GHz | 600MHz |
| 最高分辨率/m | 0.3 | 0.1 | 0.1 | 0.3 |
| 最小可检测速度/(m/s) | — | 1 | 2 | 2 |
| 最远探测距离/km | — | 100 | 90 | 250 |
| 最大条带幅宽 | 不详 | 不详 | 8km | 不详 |

"捕食者"无人机装备的 Lynx 雷达成像最高分辨率已经达到了 0.1m,而"全球鹰"无人机装备的 MP – RTIP 雷达最远探测距离已经达到了 250km,具备很强的防区外的战略侦察能力。由此可知,机载成像雷达的远距离、高分辨率、大幅宽已经成为主流的发展趋势,直接决定了成像雷达的性能。

**2. 实时处理关键指标分解**

实时信号处理系统需要把成像雷达的技术指标转换为运算处理需求:在成像算法确定的情况下,把技术指标分解为二维矩阵的海量数据运算,距离向信号的采样率是系统的 AD 采样率,而方位向的采样率就是雷达的脉冲重复频率 PRF。在明确运算点数与处理时间后,才能便于后续实时处理系统的硬件设计与软件实现。具体分析如下。

1）成像处理时间

成像处理几何模型如图 9 – 2 所示。

假设载机飞行速度为 $v_a$,雷达系统波长为 $\lambda$,脉冲重复频率为 PRF,天线方位波束宽度为 $\vartheta_{bm}$,中心斜距为 $R$,成像方位点数为 $N_a$,此时对应合成孔径长度为 $L = v_a N_a / \mathrm{PRF}$,成像场景在方位向能够输出的有效宽度为

$$w_a \approx R \cdot \vartheta_{bm} - L = R \cdot \vartheta_{bm} - \frac{v_a N_a}{\mathrm{PRF}} \tag{9 – 1}$$

工程应用中为实现有效的图像拼接,一般要求 A 帧输出和 B 帧输出图像在方位上有一个重叠尺寸 $L_{ovp}$,则相邻 A、B 帧之间可丢弃的方位采样数为

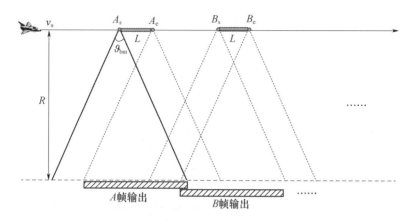

图 9-2 成像处理几何模型

$$N_{\text{null}} \approx \frac{R \cdot \vartheta_{\text{bm}} - 2L - L_{\text{ovp}}}{v_{\text{a}}} \text{PRF} = \frac{R \cdot \vartheta_{\text{bm}} - L_{\text{ovp}}}{v_{\text{a}}} \text{PRF} - 2N_{\text{a}} \quad (9-2)$$

其中 $T_L$ 为合成孔径时间,相邻帧之间可用于成像处理的时间间隔为

$$\Delta T \approx \frac{(N_{\text{null}} + N_{\text{a}})}{\text{PRF}} = \frac{R \cdot \vartheta_{\text{bm}} - L_{\text{ovp}}}{v_{\text{a}}} - \frac{N_{\text{a}}}{\text{PRF}} \quad (9-3)$$

式(9-3)中可取 $L_{\text{ovp}} = \varepsilon R \cdot \vartheta_{\text{bm}}$ ,$0 < \varepsilon < 0.5$ ,如 $L_{\text{ovp}} = 0.2 \cdot R \cdot \vartheta_{\text{bm}}$ 。从式(9-3)可以看出,方位波束越宽,成像时间间隔越大,越利于实时处理机的系统设计(图9-3)。

图 9-3 孔径重叠处理示意图

2)方位向处理点数

对 $M_{\text{a}}$ 点长的聚束合成孔径,对应输出图像方位中心的分辨率可近似为

$$\rho_{\text{a}} \approx \frac{\lambda}{\frac{2L}{R}} = \frac{\lambda R}{2v_{\text{a}}M_{\text{a}}} \text{PRF} \quad (9-4)$$

在实时处理机的设计中,受存储器容量限制,一帧所处理的数据尺寸是有

限的,因此根据分辨率可计算方位点数为

$$M_a \approx \frac{\lambda R}{2 v_a \rho_a} \mathrm{PRF} \tag{9-5}$$

工程中需要选取与之接近的 $2^m$ 值,以便于工程 FFT 计算,最终选好的 $M_a = 2^m$ 值用式(9-5)计算可获得的方位分辨率。

3)距离向处理点数

在成像的合成孔径时间内,地面静止目标相对载机不仅存在由斜视角引入的距离走动,也存在孔径时间内的距离弯曲,如图9-4所示。

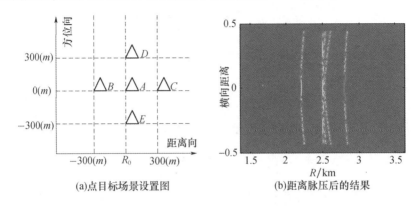

(a)点目标场景设置图　　　　(b)距离脉压后的结果

图9-4　合成孔径期间目标距离走动与弯曲

距离向处理点数主要受测绘带宽度 $b$ ,采样频率 $f_s$ 、雷达信号脉冲宽度 $T_p$ 、距离弯曲与走动共同影响,其中成像场景距离弯曲对应的距离长度为

$$\Delta R = \{ R^2 + [ v_a \cos(\theta) T_L ]^2 \}^{1/2} - R + v_a \sin(\theta) T_L \tag{9-6}$$

其中, $\theta$ 为斜视角。系统距离向实际需要处理的点数可以表示为

$$N_r = \frac{\left( \Delta R + \dfrac{T_p c}{2} + b \right)}{\left( \dfrac{c}{2 f_s} \right)} \tag{9-7}$$

式中: $c$ 为电磁波的传输速度。

以"捕食者"的 Lynx 雷达为例进行计算分析,完成雷达技术指标到实时信号处理指标的分解:0.1m 模式的脉冲重复频率为1000Hz,作用距离为36km,成像幅宽250m。实时信号处理对应的距离向处理点数为 $8k$ 点,方位向处理点数为 $64k$ ,实时处理时间需要小于32s,即成像实时处理单元需要在 32s 内完成 $8k \times 64k$ 点的二维矩阵成像处理。

## 9.1.2　信号处理系统硬件架构

随着雷达技术与微电子处理技术的飞速发展,更高分辨率、更大幅宽、更远作用距离已经成为成像实时处理系统的发展方向。随着指标的提升,不仅二维矩阵的处理指标成倍提升,而且常规二维线性 $R-D$ 成像算法的场景内外弯曲一致的边界条件也无法满足。信号处理系统不仅需要更强大的运算与存储能力,更要能够实现非线性的复杂算法。因此,实时成像信号处理系统是一种专用的应用系统,在进行系统硬件架构设计之前需要研究 SAR 成像处理的特点。

(1)二维有限相关性。SAR 成像算法需要在方位和距离两个方向上的频域/时域之间进行多次变换才能获得成像结果。实时处理中的数据管理需要多次的处理 – 转置 – 处理 – 转置等流程,每一步处理运算的输入都需要上一步全部完成后才能开展。因此,无法通过常规的线性并行流水完成整个处理流程。

(2)运算和存储能力要求高。成像雷达性能指标的提升带来的就是大数据量和高数据率。例如,Lynx 的 SAR 系统,分辨率为 0.1m,距离向测绘带宽 250m,采样率 1600MHz,脉冲重复频率 PRF 为 1000Hz,其数据率为 128Mb/s,连续接收 10min,原始 AD 采样的数据量就可以达到 10GB。要完成全测绘带宽的实时成像处理,系统必须具备约 50 亿次浮点的计算能力以及单节点 4GB 以上存储能力。由此可以看出,SAR 实时成像处理系统应具有相当高的运算和存储能力。

(3)算法复杂性。SAR 的成像处理过程实际上是一个二维反卷积过程,多数实用的算法都通过傅里叶变换实现卷积操作。FFT、复乘、非线性插值以及三角函数运算是几乎所有成像算法都要用到的,运算复杂度高,工程实现复杂。

(4)像素级运算。成像处理过程中对 SAR 成像数据的每个像素点都必须进行相同的处理,像素级海量运算完成二维数据的处理,这是造成 SAR 成像处理量大的关键原因之一。

### 1. 硬件平台的解决方案

机载 SAR 成像实时处理是一个复杂、连续数据流处理过程,对信号处理系统的运算和存储能力都提出了很高的要求。现阶段的数字信号处理器发展水平决定了机载 SAR 实时成像信号处理系统是一个并行多处理系统。

DSP、FPGA 和 ASIC 是 3 种主流的数字处理系统,它们都有较强的多片并行处理能力,都可以用于机载 SAR 实时成像处理工程应用,但这三者在处理性能、开发环境、适用性等方面存在着较大差异。

DSP 平台具有运算性能较高、可编程能力强、开发周期短、运行时间可以预测等特点。DSP 与常规的通用处理器相比,其内部具有硬件乘加单元(MAC),以及特殊的存储器和总线结构,能提高数字信号处理的效率,因此 DSP 是当前嵌入式处理系统,尤其是地面实时处理领域采用的主流处理器[172-173]。

FPGA 内部的逻辑单元和存储器能够根据用户的需要配置为不同的模式,同一个芯片可以改变结构实现不同的功能,具备大规模的并行运算能力,因此 FPGA 具有很高的处理效率,此外 FPGA 具有大量的用户可编程 I/O 接口,具备很强的扩展能力和很高的工程灵活性。FPGA 既具有 ASIC 的大规模、高集成度、高可靠性的优点,又克服了普通 ASIC 设计周期长、成本高、灵活性差的缺点[174-175]。

ASIC 的主要优点是针对专门应用定制开发,因此处理性能极高,在相同的处理能力下相比其他处理器具有最小的体积、重量和功耗。缺点是开发技术门槛高、周期长、成本高、风险大,适应性和灵活性较弱。

以上是 3 种处理器的各自特点,表 9-2 给出了 3 种处理器主要性能的综合比较。

表 9-2　DSP、FPGA、ASIC 性能比较

| 类型 | DSP | FPGA | ASIC |
| --- | --- | --- | --- |
| 定点处理能力 | 中 | 强 | 强 |
| 浮点处理能力 | 强 | 中 | 强 |
| 存储器通过率 | 中 | 高 | 自定制 |
| 扩展能力 | 强 | 强 | 自定制 |
| 处理速度 | 中 | 高 | 高 |
| 开发成本 | 低 | 中 | 高 |
| 开发难度 | 易 | 中 | 难 |
| 开发风险 | 低 | 中 | 高 |
| 开发周期 | 短 | 较长 | 最长 |

从技术难度和开发成本考虑,采用单一处理器实现机载 SAR 实时成像处理的难度较大,采用多种处理器相结合的异构系统实现机载 SAR 实时成像处理是很有效的方法。

FPGA 在常规矩阵转置、大点数 FFT 运算、线性矢量运算、一维插值运算等常规海量运算方面可以充分发挥并行运算的优点。例如,四通道并行 $32k$ 点 FFT,工作在 150MHz 可以在 1.6s 内完成方位 $32k$ 脉冲的海量运算。这是常规

DSP 运算芯片无法比拟的。但是 FPGA 在运动参数估计、目标检测等复杂迭代非线性运算方面存在不足之处,如工程开发验证周期长、用户使用不灵活。

在 FPGA 完成海量运算常规处理的基础上,充分利用 DSP 的灵活性,实时完成系统容错、目标检测、运动估计、模式扩展等功能,补充 FPGA 应用灵活性的短板,能够在实现高性能成像处理运算的同时兼顾了系统可扩展性[176]。

FPGA + DSP 的异构系统,即 FPGA 用来完成 SAR 成像算法中的大规模并行运算,DSP 用来完成算法中对精度要求高、运算形式复杂的超越运算。

**2. 系统硬件的设计策略**

实时信号处理采用一体化设计,系统架构全互联,并可通过健康管理获得系统状态信息。实时信号处理硬件框图如图 9 - 5 所示。

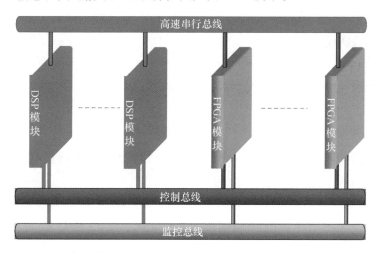

图 9 - 5 信号处理硬件框图

全交互的硬件系统包含 3 种通信总线。

(1)高速串行总线实现各个运算模块的高速交互等功能。具备良好的拓扑结构和开放性,为后续的技术发展和可扩展性提供了有力的保障。

(2)控制总线完成实时信号处理单元与外部设备的接口通信,不仅实现高性能的人机交互感知,更能够有效完成雷达系统状态的实时控制。

(3)监控总线可实现分系统或模块的高度自动化故障定位、故障预测、健康状态评估和突发故障时的系统重构。

全互联系统利用 3 种并行总线完成海量数据交互、系统控制及实时监控等功能,其硬件架构具有以下特点。

(1)标准化、模块化。在标准化硬件单元的基础上,通过多种独立的功能设计为相对独立的功能模块,并定义尽可能完善的功能模块以满足整个处理系统的需求,整个系统由可编程的标准模块构成,通过对模块的编程、模块数量的扩展就可以适应不同的应用需求。

(2)可实现性。处理系统结构的设计不能片面地追求性能的提升,需要考虑空间环境适应性、高速高等级器件的可获得性、系统的可靠性与安全性以及系统的体积、重量、功耗等综合因素,达到性能与可实现的最佳平衡。

(3)可扩展性。模块之间通过具有可扩展性的互联网络进行连接,从而使系统可以通过增加(或删除)某个模块,带来功能或者能力的增加(或减少),或者说可以通过扩展系统规模的方法达到更高的处理能力。

(4)可重构性。利用模块之间互联形式的调整、数据流的调整或动态重新配置系统中处理器的程序,调整系统的处理功能,以适应不同的工作模式,使用较少的资源实现功能最大化。

(5)可容错性。容错设计是提高 SAR 成像系统可靠性的关键,当部分模块出现故障时,系统能够自动检测并纠正错误,不影响整个 SAR 成像系统的正常工作。

### 3. 芯片硬件组成

机载实时成像系统硬件架构采用 FPGA + DSP 的异构系统。两种硬件模块的组成介绍如下。

DSP 处理模块由 TMS320C6678 组成,TMS320C6678 是一款八核 C66x 的定点/浮点 DSP(图 9 - 6)。它支持高性能信号处理应用,支持 DMA 传输,可应用于高端图像处理设备、雷达/声纳、软件无线电、高速数据采集和生成、机器视觉、信号分析仪、点钞机等(图 9 - 7),具有以下特点。

(1)运算能力强。具备强大的运算性能,每核心主频 1.0GHz/1.25GHz,单核可高达 40GMACS 和 20GFLOPS,每核包含了 32KB L1P、32KB L1D、512KB L2 的存储空间以及 4MB 多核共享内存,8192 个多用途硬件队列,支持 DMA 传输。

(2)网络性能优越。支持双千兆网口,带有一个数据包加速器和一个安全加速器组成的网络协处理器。

(3)拓展资源丰富。支持 PCIe、SRIO、HyperLink、EMIF16 等多种高速接口,同时支持 $I^2C$、SPI、UART 等常见接口。

(4)连接稳定、可靠。尺寸为 80mm × 58mm,体积极小的 TMS320C6678 核心板,采用工业级高速 B2B 连接器。

(5)开发资料齐全。提供丰富的开发例程,入门简单,支持裸机和 SYS/BI-

OS 操作系统。

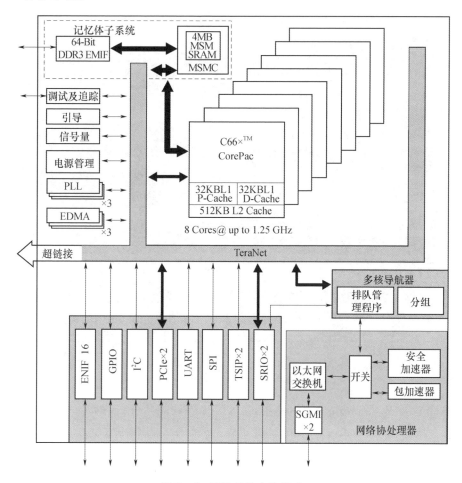

图 9 - 6　DSP 芯片内核组成

FPGA 模块采用 V7 系列 FPGA 构成(图 9 - 8),Virtex® - 7 FPGA 针对 28nm 系统性能与集成进行了优化。超高端 Virtex - 7 系列树立了全新的业界性能基准,与 Virtex - 6 器件相比,系统性能提高一倍,功耗降低一半,信号处理能力提升 1.8 倍,I/O 带宽提升 1.6 倍,存储器带宽提升 2 倍;存储器接口性能高达 2133Mb/s,是业界密度最高的 FPGA(多达 200 万个逻辑单元)。所有 Virtex - 7 FPGA 均采用 EasyPath - 7 器件,无需任何设计转换就能确保将成本降低 35%。

Virtex - 7 器件支持 400G 桥接和交换结构有线通信系统,这是全球有线基础设施的核心,也支持高级雷达系统和高性能计算机系统,能够满足单芯片 TeraMACC 信号处理能力的要求以及新一代测试测量设备的逻辑密度、性能和

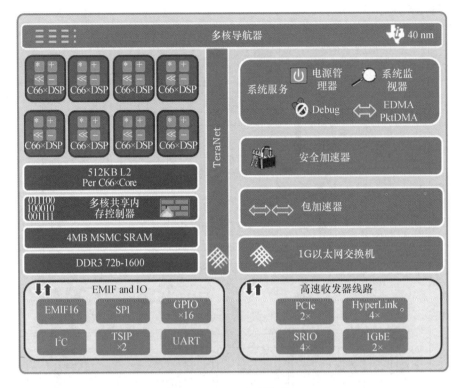

图 9 - 7　DSP 硬件架构

I/O 带宽要求。Virtex - 7 系列将推出"XT"扩展功能器件,包括多达 80 个收发器,支持高达 13.1Gb/s 的专用线路速率,而且器件的串行带宽高达 1.9Tbps。此外,上述器件还提供多达 850 个 SelectIO 引脚,支持业界数量最多的 72 位 DDR3 存储器接口并行库,能实现 2133Mb/s 的性能。未来的产品还将支持 28Gb/s 的收发器。

## 9.1.3　信号处理系统软件架构

根据雷达系统软件的特点,综合考虑系统软件的成熟性和未来系统功能升级的可扩展性,雷达系统软件采用分层的软件架构,按功能系统分为 3 个层次,即核心层、中间层和应用层,同时各个层次采用模块化松耦合技术实现同层分离,如图 9 - 9 所示。

核心层提供软件运行的硬件支撑平台,采用成熟的操作系统和底层驱动程序,提供坚实稳定的环境支撑。

中间层分为软件中间件和模块构件两部分内容。采用软件中间件目的是

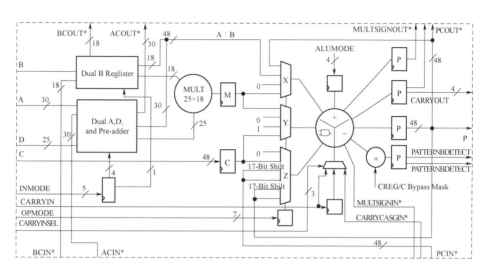

图 9 – 8 FPGA Slice 的组成示意图

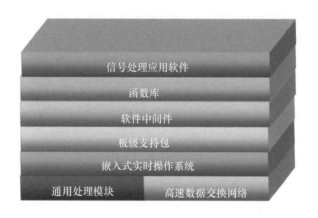

图 9 – 9 软件架构

将应用系统和运行环境隔离开来,系统应用软件的平台可移植。软件中间件包含了过程调用、消息传递、事务监控、矢量计算等内容,为上层应用提供了标准的通信机制,后台监控以及与硬件相关的基础类计算服务等。模块构件主要由成熟的可复用独立模块组成,提供广泛的算法和应用框架,其每个模块均按照"三化"模块管理规范进行设计、测试和管理,保证了其稳定和可靠。

　　应用层面向雷达功能实现,采用模块松耦合技术进行功能单元配置,通过分布式模块组装来实现系统功能。根据系统需求和功能特点,应用层模块可按资源调度、信息融合、信号处理和健康管理等功能域来进行划分。每个功能域又包含如任务管理、目标检测、航迹滤波等处理模块。每个模块相对独立,接口明确,通过面向任务和服务的配置实现各种功能模块的灵活组合。同时通过模块增量式的扩充和升级又可轻易实现雷达功能扩展和性能升级,并支持系统递进式开发。

**1. DSP 的软件架构**

C6678 采用多核操作系统,支持 TCP/IP 协议栈(包含部分其他的网络协议)、文件系统、设备驱动管理、动态程序加载、核间通信等功能[177-178],如图 9-10 所示。

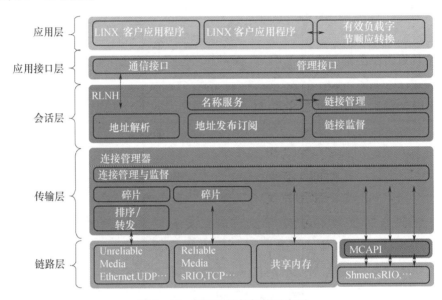

图 9-10  C6678 软件架构示意图

C6678 使用同一个操作系统进行硬件资源管理,但每个核均有单独的调度器。该方式结合了 SMP 与 AMP 的优点,具有使用简单、负载均衡能力强、扩展性较好等特点。

**2. FPGA 的软件架构**

基于 Cross-bar 总线的 FPGA 软件架构具有以下特点(图 9-11)。

(1)FPGA 总体架构统一,每种模式下只变化算法 IP 链与控制流,算法 IP 链中的每个算法 IP 核都可以旁通。

(2)各个接口、算法 IP 链之间数据传递采用 Xbar,输入输出使用 FIFO 隔离。

(3)控制流采用 AXI 总线,位宽 32Bits。

(4)算法 IP 链内数据总线采用 AXI4-Stream 总线,位宽 128bits。

(5)数据流中外围接口与算法 IP 链的同步与流控。

(6)控制流采用主-从模式(MCU + 各 IP 核)。

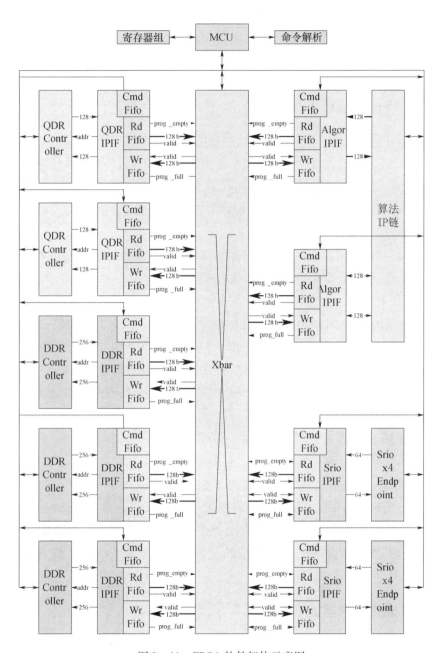

图 9 – 11　FPGA 软件架构示意图

FPGA 运算 IP 和算法链由 FFT、Stolt 插值、复乘、模值超限归零、杂波抑制、能量统计排序等 IP 核按一定顺序级联而成,每一级 IP 核的输入输出均采用 AXI4 – Stream 总线,且均具备旁通特性。

## 9.2　成像处理

### 9.2.1　成像处理算法流程

成像算法的选择首先考虑其算法的精确度是否满足成像精度的需求,在工程实际中,还需考虑成像算法与处理平台的匹配性,因此,首先从算法精确度方面进行分析,选择合适的算法,然后再从算法对处理平台的需求及算法与处理平台的匹配性方面优选出最合适的成像算法。通常通过距离徙动对成像的影响进行考虑。

(1)距离徙动的影响可忽略(一般要求不大于1/4分辨单元),距离和方位可分维处理,采用最简单的标准RD算法即可。

(2)距离徙动的影响不可忽略,但场景各处的距离弯曲近似相同,距离和方位存在一定的耦合,可采用的改进的RD算法。

(3)不仅距离徙动的影响不可忽略,场景内的距离弯曲差也不能忽略,但菲涅尔近似引起的距离徙动误差可忽略时,常用常规CS算法进行处理。

(4)当菲涅尔近似引起的距离徙动误差不可忽略时,需采用NCS或RMA、BP等更精确的算法进行处理。

常规CS及其改进类算法仍然是一种近似算法,在成像幅宽较窄时,可以获得较好的成像效果,而当幅宽较宽时,仅参考点处的目标可得到良好聚焦,场景近端和远端目标并不能达到理想聚焦,而RMA与BP算法为精确算法,可以获得良好的聚焦效果。但BP算法需要采用点对点的运算,系统的运算量较大,不便于工程实现,因此在工程应用中综合考虑算法精度与实现成本的平衡点,采用RMA算法完成SAR成像的二维高分辨率成像处理。算法流程如图9－12所示。

### 9.2.2　成像处理功能划分

成像算法确定后就需要评估各个处理环节的运算量用于功能划分,本节以运算量最大的RMA成像和PGA相位估计为例进行运算量评估,作为后续功能划分的依据。

RMA算法通过Stolt插值完成波数域的二维解耦合,成像精度高,但运算需求也比较高,各个步骤的运算量分析如表9－3所列。

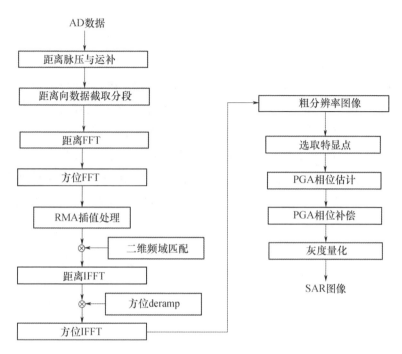

图 9 - 12　RMA 成像算法流程框图

表 9 - 3　RMA 算法运算量分析

| 序号 | 步骤 | 操作 | 运算量/FLOPS | 备注 |
|---|---|---|---|---|
| 1 | 距离向 FFT | $M_a$ 次 $N_r$ 点 FFT | $5N_rM_a\log_2N_r$ | |
| 2 | 距离向复乘 | $M_a$ 次 $N_r$ 点复乘 | $6M_aN_r$ | |
| 3 | 方位向 FFT | $N_r$ 次 $M_a$ 点 FFT | $5N_rM_a\log_2M_a$ | |
| 4 | 补偿因子 | $N_r$ 次 $M_a$ 点复乘 | $6M_aN_r$ | |
| 5 | Stolt 插值 | 每个点插值需要 65 次浮点操作 | $65M_aN_r$ | |
| 6 | 方位向复乘 | $N_r$ 次 $M_a$ 点复乘 | $6M_aN_r$ | |
| 7 | 方位向 FFT | $N_r$ 次 $M_a$ 点 FFT | $5N_rM_a\log_2M_a$ | |
| 8 | 距离向复乘 | $M_a$ 次 $N_r$ 点复乘 | $6M_aN_r$ | |
| 9 | 距离向 FFT | $M_a$ 次 $N_r$ 点 FFT | $5N_rM_a\log_2N_r$ | |

　　RMA 成像处理的总的运算量为 $89M_aN_r + 10N_rM_a\log_2N_r + 10N_rM_a\log_2M_a$ 次浮点运算，以 8k × 16k 点的回波数据为例，RMA 处理所需的运算量约为 49GFLOPS，而且运算工程中还包含了 3 次矩阵转置，常规的 DSP 软件处理已经

很难完成上述运算功能,需要采用 FPGA 并行运算加速的功能才能满足实时成像的运算需求。

PGA 相位自聚焦也是 SAR 成像过程中必不可少的运算环节,PGA 运算需要利用特显点的 $Q$ 值选择少量的距离门数据进行相位误差估计,完成多次迭代拟合处理,而这与常规 FPGA 二维矩阵处理的数据流并不兼容,FPGA 实现代价大,也缺乏工程应用的灵活性,因此需要 DSP 分工完成。

以下通过 PGA 所处理流程评估 DSP 实时处理的运算量,假定数据是方位点长为 $N_a$、距离点长为 $N_r$ 的复数图像数据。利用 $Q$ 值选择出的距离门数为 $M$,相位误差估计时 PGA 的迭代次数为 $K$。PGA 处理流程运算量如表 9 – 4 所列。

表 9 – 4　PGA 算法运算量分析

| 特显点 $Q$ 值计算 | | $C_{Qk} = (8N_a + 3) \cdot N_r$ |
|---|---|---|
| 根据 $Q$ 值排序取 M 个最大值 | | $C_{sort} = (2N_r - M + 1) \cdot M/2$ |
| 共 $K$ 次迭代 | $M$ 个距离门的中心圆移 | $C_{PGA-1} = N_a M/2$ |
| | $M$ 个距离门的加窗处理 | $C_{PGA-2} = N_a M$ |
| | $M$ 个距离门的 FFT | $C_{PGA-3} = 5N_a \log_2(N_a) \cdot M$ |
| | 相位误差估计 | $C_{PGA-4} = (8M^2 + 40 + M + 1) \cdot N_a$ |
| | $M$ 个距离门的相位误差校正 | $C_{PGA-5} = (40 + 4M) \cdot N_a$ |
| | $M$ 个距离门的 IFFT | $C_{PGA-6} = 5N_a \log_2(N_a) \cdot M$ |

PGA 总的浮点运算次数要求为

$$C_{PGA} = (8N_a + 3) \cdot N_r + (2N_r - M + 1) \cdot M/2 + \\ K(10N_a \log_2(N_a) \cdot M + (8M^2 + 6.5M + 81) \cdot N_a) \tag{9 – 8}$$

假设孔径时间 5s,处理迭代 16 次,距离点数 1024,方位点数 16384 时,所需要的运算量为 0.72GFLOPS。

实际工程应用中,由 DSP 完成航迹拟合、PGA 相位估计与灰度量化等运算量大,且处理精度要求高,多次迭代的运算。FPGA 完成成像的二维矩阵行列运算,其成像参考的系统架构如图 9 – 13 所示。

### 9.2.3　成像算法功能模块实现

RMA 成像过程中最大的运算负担来自非线性的 Stlot 插值,一次 Stolt 插值需要相邻的 7 点进行 sinc 插值,每个点运算都需要 64 个浮点运算操作,其功能实现的流程如图 9 – 14 所示。

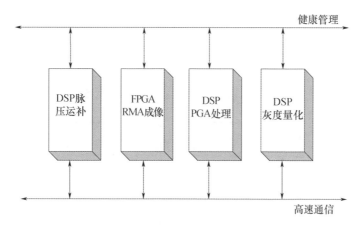

图 9 – 13 成像处理的功能划分框图

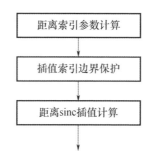

图 9 – 14 二维插值流程框图

**1. 插值索引计算**

每个脉冲计算:$3 \times N_a$ 点除法,$4 \times N_a$ 点乘法,$3 \times N_a$ 加法,$N_a$ 点余弦计算

$$K_{r\_OC2} = (K_{r\_OC1} - K_{r\_A1}) * K_{r\_B1} \tag{9-9}$$

$$K_{r\_OC\Delta2} = K_{r\_B1} * K_{r\_OC\Delta1} \tag{9-10}$$

每个点计算:$M_a \times N_r$ 点加法,$M_a \times N_r$ 点乘法

$$index_{r1} = K_{r\_OC2} + n_r * K_{r\_OC\Delta2} \tag{9-11}$$

运算单元:$(M_a + 3) \times N_r$ 点加法,$(M_a + 4) \times N_r$ 点乘法,$3 \times M_a$ 点除法。

**2. 插值索引边界保护**

距离插值边界保护流程框图如图 9 – 15 所示。

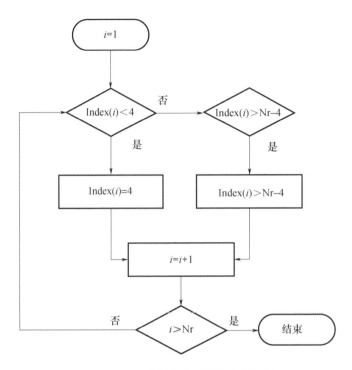

图 9 – 15　距离插值边界保护流程框图

### 3. 距离 sinc 插值

$$\text{res} = \sum_{i=-3}^{4} \text{data}[\text{floor}(\text{ind}) + i]\text{sinc}[\text{ind} - (\text{floor}(\text{ind}) + i)] \quad (9-12)$$

sinc 索引范围为 – 3 ~ 4，利用查找表与除法运算相结合实现，三角函数查找表的大小为 4096 点，查找表的计算精度可以达到 $10\text{e}^{-4}$，满足成像处理需求。sinc 查找表计算流程如图 9 – 16 所示。

sinc 查找表的范围 – 3 ~ 4，存储 sinc 结果与 det_sinc 截断误差，单点 sinc 查找表实现的公式为

$$X1 = n * \text{det\_x} + x2 \quad (9-13)$$

$$\text{sinc}(x1) = \text{sinc}(n) + X2 * \text{det\_sinc}(n) \quad (9-14)$$

每个查找表运算两个单精度乘法、两个单精度加法、两个数据加载。单个 sinc 插值计算的运算量可以减少 40%。

图 9 – 17 给出了实时成像与地面数字样机成像结果。从该图可知，实时处理系统也可以获得与地面样机相同的处理结果。

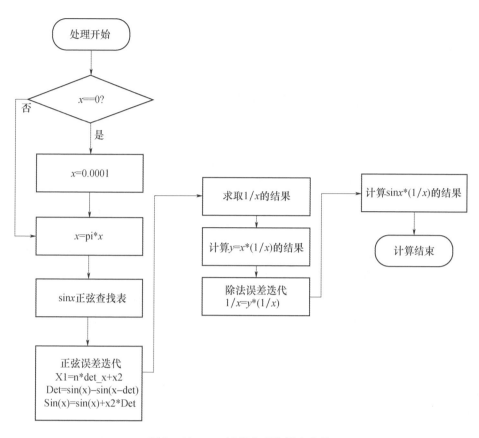

图 9-16　sinc 插值实现的算法流程

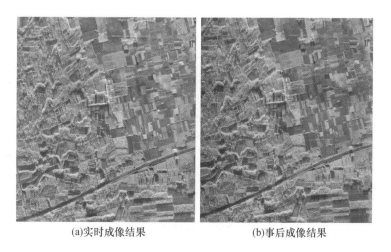

(a)实时成像结果　　　　　　　　　　　(b)事后成像结果

图 9-17　SAR 成像处理结果对比

## 9.3　SAR – GMTI 处理

### 9.3.1　SAR – GMTI 处理算法流程

SAR – GMTI 模式是基于 SAR 成像模式的地面慢速运动目标检测模式,在该模式下,由于杂波高度局域化,杂波自由度降低,因此采用较少的空间通道即可获取较好的杂波抑制效果。但在较高分辨率或低波段条件下,SAR – GMTI 模式积累时间长,运动目标容易发生跨距离走动和方位积累散焦现象,导致动目标 SCNR 降低,严重影响动目标的检测概率及定位精度。

SAR – GMTI 工作模式为解决长时间积累及目标运动造成的距离走动和方位散焦问题,SAR – GMTI 算法可采用结合 Keystone 及子孔径处理方法提高动目标 SCNR,同时利用子孔径参数估计对动目标的速度进行拟合,进一步提高速度估计精度,进而提高目标的定位精度,典型的 4 通道 SAR – GMTI 处理如图 9 – 18 所示。

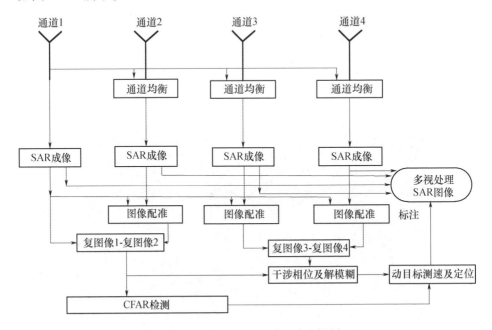

图 9 – 18　SAR – GMTI 处理流程框图

## 9.3.2  SAR – GMTI 处理功能划分

SAR – GMTI 处理中运算量最大的为通道均衡,该流程通过对多通道相位中心差引起的相位差补偿完成图像配准,并利用辅助模式实测的通道误差对除参考通道外的其他通道进行通道均衡,该流程需要多次二维矩阵转置操作。运算量分析如表 9 – 5 所列。

表 9 – 5  通道均衡运算量

| 序号 | 步骤 | 操作 | 运算量/FLOPS | 备注 |
|------|------|------|-------------|------|
| 1 | 距离向 FFT | $M_a$ 次 $N_r$ 点 FFT | $5N_rM_a\log_2N_r$ | |
| 2 | 方位向 FFT | $N_r$ 次 $M_a$ 点 FFT | $5N_rM_a\log_2M_a$ | |
| 3 | 方位向复乘 | $M_a$ 次 $N_r$ 点复乘 | $6M_aN_r$ | |
| 4 | 模值计算 | $N_r$ 次 $M_a$ 复数平方根 | $8M_aN_r$ | |
| 5 | 方位向 FFT | $N_r$ 次 $M_a$ 点 FFT | $5N_rM_a\log_2M_a$ | |
| 6 | 距离向复乘 | $M_a$ 次 $N_r$ 点复乘 | $6M_aN_r$ | |
| 7 | 距离向 FFT | $M_a$ 次 $N_r$ 点 FFT | $5N_rM_a\log_2N_r$ | |
| 8 | 干涉相位估计补偿 | $M_a$ 次 $N_r$ 点复乘 | $160M_a + 24N_rM_a$ | |
| 9 | 协方差阵计算 | $M_a$ 次 $N_r$ 点协方差阵 | $1.5 \times \text{Ch}_n(3*\text{Ch}_n+1)N_rM_a$ | |
| 10 | 幅相误差补偿 | — | $120M_a + 18N_rM_a$ | |

其中 $\text{Ch}_n$ 为通道个数,通道均衡处理的总的运算量为 $62M_aN_r + 3*\text{Ch}_n(3*\text{Ch}_n+1)N_rM_a/2 + 280M_a + 10N_rM_a\log_2N_r + 10N_rM_a\log_2M_a$ 次浮点运算,以 8k(R) ×4k(A)点的回波数据为例,处理时间为 1.6s,通道均衡所需的运算量约为 3.95GFLOPS,而且运算工程中还包含 3 次矩阵转置,需要采用 FP-GA 并行运算加速的功能才能满足实时成像的运算需求。常规的 DSP 软件处理可以用于实现 PGA 相位估计补偿,以及后续的目标检测与定位。参考系统划分的功能框图如图 9 – 19 所示。

## 9.3.3  SAR – GMTI 算法功能模块实现

在 SAR 成像之后,图像域会存在通道间的幅相误差,还会存在由于载机姿态和飞行轨迹非理想等因素导致的垂直航向基线造成的干涉相位,需要在图像域进行通道均衡处理,图像均衡功能实现的算法流程如图 9 – 20 所示。

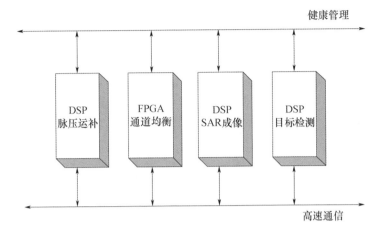

图 9 – 19　机载 SAR – GMTI 功能划分

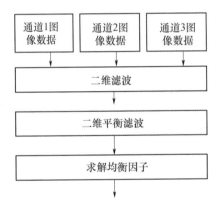

图 9 – 20　通道均衡的功能流程框图

通道均衡的功能实现需要使用距离 FFT、转置、方位 FFT、二维均衡滤波、复数求幅度以及实数除法等流程。功能实现的步骤如下。

多普勒 – 频域 $(f_a, f_r)$ 滤波完成 $(t_m, \hat{t})$ 域的互相关处理为

$$R^{12}_{(f_a, f_r)}(n_a, n_r) = S^1_{(f_a, f_r)}(n_a, n_r) \times [S^2_{(f_a, f_r)}(n_a, n_r)]^* \qquad (9 – 15)$$

其中：上标 $^*$ 表示共轭运算。

相关结果进行二维平滑滤波处理，滤波器长度为 $M$，其结果为

$$R^{12c}_{(f_a, f_r)}(n_a, n_r) = \frac{1}{M^2} \sum_{m=-M/2}^{M/2-1} \sum_{n=-M/2}^{M/2-1} R^{12}_{(f_a, f_r)}(n_a + m, n_r + n) \qquad (9 – 16)$$

求取均衡因子为

$$R_{(f_a,f_r)}^{12cs}(n_a,n_r) = \frac{R_{(f_a,f_r)}^{12c}(n_a,n_r)}{\left|S_{(f_a,f_r)}^2(n_a,n_r)\right|^2} \tag{9-17}$$

均衡因子求解成功后,就可开展后续的通道补偿,处理结果如图 9 – 21 所示。

图 9 – 21  SAR – GMTI 实时成像检测结果(见彩图)

## 9.4  WAS – GMTI 处理

### 9.4.1  WAS – GMTI 处理算法流程

WAS – GMTI 对地监视模式,由于方位积累脉冲较少,杂波扩散相对比较严重,常采用空时二维处理进行杂波抑制、目标检测。3DT – STAP 虽然不是性能最优的自适应杂波抑制算法,但是运算量较小、性能较好的一种自适应杂波抑制算法,因此广域 GMTI 对地模式采用多通道 3DT – STAP 处理的方式进行杂波抑制、目标检测。WAS – GMTI 的算法流程框图如图 9 – 22 所示。

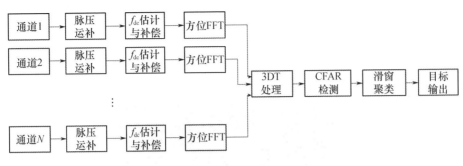

图 9 – 22   WAS – GMTI 的算法流程框图

## 9.4.2   WAS – GMTI 处理功能划分

STAP 处理后可以减少杂波的谱宽,提升系统的检测性能,但是 STAP 处理也是 WAS – GMTI 工作模式中运算量最大的环节。STAP 处理运算量分析如表 9 – 6 所列。

表 9 – 6   STAP 处理运算量分析

| 序号 | 步骤 | 操作 | 运算量/FLOPS | 备注 |
|---|---|---|---|---|
| 1 | GIP 协方差 | $\boldsymbol{R}_G = \boldsymbol{X}_G \boldsymbol{X}_G^H$ | $3 \cdot Ch_n (3 \cdot Ch_n + 1) N_r M_a / 2$ | |
| 2 | GIP 求逆 | $\boldsymbol{T}_G = \boldsymbol{R}_G^{-1}$ | $0.7 \cdot (3 \cdot Ch_n)^3 M_a$ | |
| 3 | GIP 内积 | $Z(i) = \boldsymbol{X}_G^H(i) \boldsymbol{T}_G \boldsymbol{X}_G(i)$ | $[3 \cdot Ch_n + (3 \cdot Ch_n)^2] N_r M_a$ | |
| 4 | STAP 协方差 | $\boldsymbol{R} = \boldsymbol{X}_B \boldsymbol{X}_B^H$ | $3 \cdot Ch_n (3 \cdot Ch_n + 1) N_r M_a / 2$ | |
| 5 | STAP 求逆 | $\boldsymbol{T} = \boldsymbol{R}^{-1}$ | $0.7 \cdot (3 \cdot Ch_n)^3 M_a$ | |
| 6 | 权值计算 | $\boldsymbol{W} = (\boldsymbol{TS}) / (\boldsymbol{S}^H \boldsymbol{TS})$<br>$\boldsymbol{Wa} = (\boldsymbol{TVa}) / (\boldsymbol{S}^H \boldsymbol{TS})$<br>$\boldsymbol{Wv} = (\boldsymbol{TVe}) / (\boldsymbol{S}^H \boldsymbol{TS})$ | $3 [3 \cdot Ch_n + (3 \cdot Ch_n)^2] M_a$ | |
| 7 | 系数计算 | $\boldsymbol{Wa}^H \boldsymbol{S}, \boldsymbol{We}^H \boldsymbol{S},$<br>$\boldsymbol{Wa}^H \boldsymbol{Va} \, \boldsymbol{We}^H \boldsymbol{Ve},$<br>$\boldsymbol{Wa}^H \boldsymbol{Ve}$ | $5 \cdot 3 \cdot Ch_n M_a$ | |
| 8 | 加权计算 | $\boldsymbol{Y} = \boldsymbol{X}^H \boldsymbol{W}$<br>$\boldsymbol{Ya} = \boldsymbol{X}^H \boldsymbol{Wa}$<br>$\boldsymbol{Yv} = \boldsymbol{X}^H \boldsymbol{Wv}$ | $3 \cdot Ch_n \cdot M_a$ | |

处理流程以 1000 距离门数、512 频率门数、16 通道为例,单个频率门进行一次 3DT – STAP 运算,需要约 10M 次复乘;512 个频率门共需要 2 * 0.7 *

$(3*\mathrm{Ch}_n)^3M_a + 2*[3*\mathrm{Ch}_n + (3*\mathrm{Ch}_n)^2]N_rM_a + 3*\mathrm{Ch}_n(3*\mathrm{Ch}_n + 1)N_rM_a/$ $2 + 18*\mathrm{Ch}_nM_a3[3*\mathrm{Ch}_n + (3*\mathrm{Ch}_n)^2]M_a$ 次运算,所有运算需要在 0.1s 内完成,系统所需运算量为 31.2GFLOPS,如此高的运算量是常规 DSP 软件处理无法完成的。需要借用 FPGA 加速的功能才能完成整个运算。同时 DSP 灵活性的特点在目标检测中还是占有一席之地,因此系统功能划分如图 9 - 23 所示。WAS - GMTI 实时检测结果如图 9 - 24 所示。

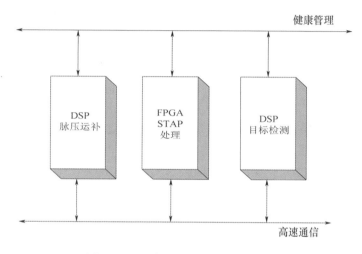

图 9 - 23  机载 WAS - GMTI 功能划分

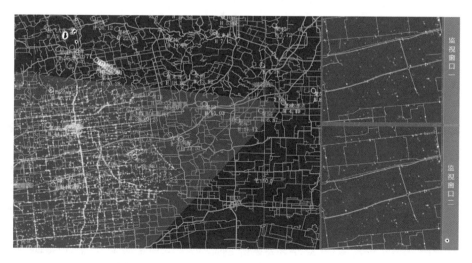

图 9 - 24  WAS - GMTI 实时检测结果(见彩图)

# 参考文献

［1］ 张澄波. 综合孔径雷达原理、系统分析与应用［M］. 北京:科学出版社,1989.

［2］ 保铮,邢孟道,王彤. 雷达成像技术［M］. 北京:电子工业出版社,2005.

［3］ WILEY C A. Synthetic Aperture Radar［J］. IEEE Trans. Aerosp. Electron. Syst. ,1985,21 (3):440－443.

［4］ Hensley W H,Doerry A W,Walker B C. Lynix:A High－Resolution Synthetic Aperture Radar ［C］. In Proc. Aerospace Conference,March 2000:50－58.

［5］ Coz D L,Dupas J,Plessis O D. Development Status of the ONERA Airborne SAR Facilities (RAMSES) ［C］,EUSAR98,May,1998.

［6］ Cantalloube H,Colin E. The ONERA RAMSES SAR:Latest Significant Results and Future Developments ［C］. Proc. of IEEE Radar Conference,2006,518－524.

［7］ Ender J H G,Brenner A R. PAMIR－A Wideband Phase Array SAR/MTI system［J］. IEEE Proc,Radar Sonar Navig. ,2003,150(3):165－172.

［8］ Brenner A R,Ender J H G. Demonstration of Advanced Reconnaissanse Techniques with the airborne SAR/GMTI sensor PAMIR［J］. IEE Proc. Radar Sonar and Navigation,2006,153 (2):152－162.

［9］ Raney R K. Synthetic Aperture Radar and Moving Targets ［J］. IEEE Trans. on Aerospace and Electronic System,1971,AES－7,(3):499－505.

［10］ Freeman A,Currie A. Synthetic Aperture Radar Images of Moving Targets［J］. The GEC Journal of Research,1987,5(2):106－115.

［11］ Perry R P,Dipietro R C,Fante R L. SAR Imaging of Moving Targets ［J］. IEEE Trans. on AES,V1999,35(1):188－199.

［12］ Fienup J R. Detecting Moving Targets in SAR Imagery by Focusing ［J］. IEEE Trans. on AES,2001,37(3): 794－809.

［13］ Goldstein R M,Zebker H A. Interferometric radar Measurement of ocean Surface Currents［J］. Nature,1987,328: 707－709.

［14］ Cerutti－Maori D,Sikaneta I. A generalization of DPCA processing for multichannel SAR/GMTI radars［J］. IEEE Transactions on Geoscience and Remote Sensing,2013,51(1): 560－572.

［15］ Brennan L,Reed I. Theory of Adaptive Radar［J］. IEEE Transactions on Aerospace and Electronic Systems,1973,9(5):237－252.

［16］ 王岩飞,刘畅,李和平,等. 基于多通道合成的优于0.1米机载SAR系统［J］. 电子与信息学报,2013,35(1):29－35.

［17］ Yang Jun,Sun GuangCai,Zhang Rui,et al. A Subaperture Imaging Scheme for Wide Azimuth Beam Airborne SAR Based on Modified RMA with Motion Compensation［C］. IEEE International Geoscience and Remote Sensing Symposium 2014（IGARSS 2014）,Quebec,Canada, 2014:608－611.

［18］ Zhuang Long,Li Pin,Very－high Resolution SAR imaging Based on Sub－band and Subaperture Scheme［C］. The 12th European Conference on Synthetic Aperture Radar 2018（EUSAR 2018）,2018:350－354.

［19］ 景国彬,李宁,孙光才,等. 联合误差估计的机载超高分辨率SAR成像［J］. 西安电子科技大学学报,2019,46(3):1－7.

［20］ 王永良,彭应宁. 空时自适应信号处理［M］. 北京:清华大学出版社,2001.

［21］ Li Z,Bao Z,Yang F. Ground Moving Target Detection and Location Based on SAR Images for Distributed Spaceborne SAR［J］. Science in China（series F）,2005,48(5):632－646.

［22］ 刘颖. 分布式SAR运动目标检测雷达阵列误差估计方法研究［D］. 西安:西安电子科技大学,2007.

［23］ 刘永坦,等. 雷达成像技术［M］. 哈尔滨:哈尔滨工业大学出版社,1999.

［24］ 袁孝康. 星载合成孔径雷达导论［M］. 北京:国防工业出版社,2003.

［25］ 张直中. 机载和星载合成孔径雷达导论［M］. 北京:电子工业出版社,2004.

［26］ Franceschetti Giorgio,Lanari Riccardo. Synthetic Aperture Radar Processing［M］. CRC Press,1999.

［27］ Curlander J C,McDonough R N. Synthetic Aperture Radar Systems and Signal Processing ［M］. New York:Wiley,1991,206－214.

［28］ Wehner D R. High Resolution Radar［M］,Second Edition,London:Artech House,1987.

［29］ 黄培康,殷红成,许小剑. 雷达目标特性［M］. 北京:电子工业出版社,2005.

［30］ Fawwaz T,Dobson M. Hanlbook of radar scattering statistics for terrain［M］. London:Artech House,1989.

［31］ Carrar G. ,Goodman R S,Majewski R M. Spotlight Synthetic Aperture Radar:Signal Processing Alogorithms［M］. Washington:Artech House,1995.

［32］ 张光义,赵玉洁. 相控阵雷达系统［M］. 北京:电子工业出版社,2006.

［33］ Brown W M,Fredericks R J. Range－Doppler Imaging with Motion through Resolution Cell ［J］. IEEE Transaction on Aerospace and Electronic Systems,Vol. AES－5,No. 1,May 1969: 98－102.

［34］ Trygve Sparr. Moving Target Motion Estimation and Focusing in SAR Images［C］. EUSAR,2005.

［35］ Runge H,Bamler R. A Novel High Precision SAR Focusing Algorithm Based on Chirp Scaling ［C］. Proc. IGARSS'92,Houston,1992:372 – 375.

［36］ 于俊朋. 机载 SAR 图像特定目标提取与定位方法研究［D］. 南京大学,2009.

［37］ POS 产品手册. 北京航空航天大学,2013.

［38］ Edelberge S,Oliner A A. Mutual Coupling Effects in Large Antenna ArraysPart 1—Slot Arrays［J］. IEEE Transactions on Antenna and Propagation,1960,8:286 – 297.

［39］ 胡明春,周志鹏,高铁. 雷达微波新技术［M］. 北京:电子工业出版社,2013.

［40］ Yonezawa R,Konishi Y,Chiba I,et al. Beam – shape Correction in Deployable Phased Arrays ［J］. IEEE Transactions on Antennas and Propagation,1999,47:482 – 486.

［41］ Mailloux R. Array Grating Lobes due to Periodic Phase,Amplitude,and Time Delay Quantization. IEEE Transactions on Antennas and Propagation,1984,32(12): 1364 – 1368.

［42］ Aranov F A. New Method of Phasing for Phased Arrays Using Digital Phase Shifters［J］. Radio Engineer Electronic Physics,1966,11:1035 – 1040.

［43］ Garrod A. Digtal Modules for Phased Array Radar［C］. International Radar Conference. USA: ［IEEE］,1995,726 – 731.

［44］ 张祖稷,金林,束咸荣. 雷达天线技术［M］. 北京:电子工业出版社,2005.

［45］ Gustafsson A,Malmqvist R,Pettersson L,et al. A Very Thin and Compact Smart Skin X – Band Digital Beamforming Antenna［C］. European Radar Conference,2004.

［46］ 廖承恩. 微波技术基础［M］. 西安:西安电子科技大学出版社,2002.

［47］ 白同云. 高速 PCB 电源完整性研究［J］. 中国电子科学研究院学报,2006,1(1):22 – 30.

［48］ Wilden H,Saalmann O. A Pod with a Very Long Broadband Time Steered Array Antenna for PAMIR［C］. The 7th European Conference on Synthetic Aperture Radar,2008.

［49］ Weib Matthins,Saalmann Olaf,Joachim H G. Ender. A Wideband Phased Array Antenna for SAR Application［C］. The 33rd European Microwave Conference,2003,512 – 514.

［50］ 汪霆雷,魏文博. 小型化 5 位数控延时线的设计［J］. 西安电子科技大学学报,2008,35 (2):258 – 271.

［51］ 方圆,高学邦. 一款宽带实时延时线芯片的设计和实现［J］. 半导体技术,2009,3(9): 886 – 889.

［52］ Li Shuliang,Sun Hongbing. Design of aWide band Delayline［C］. 2011 CIE International Conference on Radar,2011.

［53］ 李树良,朱润月,刘杨. X 波段多功能有源相控阵雷达子阵驱动延时组件的设计与实现 ［J］. 现代雷达,2016,38(7):52 – 54.

［54］ 李树良,王绪存,王琦. C 波段小型化高精度驱动延时组件的研制［J］. 微波学报,2016, 32(4):78 – 81.

［55］Texas Instrument. ADS5463 data sheet［J］,2008. 05.

［56］贾艳红. 宽带数字阵实时延迟技术［D］. 成都:电子科技大学,2011.

［57］Bahl Inder. Bhartia Prakash 著. 郑新,赵玉洁,刘永宁,潘厚忠等译. Mircowave Solid State Circuit Design(Second Edition),微波固态电路设计. 2 版［M］. 北京. 电子工业出版社.

［58］吴洪江,高学邦. 雷达收发组件芯片技术［M］. 北京. 国防工业出版社,2017.

［59］胡明春,周志鹏,严伟. 相控阵雷达收发组件技术［M］. 北京. 国防工业出版社,2010.

［60］弋稳. 雷达接收机技术［M］. 北京:电子工业出版社,2005.

［61］郭崇贤. 相控阵雷达接收技术［M］. 北京:国防工业出版社,2009.

［62］Merrill I. Skonlnik. 雷达手册［M］. 北京:电子工业出版社,2010.

［63］张献中,张涛. 频率合成技术的发展及应用［J］. 电子设计工程,2014,22(3):142 – 145.

［64］白居宪. 低噪声频率合成［M］. 西安:西安交通大学出版社,1995.

［65］高树廷,刘洪升. 频率源综述［J］. 火控雷达技术,2004,20(3):43 – 44.

［66］张厥盛,郑继禹,万心平. 锁相技术［M］. 西安:西安电子科技大学出版社,2004.

［67］吴曙荣. 直接数字频率合成器的设计［D］. 西安:西安电子科技大学,2006.

［68］万天才. 频率合成技术发展动态［J］. 微电子学,2004,34(4):366 – 370.

［69］周献文. 140μs 声表面波色散线［J］. 应用声学,1991,4

［70］Analog Device,inc. AD9739A data sheet［W］. 2011. 07.

［71］祝明波,常文革. 一种高性能超宽带线性调频信号源［J］. 现代雷达,2002,24(1): 67 – 70.

［72］杨小牛,楼才义,徐建良. 软件无线电原理与应用［M］. 北京:电子工业出版社,2001.

［73］Marki. MM1 – 0626S data sheet.

［74］高勇,王绍东. 采用 LTCC 技术的 X 波段接收前端 MCM 设计［J］,现代雷达 2008,30(5):106 – 111.

［75］祁飞,杨拥军,杨志,等. 基于 MEMS 技术的三维集成射频收发微系统［J］. 微纳电子技术,2016,53(3):183 – 187.

［76］Texas Instrument. ADS5463 data sheet［W］. 2008.

［77］贾艳红. 宽带数字阵实时延迟技术［D］. 成都:电子科技大学,2011.

［78］Daubechies Ingrid. 小波十讲［M］. 北京:国防工业出版社,2004.

［79］Cumming Lan G,Wong Frank H. 合成孔径雷达成像:算法与实现［M］. 北京:电子工业出版社,2004.

［80］JEDEC Solid State Technology Association. JEDEC Standard No. 204B. 01. ［S］. 2011. 07

［81］Cantalloube H,Dubois – Fernandez P. Airborne X – band SAR imaging with 10 cm Resolution Technical Challenge and Preliminary Results［J］. IEE Proc. Radar Sonar Navig,2006,153(2):163 – 176.

［82］Xing M,Jiang X,Wu R,et al. Motion Compensation for UAV SAR Based on Raw Radar Data ［J］. IEEE Transactions on Geoscience and Remote Sensing,2009,47(8):2870 – 2883.

［83］郑义明.SAR/ISAR 运动补偿新方法研究［D］.西安：西安电子科技大学,2000.

［84］Mancill C E,Swiger J M. A Map Draft Autofocus Technique for Correcting Higher Order SAR Phase Errors［C］. The 27th Annual Tri－Service Radar Symposium,1981：391－400.

［85］Wahl D E,Eichel P H,Ghiglia D C,et al. Phase gradient Autofocus－A robust Tool for High Resolution Phase Correction［J］. IEEE Transactions on Aerospace and Electronic Systems, 1994,30(3)：827－835.

［86］Zhu D Y,Ye S H,Zhua Z D. Polar Fromat Algorithm Using Chirp Scaling for Spotlight SAR Image Formation［J］. IEEE Transactions on Aerospace and Electronic Systems,2008,44(4)： 1433－1448.

［87］Cafforio C,Prati C,Rocca F. SAR Data Focusing Using Seismic Migration Techniques［J］. IEEE Transactions on Aerospace and Electronic Systems,1991,27(2):194－207.

［88］Frank H W,Tat S Y. New Application of Nonlinear Chirp Scaling in SAR Data Processing［J］. IEEE Transactions on Geoscience and Remote Sensing,2001,39(5)：946－953.

［89］Riccardo L,Manlio T,Eugenio S,et al. Spotlight SAR Data Focusing Based on a Two－Step Processing Approach［J］. IEEE Transactions on Geoscience Remote Sensing,2001,39(9)： 1993－2004.

［90］Desai M D,Jenkins W K. Convolution Backprojection Image Reconstruction for Spotlight Mode Sysnthetic Aperture Radar ［J］. IEEE Transactions on Image Processing,1992,1(4)： 505－517.

［91］Liu B C,Wang T,Wu Q S,et al. Bistatic SAR Data Focusing Using an Omega－K Olgorithm Based on Method of Series Reversion［J］. IEEE Trans on Geosceience and Remste Sensing, 2009,47(8):2899－2912.

［92］Jakowatz C V,Wahl D E. Spotlight－Mode Synthetic Aperture Radar：A Signal Processing Approach［M］. Boston：Kluwer Academic Publishers,1996.

［93］陈杰,杨威,王鹏波,等.多方位角观测星载 SAR 技术研究［J］.雷达学报,2020,9(2)： 205－220.

［94］Moses R L,Potter L C,Cetin M. Wide－Angle SAR Imaging［C］. Defense and Security. International Society for Optics and Photonics：164－175.

［95］Plotnick D S,Marston T M. Utilization of Aspect Angle Information in Synthetic Aperture Images［J］. IEEE Transactions on Geoscience and Remote Sensing,2018,56(9)：5424－5432.

［96］Varshney K R,Cetin M,Fisher I,et al. Sparse Representation in Structured Dictionaries with Application to Synthetic Aperture Radar［J］. IEEE Transactions on Signal Processing,2008, 56(8)：3548－3561.

［97］Stojanovic I,Cetin M,Karl W C. Joint Space Aspect Reconstruction of Wide－angle SAR Exploiting Sparsity［C］//SPIE Defense and Security Symposium. International Society for Optics and Photonics：697005 − 697005 − 12.

[98] Fonseca G，Manjunath S. Registration Techniques for Multisensor Remotely Sensed Imagery [J]. Photogrammetric Engineering and Remote Sensing，1996，62(9)：1049 − 1056.

[99] Reddy B S，Chatterji B N. An FFT − Based Technique for Translation，Rotation，and Scale − Invariant Image Registration[J]. IEEE Transactions on Image Processing，1996，5(8)：1266 − 1271.

[100] Lowe D G. Object Recognition from Local Scale − invariant Features[C]. International Conferenceon Computer Vision，1999，9(2)：1150 − 1157.

[101] Lowe D G. Distinctive Image Features from Scale − invariant Keypoints[J]. International JournalofComputer Vision，2004，60(2)：91 − 110.

[102] Gerlach K. The Effects of IF Bandpass Mismatch Errors on Adaptive Cancellation[J]. IEEE Transactions on Aerospace and Electronic Systems，1990，26(3)：455 − 468.

[103] Muehe CE，Labitt M. Displaced Phase Center Antenna Technique[J]. Lincoln Laboratory Journal，2000，12(2)：281 − 296.

[104] 孙娜，周荫清，李景文. 一种新的双孔径天线干涉 SAR 动目标检测方法[J]. 电子学报，2003，31(12)：1820 − 1823.

[105] Goldstein R M，Zebker H A. Interferometric Radar Measurement to Ocean Surface Currents [J]. Nature，1987，328(20)：707 − 709.

[106] Nohara Tim J，Weber Peter，Premji Al，et al. SAR − GMTI Processing with Canada's Radarsat − 2 Satellite[C]. IEEE International Radar Conference，2000：379 − 384.

[107] Budillon A，Pascazio V，Schirinzi G. Estimation of Radial Velocity of Moving Targets by Along − Track Interferometric SAR Systems[J]. IEEE Transactions on Geoscience and Remote Sensing，2008，5(3)：349 − 353.

[108] Yang L，Wang T，Bao Z. Ground Moving Target Indication Using an InSAR System With a Hybrid Baseline[J]. IEEE Transactions on Geoscience and Remote Sensing，2008，5(3)：373 − 377.

[109] Wang T，Bao Z. Improving Coherence of Complex Image Pairs obtained by Along − Track Bistatic SARs Using Range − Azimuth Prefiltering[J]. IEEE Transactions on Geoscience and Remote Sensing，2008，46(1)：3 − 13.

[110] 高飞，毛士艺，玉振明，等. 一种全自动的检测方法用于 SAR − ATI 的 GMTI 航空学报，2005，26(1)：84 − 89.

[111] Sharma J J，Gierull C H，Collins M J. The Influence of Target Acceleration on Velocity Estimation in Dual − Channel SAR − GMTI[J]. IEEE Transactions on Geoscience and Remote Sensing，2006，44(1)：134 − 147.

[112] Lombarde P. A Study for COSMO − Skymed SAR Multi Beam of Second Generation (MSAR − 2G)[C]. Italy：The International Workshop − POLin SAR，European Space Agency，2005：

279 - 284.

[113] 吕孝雷,苏军海,邢孟道,等. 三通道 SAR – GMTI 误差校正方法的研究[J]. 系统工程与电子技术,2008,30(6):1037 – 1042.

[114] Li Z,Bao Z,Liao G. Image Autocoregistration and InSAR Interferogram Estimation Using Joint Subspace Projection[J]. IEEE Transactions on Geoscience and Remote Sensing,2006,44(2):288 – 297.

[115] 钱江. SAR – GMTI 处理方法研究[D]. 西安:西安电子科技大学,2011.

[116] Cumming Ian G,Li Shu. Improved Slope Estimation for SAR Doppler Ambiguity Resolution [J],IEEE Transactions on Geoscience and Remote Sensing,2006,44(3):707 – 718.

[117] Liu Baochang,Wang Tong,Bao Zheng. Doppler Ambiguity Resolving in Compressed Azimuth Time and Range Frequency Domain[J]. IEEE Transactions on Geoscience and Remote Sensing,2008,46(11):3444 – 3458.

[118] Ender J H G. The Airborne Experimental Multi – Channel SAR System AER – II[C]. Proc. The 1st European Conference on Synthetic Aperture Radar,Germany,1996:49 – 52.

[119] Ender J H G. Space – Time Adaptive Processing for Multi – channel Synthetic Aperture Radar,Electronics & Communication Engineering Journal,1999,11(1):29 – 38.

[120] 保铮,张玉洪,廖桂生,等. 机载雷达空时二维信号处理[J]. 现代雷达,1994,16(1):38 – 48.

[121] 景占荣. 信号检测与估计[M]. 北京:化学工业出版社,2004.

[122] 秦永元,张洪铺,汪叔华. 卡尔曼滤波与组合导航原理[M]. 西安:西北工业大学出版社,1998.

[123] 武振宁,苏效民. 常用目标跟踪滤波算法分析[J]. 科学技术与工程,2006,24(6):3938 – 3940.

[124] 卢海进,徐琳. 自适应 α – β 滤波算法的研究和应用[J]. 大众科技,2012(2):73 – 75.

[125] 韦北余,朱岱寅,吴迪. 一种基于动目标聚焦的 SAR – GMTI 方法[J]. 电子与信息学报,2016,38(7):1738 – 1744.

[126] 庄钊文,王雪松,黎湘,等. 雷达目标识别[M]. 北京:高等教育出版社,2014.

[127] 焦李成,张向荣,侯彪,等. 智能 SAR 图像处理与解译[M]. 北京:科学出版社,2008.

[128] 张红,王超,张波,等. 高分辨率 SAR 图像目标识别[M]. 北京:科学出版社,2009.

[129] Itti L,Koch C,Niebur E. A Model of Saliency – Based Visual Attention for Rapid Scene Analysis[J]. IEEE Transactions on Pattern Analysis and Machine Intelligence,1998,20(11):1254 – 1259.

[130] Siagian C,Itti L. Rapid Biologically – Inspired Scene Classification Using Features Shared with Visual Attention[J]. IEEE Transactions on Pattern Analysis and Machine Intelligence,2007,29(2):300 – 312.

［131］ Goferman S,Zelnik－Manor L,Tal A. Context－Aware Saliency Detection［J］. IEEE Transactions on Pattern Analysis and Machine Intelligence,2012,34(10)：1915－1926.

［132］ Arseoault H H,April G. Properties of Speckle Integrated with a Finite Aperture and Logarithmicaly Transformed［J］. Journal of the Optical Society of America,1976,66(11)：1160－1163.

［133］ Lee J S. Digital Image Enhancement and Noise Filtering by Use of Local Statistics［J］. IEEE Transaction Pattern Analysis and MachineIntelligence,1980,2(2)：165－168.

［134］ Kuan D T,Sawchuk A A,Strand T C,et al. Adaptive Noises Moothing Filter for Images with Signal Dependent Noise［J］. IEEET ransactions on Pattern Analysis and Machine Intelligence,1985,7(2)：165－177.

［135］ Frost V S,Stiles J A,Shanmugan K S,et al. A Model for Radar Images and Its Application to Adaptive Digital Filtering of Multip Locative Noise［J］. IEEE Transactions on Pattern Analysis and MachineIntelligence,1982,4(2)：157－165.

［136］ Derin H,Kelly P A,Vezina G,et al. Modeling and Segmentation of Speckled Images Using Complex Data［J］. IEEE Transaction onGeoscience and Remote Sensing,1990,28(1)：76－87.

［137］ Hetzheim H. Using Martingale Representation to Adapt Models for Non－Linear Filtering ［C］. Proceedings of International Conference on Signal Processing. Beijing,1993：32－35.

［138］ Rignot E,Chellappa R. Segmentation of Synthetic Aperture Radar Complex Data［J］. Journal of the Optical Society of America,1991,A8(9)：1499－1509.

［139］ Frieden B R,Bajkova A T. Bayesian Cross Entropy Reconstruction of Complex Images［J］. Applied Optics,1994,33(2)：219－226.

［140］ Lopes A,Touzi R,Nezry E. Adaptive Speckle Filters and Scene Heterogeneity［J］. IEEE Transactions on Geoscience and Remote Sensing,1990,28(6)：992－1000.

［141］ Hagg W,Sites M. Efficient Speckle Filtering of SAR Image［C］. Proceedings of the International Geoscience and Remote Sensing Symposium(IGARSS'94),City Hall,Pasadena. California,USA,1994,4：2140－2142.

［142］ Lopes A,Nezry E,Touzi R,et al. Structure Detection and Statistical Adaptive Speckle Filtering in SAR Images［J］. International Journal ofRemote Sensing,1993,14(9)：1735－1758.

［143］ Nezry E,Lopes A,Touzi R. Detection of Structural and Textural Feature for SAR Images Filters［C］. In Proceedings of IEEE International Geoscience and Remote Sensing Symposium, Espoo,Finland,1991,4：2169－2172.

［144］ 李彦兵. 基于微多普勒效应的运动车辆目标分类研究［D］. 西安：西安电子科技大学,2013.

［145］ Barton D. Sputnik－Ⅱ as Observed by C－band Radar［C］. Proceedings of the Institute of Radio Engineers,1959：467－468.

［146］Bell M R,Grubbs R A. JEM Modeling and Measurement for Radar Target Identification［J］. IEEE Transactions on Aerospace and Electronic Systems,1993,29(1):73 – 87.

［147］Hauer J F,Demeure C,Scharf L. Initial Results in Prony Analysis of Power System Response Signals［J］. IEEE Transactions on Power Systems,1990,5(1): 80 – 90.

［148］Van Blaricum M,Mittra R. A Technique for Extracting the Poles and Residues of a System Directly from Its Transient Response［J］. IEEE Transactions on Antennas and Propagation, 1975,23(6):777 – 781.

［149］Jain V,Sarkar T,Weiner D. Rational Modeling by Pencil – of – Functions Method［J］. IEEE Transactions on Acoustics,Speech,and Signal Processing,1983,31(3): 564 – 573.

［150］Mrsrnon H G. Generalized Pencil – of – Function Method for Extracting Poles of an EM System from Its Transient Response ［J］. IEEE Transactions on Antennas and Propagation, 1989,37(2):229 – 234.

［151］Chen V C,Li F,Ho S – S,et al. Micro – Doppler Effect in Radar:Phenomenon,Model,and Simulation Study［J］. IEEE Transactions on Aerospace and Electronic systems,2006,42 (1):2 – 21.

［152］Ruegg M,Meier E,Nuesch D. Vibration and Rotation in Millimeter – Wave SAR［J］. IEEE Transactions on Geoscience and Remote Sensing,2007,45(2): 293 – 304.

［153］Sparr T,Krane B. Micro – Doppler Analysis of Vibrating Targets in SAR［J］. IEE ProceedingsRadar,Sonar and Navigation,2003,150(4): 277 – 283.

［154］Chen V C,Miceli W J,Himed B. Micro – Doppler Analysis in ISAR Review and Perspectives ［C］. Proceedings of the 2009 International Radar Conference Surveillance for a Safer World (RADAR 2009),IEEE,2009: 1 – 6.

［155］Ghaleb A,Vignaud L,Nicolas J. Micro – Doppler Analysis of Wheels and Pedestrians in ISAR Imaging［J］. IET Signal Processing,2008,2(3):301 – 311.

［156］Li B,Wan J W,Yao K Z,et al. ISAR Based on Micro – Doppler Analysis and Chirplet Parameter Separation［C］. Proceedings of the Synthetic Aperture Radar,2007 APSAR,2007: 379 – 384.

［157］Mehmood A,Sabatier J M,Bradley M,et al. Extraction of the Velocity of Walking Human's Body Segments Using Ultrasonic Doppler［J］. The Journal of the Acoustical Society of America,2010,128(5):316 – 322.

［158］Zhang Z,Pouliquen P,Waxman A,et al. Acoustic Micro – Doppler Gait Signatures of Humans and Animals［C］. Proceedings of the 2007 41st Annual Conference on Information Sciences and Systems,IEEE,2007: 627 – 630.

［159］Liu X,Leung H,Lampropoulos G A. Effects of Non – Uniform Motion in Through – The – Wall SAR Imaging［J］. IEEE Transactions on Antennas and Propagation,2009,57(11):

3539 – 3548.

[160] Ram S S, Christianson C, Kim Y, et al. Simulation and Analysis of Human Micro – Dopplers in Through – Wall Environments[J]. IEEE Transactions on Geoscience and Remote Sensing, 2010, 48(4): 2015 – 2023.

[161] 孙慧霞, 刘峥, 薛宁. 自旋进动目标的微多普勒特征分析[J]. 系统工程与电子技术, 2009, 31(2): 357 – 360.

[162] 高红卫, 谢良贵, 文树梁, 等. 摆动锥体目标微多普勒分析和提取[J]. 电子学报, 2008, 36(12): 2497 – 2502.

[163] 高红卫, 谢良贵, 文树梁, 等. 基于微多普勒分析的弹道导弹目标进动特性研究[J]. 系统工程与电子技术, 2008, 30(1): 50 – 52.

[164] 马梁. 弹道中段目标微动特性及综合识别方法[D]. 长沙: 国防科学技术大学, 2011.

[165] 吴一戎, 朱敏慧. 合成孔径雷达技术的发展现状与趋势[J]. 遥感技术与应用, 2000, 15(2): 121 – 124.

[166] 张睿, 李智. 美国作战快速响应太空计划中的卫星发展近况[J]. 国际太空, 2010(1): 24 – 26.

[167] Tsunoda S I, Pace F, Stence J, et al. Lynx: A High – Resolution Synthetic Aperture Radar [C]. IEEE Aerospace Conference Proceeding, 2000, 5: 51 – 58.

[168] Doerry A W, Dubbert D F, Thompson M E, et al. A Portfolio of Fine Resolution Ka – Band SAR Image: Part 1 Albuquerque[R], Sandia National Laboratories, 2005.

[169] Gutierrez D. MiniSAR: A Review of 4 – Inch and 1 Foot Resolution Ku – Band Imagery Albuquerque[R], Sandia National Laboratories, 2005.

[170] http://www.sandia.gov/radar/Web/images/SAND2005 – 4840P – miniSAR – familyDay.pdf.

[171] http://www.sandia.gov/radar/Web/images/SAND2005 – 3705P – miniSAR – Image – poster.pdf.

[172] Texas Instrument. TMS320C6678 Multicore Fixed and Floating Point Digital Signal Processor [J]. SPRS691, 2012.

[173] Xilinx Instrument 7 Series DSP48E1 Slice[J]. ug479, 2012.

[174] Xilinx Instrument 7 Series FPGAs Configuration[J]. ug470, 2012.

[175] 彭宇, 姜红兰, 杨智明, 等. 基于 DSP 和 FPGA 的通用数字信号处理系统设计[J]. 国外电子测量技术, 2013, 32(1): 17 – 21.

[176] 吴灏, 肖吉阳, 范红旗, 等. TMS320C6678 多核 DSP 的核间通信方法[J]. 电子技术应用, 2012, 38(9): 11 – 13.

[177] 眭俊华, 刘慧娜. 多核多线程技术综述[J]. 计算机应用, 2013, 33(A01): 239 – 42.

[178] Chi B K, Shao C W, Wen I S, et al. Parallelizationof a Bokeh Application on Embedded Multicore DSP Systems[J]. Embedded Systems for Real Time Multimedia(ESTI Media), 2011, 9(10): 13 – 14.

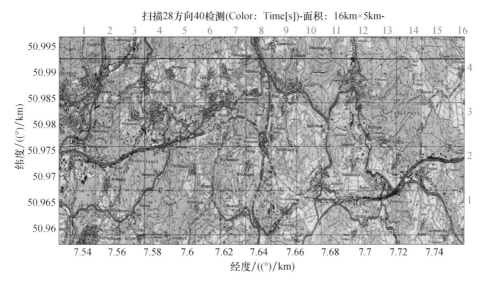

扫描28方向40检测(Color：Time[s])-面积：16km×5km-

图 1-5 PAMIR 试飞得到的 GMTI 结果

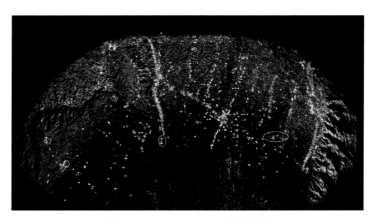

图 1-10 WAS-GMTI 试飞结果

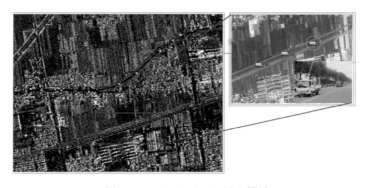

图 1-11 SAR-GMTI 试飞结果

图 4 - 3 单极化槽线天线阵

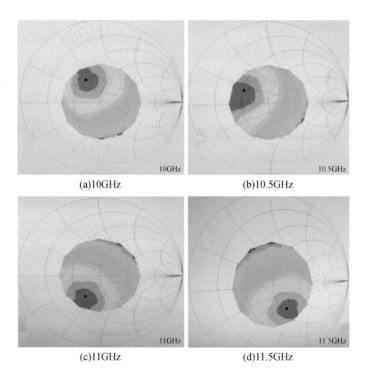

(a)10GHz

(b)10.5GHz

(c)11GHz

(d)11.5GHz

图 4 - 59 6G ~ 18GHz 10W GaN 功率放大器 MMIC Loadpull 测试结果

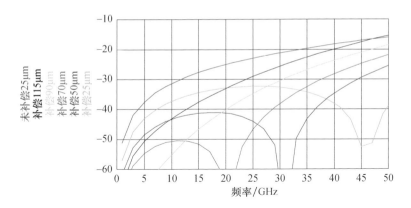

图 4 - 67　不同长度金丝模型仿真结果

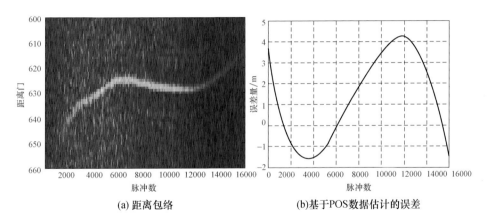

(a) 距离包络　　　　　　　　　　(b) 基于POS数据估计的误差

图 6 - 29　数据包络轨迹与 POS 数据运动误差轨迹对比

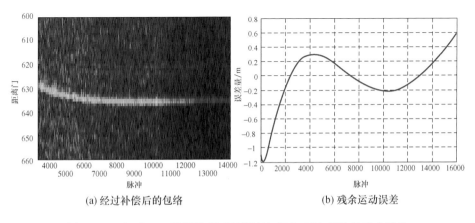

(a) 经过补偿后的包络　　　　　　(b) 残余运动误差

图 6 - 30　经过 POS 数据补偿后的距离包络和 PGA 提取的残余误差

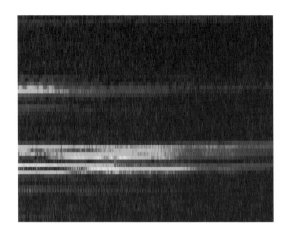

图 6 - 31  采用联合运动补偿后的距离包络

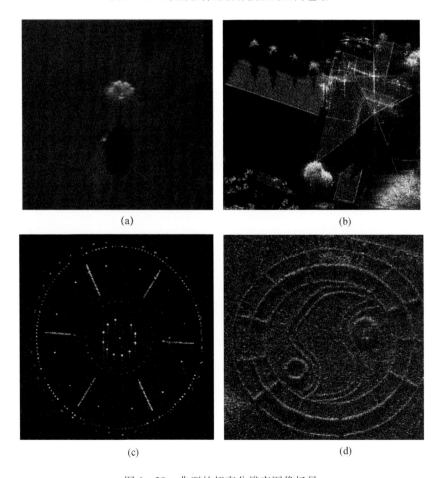

(a)

(b)

(c)

(d)

图 6 - 38  典型的超高分辨率图像场景

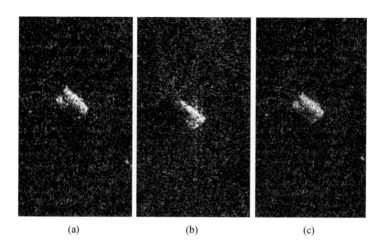

(a)         (b)         (c)

图 6 – 45    多视角成像效果

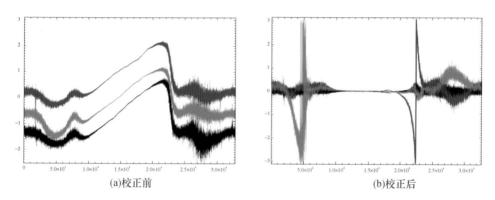

(a)校正前                   (b)校正后

图 7 – 6    误差校正前、后通道间相位差

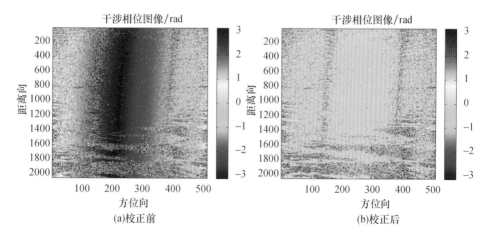

(a)校正前                   (b)校正后

图 7 – 7    误差校正前、后通道间干涉相位图像

图 7 - 14　实测数据 SAR – GMTI 处理结果

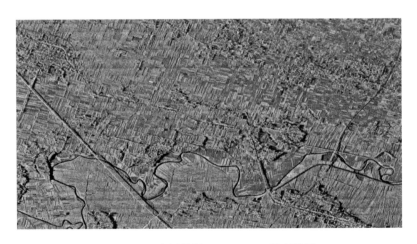

图 7 - 15　实测数据 SAR – GMTI 处理结果

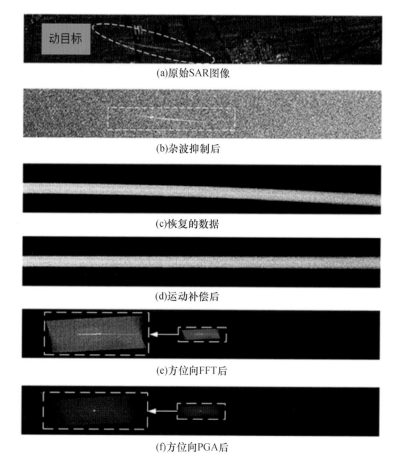

(a)原始SAR图像

(b)杂波抑制后

(c)恢复的数据

(d)运动补偿后

(e)方位向FFT后

(f)方位向PGA后

图7-21 动目标的成像处理结果

图 9 - 21  SAR - GMTI 实时成像检测结果

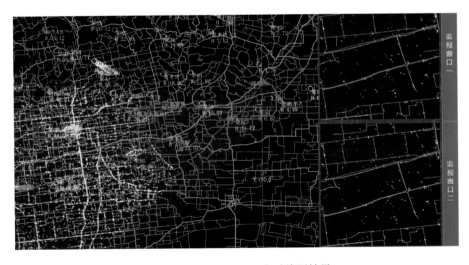

图 9 - 24  WAS - GMTI 实时检测结果